油彩特效

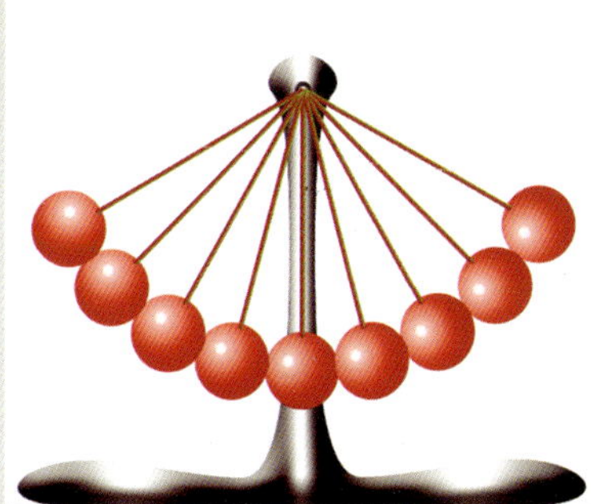
钟摆制作

艺术海报

卡通漫画设计

中性色彩艺术

艺术照

water man

数码照片

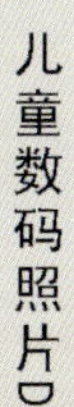

儿童数码照片DIY

风景插画设计

新年贺卡

红眼去除前

红眼去除后

VI 设计

黑斑去除前

黑斑去除后

质感铜塑

logo 设计

破墨山水

偏紫照片修复

印花瓷盘

滴滴雨露

Lab 模式下的曲线校色

高等职业教育计算机类专业“十二五”规划教材

Photoshop CS4 中文版
经典案例教程

主　编　王昕阳
副主编　邓洪亮　肖机灵　张　蕾
参　编　李倩倩　张士刚　张天成
　　　　刘德玲　曾文妮　马伯元
　　　　李海成

国防工業出版社
·北京·

内 容 简 介

本书对Photoshop开发工具和数字图像处理知识进行了深入的讲解,并运用大量案例,图文并茂、注重实操。全书共分11章,第0章对数字图像的基本理论进行了讲解,第1章对Photoshop CS4开发软件进行了介绍,第2章~第9章分别对图像绘制与选区操作、图像修饰与变换调整、路径勾画与形状制作、色彩校正与色调调整、图层样式与混合模式、蒙版操作与通道运用、滤镜操作与运用、动作调板与动画制作等Photoshop CS4的核心技术由浅入深地进行了全面介绍,第10章列举了5个经典的商业案例,从应用角度综合诠释了前10章所学的内容。全书内容力求结构清晰、环环相扣。章节内容主要由知识讲解和精彩案例构成,在知识讲解部分融入大量案例加以说明,做到边学边做、内容形象生动、视觉效果突出。

本书可作为普通高等学校及高职院校计算机类、艺术设计类相关专业课程的教材,也可供初学者自学参考。

图书在版编目(CIP)数据

Photoshop CS4中文版经典案例教程/王昕阳主编.
—北京:国防工业出版社,2011.8
高等职业教育计算机类专业“十二五”规划教材
ISBN 978-7-118-07694-3

Ⅰ.①P... Ⅱ.①王... Ⅲ.①图象处理软件,
Photoshop CS4-高等职业教育-教材 Ⅳ.①TP391.41

中国版本图书馆CIP数据核字(2011)第175914号

※

国防工业出版社 出版发行
(北京市海淀区紫竹院南路23号 邮政编码100048)
腾飞印务有限公司印刷
新华书店经售

*

开本 787×1092 1/16 **插页** 1 **印张** 20¼ **字数** 466千字
2011年8月第1版第1次印刷 **印数** 1—4000册 **定价** 39.00元

国防书店:(010)68428422 发行邮购:(010)68414474
发行传真:(010)68411535 发行业务:(010)68472764

高等职业教育计算机类专业“十二五”规划教材编委会名单

前　言

Photoshop CS4 是 Adobe 公司推出的一款图像处理软件，它有强大的图像处理与制作功能，广泛应用于网页美工、广告设计、包装与装潢设计、服装设计、多媒体制作、VI 设计、材质制作、出版印刷等领域。

本书作为高职高专计算机、艺术设计、服装设计、印染、印刷等相关专业的专用教材，由浅入深、循序渐进地介绍了 Photoshop CS4 的各种工具、命令的使用方法。全书共分为 11 章，内容包括了从数字图像的基本常识到图像的后期处理以及特效制作等，包括了大量的经典商业案例。

本书最大的特点是以案例来验证和阐述知识点，案例选择新颖，视觉效果好，非常有利于提高学生的学习兴趣，也很便于学生理解知识和运用所学进行实践。本书的另一个特点是内容完整充实，涵盖了图形图像处理技术的众多知识与技法，而且阐述清晰，表达易懂。本书还配有素材库和电子教案，读者可到国防工业出版社网站（www. ndip. cn）免费下载。

本书由一支具有从事平面设计、广告设计方面教学多年经验的教师和从事广告设计、新闻传媒等行业的资深设计师和专家构成。本书由王昕阳担任主编，邓洪亮、肖机灵、张蕾担任副主编，参加编写的还有李倩倩、张士刚、张天成、刘德玲、马伯元、曾文妮。具体编写分工为：王昕阳编写第 0、6、7、8、9、10 章；邓洪亮编写第 4 章；张蕾编写第 2、3 章；李倩倩编写第 1 章；肖机灵编写第 5 章；张士刚、张天成、刘德玲、马伯元、曾文妮编写部分章节内容。在编写过程中，得到了广东纺织职业技术学院、安徽机电职业技术学院、广东食品药品职业学院、长沙南方职业学院、石家庄铁路职业技术学院等院校的大力支持，并提出了诸多宝贵意见，在此一并表示衷心的感谢。

由于编者水平有限，时间仓促，书中难免有疏漏及错误之处，恳请广大读者批评指正。在下载电子素材库和电子教案过程中，遇到问题，请与张永生编辑联系，电子邮箱：zhangyongsheng100@ 163. com。

编　者

目　录

第 0 章　数字图像基础知识 …… 1
0.1　知识讲解 …… 1
0.1.1　位图与矢量图 …… 1
0.1.2　像素与分辨率 …… 2
0.1.3　图像色彩模式 …… 5
0.1.4　图形图像文件的格式 …… 8
0.2　精彩案例 …… 10
0.2.1　图像色彩模式的转换 …… 10
0.2.2　图像的分辨率与尺寸调节 …… 11
第 1 章　初识 Photoshop CS4 …… 13
1.1　知识讲解 …… 13
1.1.1　Photoshop CS4 的工作界面 …… 13
1.1.2　文件操作 …… 15
1.1.3　工作环境设置(显示比例、标尺、参考线、网格线、前景色、背景色) …… 16
1.1.4　绘图颜色设置 …… 19
1.2　精彩案例 …… 21
1.2.1　制作几何体 …… 21
1.2.2　新年贺卡 …… 24
第 2 章　图像绘制与选区操作 …… 27
2.1　知识讲解 …… 27
2.1.1　选框工具 …… 27
2.1.2　套索工具 …… 29
2.1.3　魔棒工具 …… 31
2.1.4　选区的基本操作 …… 32
2.1.5　移动工具 …… 34
2.1.6　画笔 …… 34
2.1.7　填充与描边 …… 37
2.2　精彩案例 …… 39
第 3 章　图像修饰与变换调整 …… 45
3.1　知识讲解 …… 45
3.1.1　图像修补工具 …… 45
3.1.2　图章工具组 …… 48

3.1.3 渲染工具组 …… 49
3.1.4 橡皮擦工具组 …… 52
3.1.5 历史记录画笔工具组 …… 54
3.2 精彩案例 …… 54
第4章 路径勾画与形状制作 …… 60
4.1 知识讲解 …… 60
4.1.1 钢笔工具 …… 60
4.1.2 绘制工具 …… 62
4.1.3 路径选择与调整 …… 64
4.1.4 路径操作 …… 65
4.2 精彩案例 …… 66
4.2.1 VI 设计 …… 66
4.2.2 徽标设计 …… 72
第5章 色彩校正与色调调整 …… 75
5.1 知识讲解 …… 75
5.1.1 基本调整命令 …… 75
5.1.2 特殊调整命令 …… 87
5.1.3 其他调整命令 …… 104
5.2 精彩案例 …… 110
5.2.1 偏紫照片修复 …… 110
5.2.2 Lab 模式下的曲线校色 …… 116
第6章 图层样式与混合模式 …… 122
6.1 知识讲解 …… 122
6.1.1 图层的基本操作 …… 122
6.1.2 图层组与合并 …… 128
6.1.3 图层混合模式 …… 131
6.1.4 图层样式 …… 135
6.1.5 图层蒙版 …… 139
6.2 精彩案例 …… 153
6.2.1 滴滴雨露 …… 153
6.2.2 艺术海报 …… 160
第7章 蒙版操作与通道运用 …… 168
7.1 知识讲解 …… 168
7.1.1 通道的基本操作 …… 168
7.1.2 通道的分离与合并 …… 171
7.1.3 蒙版的基本操作 …… 172
7.1.4 图层的对齐与混合 …… 175
7.1.5 应用图像与计算 …… 178
7.2 精彩案例 …… 181

7.2.1 印花瓷盘 …… 181
7.2.2 泼墨山水 …… 185
第 8 章 滤镜操作与运用 …… 191
8.1 知识讲解 …… 191
8.1.1 滤镜的基本操作 …… 191
8.1.2 滤镜的应用 …… 195
8.2 精彩案例 …… 226
8.2.1 质感铜塑 …… 226
8.2.2 油彩特效 …… 234
第 9 章 动作调板与动画制作 …… 246
9.1 知识讲解 …… 246
9.1.1 动作调板 …… 246
9.1.2 自动化工具 …… 247
9.1.3 优化图像 …… 252
9.1.4 设置网络图像 …… 253
9.1.5 动画 …… 256
9.2 精彩案例 …… 259
9.2.1 钟摆制作 …… 259
9.2.2 绿色的春天 …… 261
第 10 章 经典商业案例实战 …… 265
案例 1 卡通漫画设计 …… 265
案例 2 风景插画设计 …… 274
案例 3 儿童数码照片 DIY …… 288
案例 4 water man …… 293
案例 5 中性色彩艺术 …… 306
参考文献 …… 312

第 0 章　数字图像基础知识

0.1　知 识 讲 解

0.1.1　位图与矢量图

1. 位图

位图图像(bitmap)，又称为点阵图像或绘制图像，是由称作像素（pixel）的像素点组成的，每个像素点都有特定的位置信息和色彩信息。这些点可以进行不同的排列和色彩分配，以构成色彩丰富的图像。像素点越多，图像的分辨率就越高，相应地图像所占用的存储空间就越大。

通常情况下位图都有较高的分辨率或适当的像素，直观看上去图像的颜色和形状显得十分连续逼真，如图 0-1 所示。然而，当放大位图时，可以清晰地看到构成整个图像的若干小方块的不同色彩，这就是构成位图的基本单位像素点，如图 0-2 所示。

图 0-1　高分辨率位图

图 0-2　放大后的位图

2. 矢量图

矢量图也称为向量图，它是一种根据图形的几何特性来绘制并描述的图像。矢量可以是一个点或一条线，矢量图只能靠计算机按照一定的几何规律计算生成，文件占用内在空间较小，因为这种类型的图像文件包含独立的分离图像，可以自由无限制地重新组合。它的特点是放大后图像不会失真，和分辨率无关，文件占用空间较小。

矢量图形的基本元素为图形对象，构成图形的每个对象都彼此独立，其中包括色彩、形状、尺寸、轮廓等属性。矢量图形线条光滑、设计完美，如图 0-3 所示，当放大图形时其清晰程度不变，如图 0-4 所示。

图 0-3　矢量图形

图 0-4　放大之后的矢量图

3. 位图与矢量图特点对比

在图形图像处理技术中，矢量图形与位图图像是相辅相成的，在实际运用中各有各的优势和不足，只有取长补短，有机结合，才能较好地运用图形图像知识创作出更好的作品。关于图形图像的特点对比如表 0-1 所示。

表 0-1　位图图像与矢量图形特点对比表

图像类型	组成	优 点	缺 点	常用制作工具
位图图像	像素	只要有足够多的不同色彩的像素，就可以制作出色彩丰富的图像，逼真地表现自然界的景象	缩放和旋转容易失真，同时文件容量较大	Photoshop、Firework、画图等
矢量图形	数学向量	文件容量较小，在进行放大、缩小或旋转等操作时图像不会失真	不易制作色彩变化太多的图像	CorelDraw、Illustrator 等

0.1.2　像素与分辨率

像素和分辨率是图形图像处理技术中最常用到的两个基本概念，它们决定了图像文件的大小以及输出质量。

1. 像素与颜色深度

像素（pixel）是组成位图图像的最基本单元，是 picture（图像）和 element（元素）的简称，是用来计算数码影像的一种单位，如同摄影的相片一样，数码影像也具有连续性的浓淡阶调，我们若把影像放大数倍，会发现这些连续色调其实是由许多色彩相近的小方点所组成，这些小方点就是构成影像的最小单位“像素”，如图 0-5 所示。

颜色深度可以看作是一个调色板，它决定了屏幕上每个像素点有多少种颜色。由于显示器中每一个像素都用红、绿、蓝三种基本颜色组成，像素的亮度也由它们控制（例如，三种颜色都为最大值时，就呈现为白色），通常色深可以设为 4bit、8bit、16bit、24bit。色深位数越高，颜色就越多，所显示的画面色彩就逼真，如表 0-2 所示。但是颜色深度增加时，它也加大了图形加速卡所要处理的数据量。

2. 分辨率与图像大小

图像大小即位图图像高度和宽度的像素数目。图像大小与图像位数和分辨率有着很密切的关系，图像大小与其像素尺寸成正比，与分辨率大小成反比。

图 0-5　直观的像素

表 0-2　颜色深度与颜色数量关系表

颜色深度	颜色数量
1bit	2（黑和白）
8bit	256 色
16bit	65 536
24bit（真彩）	16 777 216
32bit	4 294 967 296

在计算机中位图图像的大小不能只看它的物理尺寸，比较科学与标准的方法是看它的像素尺寸。像素尺寸是用来衡量位图图像的高度和宽度的像素数量。位图图像在显示器屏幕上的显示尺寸由图像的像素尺寸和显示器的大小与显示设置决定。

图像的尺寸在显示器上的显示取决于多种因素:图像的像素尺寸、显示器的大小、显示器的分辨率设置等。图 0-6 表现了同一张图片在同一个显示器下不同分辨率设置情况下的像素尺寸，外观上来看，它们的物理大小有所区别，但实际上它们的像素尺寸是相同的。

图 0-6　分辨率与图像大小

分辨率是指在单位长度内包含的像素点的多少，其单位为像素/英寸（P/in）或像素/厘米（P/cm）。相同尺寸的图像分辨率越高，单位长度上的像素数越多，图像就越清晰，反之图像越粗糙。例如，相同尺寸 1×1.5 英寸，72ppi 与 300ppi 的图像效果差别就较为明显了，如图 0-7 所示。分辨率分为图像分辨率、屏幕分辨率、输出分辨率、扫描分辨率、网屏分辨率和设备分辨率等。

分辨率是和图像关系密切的一个概念，它是衡量图像细节表现力的技术参数。但分辨率的种类有很多种，而且，含义也各不相同。正确理解分辨率在各种情况下的具体含义，弄清楚不同表示方法之间的相互关系是非常重要的。

1）图像分辨率

图像分辨率 ppi（pixels per inch）是指图像中存储的信息量，图像中每英寸（1 英寸=2.54cm）大小内所包含的像素的个数，是决定一幅图像大小和质量的一个因素，分辨率越大，图像也就越清楚，图像的尺寸也就越大。图像分辨率大小直接影响图像的

图 0-7　分辨率为 72ppi（右上）和 300ppi（右中）

精度。图像分辨率为数码相机可选择的成像大小及尺寸，单位为像素。常见的有 640×480 像素；1024×768 像素；1600×1200 像素；2048×1536 像素。像素数越小，图像的面积也越小，相应地其容量也越小。在实际应用中，大的像素可用于高质量的大幅面输出。在成像的两组数字中，前者为图片长度，后者为图片的宽度，两者相乘得出的是图片的像素，长宽比一般为 4:3。在大部分数码相机内，可以选择不同的分辨率拍摄图片。

2）显示分辨率

显示分辨率是显示器在显示图像时的分辨率，分辨率是用点来衡量的，显示器上这个“点”就是指像素。显示分辨率的数值是指整个显示器所有可视面积上水平像素和垂直像素的数量。例如，800dpi×600dpi 的分辨率，是指在整个屏幕上水平显示 800 个像素，垂直显示 600 个像素。

显示分辨率的水平像素和垂直像素的总数总是成一定比例的，一般为 4:3、5:4 或 8:5。每个显示器都有自己的最高分辨率，并且可以兼容其他较低的显示分辨率，所以一个显示器可以用多种不同的分辨率显示。

显示分辨率虽然是越高越好，但是还要考虑一个因素，就是人眼能否识别。例如，在 14 英寸最高分辨率为 1024dpi×768dpi 的显示器上 800dpi×600dpi 是人眼能识别的最高分辨率（我们暂时称为最佳分辨率），在 1024dpi×768dpi 这个分辨率下显示器虽然可以精确地显示图像，但人眼已不能准确地识别屏幕信息了。

在相同大小的屏幕上，分辨率越高，显示就越小。由于显示器的尺寸有大有小，而显示分辨率又表示所有可视范围内像素的数量，所以相同的分辨率对不同的显示器显示的效果也是不同的，例如，800dpi×600dpi 的分辨率，14 英寸的显示器比以相同分辨率显示的 17 英寸显示器的显示精度要高一大截。有些质量较好的显示器（如：Philips 15A、14A），14 英寸显示器可达 1280dpi×1024dpi，15 英寸显示器可达 1600dpi×1200dpi。

3）打印分辨率

打印分辨率指的是多功能一体机打印功能上的打印质量、打印清晰度。打印分辨率的单位是 dpi（dot per inch），即指每英寸打印多少个点，它直接关系到打印机输出图像和文字的质量好坏。打印分辨率一般用垂直分辨率和水平分辨率相乘表示，例如：一台打印机的分辨率表示为 600dpi×600dpi，就是表示此台打印机在一平方英寸的区域内水平打印 600 个点，垂直打印 600 个点，总共打印 360000 个点。

对于多功能一体机来说，打印分辨率是一个最为重要的技术指标之一，因为多功能一体机的复印功能中的输出也是通过打印部件来实现的，因此多功能一体机的打印分辨率还会影响到产品的复印分辨率，或者说产品的复印分辨率最多也就是和产品的打印分辨率一样高，不可能高于打印分辨率。

4）网屏分辨率

网屏分辨率（Screen Resolution）：又称网幕频率，指的是打印灰度级图像或分色图像所用的网屏上每英寸的点数。这种分辨率通过每英寸的行数（LPI）来表示。

网线数（简称线数，单位 LPI）是指印刷品在每一英寸上网点的分布。

换句话说，网线数也就是印刷网线的密度。在印刷的过程中，网点的大小是由网线密度所控制的，网线数越少越容易用肉眼看到印刷品的网点。

在实际应用方面，则会依照纸张种类来选用印刷时的网线数。一般的定律是纸张表面越粗糙，印刷时使用的网线数就越低（网线就会越粗），否则会因为网线周密，导致油墨扩散黏糊而造成印刷品质不够清晰。

发行报纸所用的新闻纸类，网线数可以设定在 85 线；另外如表面无涂布的道林、模造纸印刷的网线数最好在 100～133 线；而表面经过涂布的铜版、雪铜纸使用的印刷网线数为 150 线以上；如果使用更高级的光面纸类，建议使用 200 线以上的网线数（但是请先确认配合的印刷厂是否能够印刷出如此高品质的网线数）。

0.1.3 图像色彩模式

色彩模式是决定用于显示和打印图像的色彩构成方式，它是一种用来表现颜色的数学算法，即图像用什么样的方式在计算机中显示或打印输出。常用的色彩模式包括灰度、位图、RGB、CMYK、Lab、HSB 和多通道模式等。

1. 位图模式

位图模式只使用黑白两种颜色中的一种表示图像中的像素。位图模式的图像也叫做黑白图像，它包含的信息最少，因而，该模式下不能表现出丰富的色调，图像也最小。

2. 灰度模式

灰度模式是一种用单色调表现图像，可以表现丰富的色调，表达生动真实的自然景象。一个像素的颜色用八位来表示，一共可表现 256 阶（色阶）的灰色调（含黑和白），也就是 256 种明度的灰色，用于将彩色图像转为高品质的黑白图像（有亮度效果）。

3. RGB 模式

RGB 色彩就是常说的三原色，是最常用的一种显示色彩，其中 R 代表红色（Red），G 代表绿色（Green），B 代表蓝色（Blue）。计算机定义颜色时 R、G、B 三种成分的取值范围是 0～255，0 表示没有亮度等级，255 表示亮度等级达到最大值。R、G、B 均为 255 时就合成了白光，R、G、B 均为 0 时就形成了黑色，如图 0-8 所示。自然界中肉眼所能看到的任何色彩都可以由这三种色彩混合叠加而成，因此也称为加色模式，当两色分别叠加时将得到不同的 C、M、Y 颜色，如图 0-9 所示。

图 0-8 RGB 色彩模式

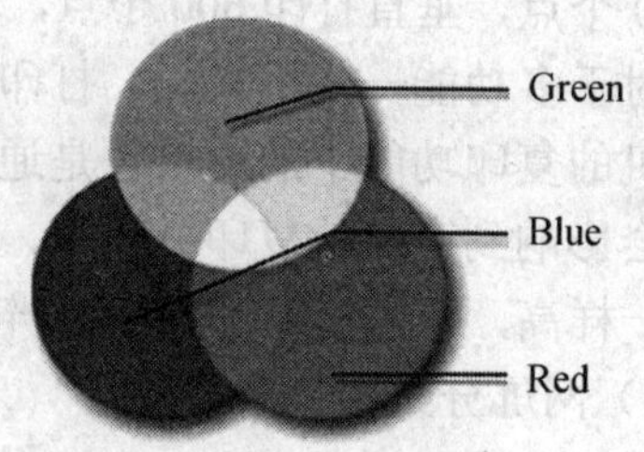

图 0-9 RGB 色彩叠加

4. CMYK 灰度模式

CMYK 模式是最佳的打印模式，RGB 模式尽管色彩多，但不能完全打印出来。用 CMYK 模式编辑虽然能够避免色彩的损失，但运算速度很慢。首先，因为即使在 CMYK 模式下工作，Photoshop 也必须将 CMYK 模式转变为显示器所使用的 RGB 模式；其次，对于同样的图像，RGB 模式只需要处理三个通道即可，而 CMYK 模式则需要处理四个。

CMYK 代表印刷上用的四种颜色，C 代表青色（Cyan），M 代表洋红色（Magenta），Y 代表黄色（Yellow），K 代表黑色（black）。因为在实际引用中，青色、洋红色和黄色很难叠加形成真正的黑色，最多不过是褐色而已，因此才引入了黑色。黑色的作用是强化暗调，加深暗部色彩，如图 0-10 所示。

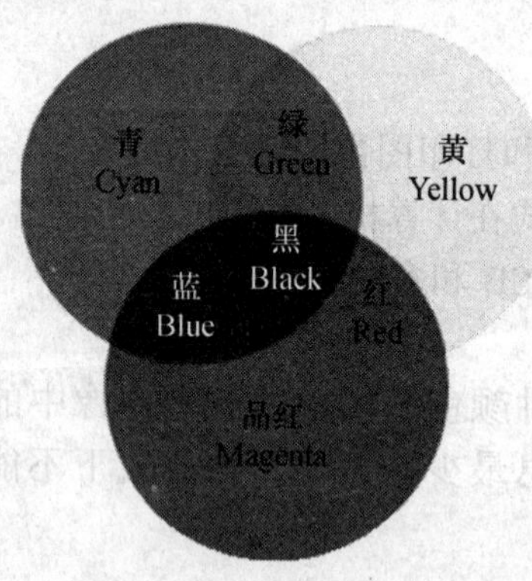

图 0-10 CMYK 色彩叠加

5. Lab 模式

Lab 色彩模型基于人对颜色的感觉。Lab 中的数值描述正常视力的人能够看到的所有颜色。因为 Lab 描述的是颜色的显示方式，而不是设备（如显示器、桌面打印机或数码相机）生成颜色所需的特定色料的数量，所以 Lab 被视为与设备无关的颜色模型。颜色色彩管理系统使用 Lab 作为色标，以将颜色从一个色彩空间转换到另一个色彩空间。Lab 颜色模式的亮度分量 L 表示照度（Luminosity），范围是 0～100，*a* 表示从洋红色至绿色的范围，*b* 表示从黄色至蓝色的范围，*a* 和 *b* 的值域都是+127～-128，其中当 *a* 为+127 就是洋红色，渐渐过渡到-128 时就变成绿色；同样原理，当 *b* 为+127 时是黄色，过渡到-128 是蓝色。所有的颜色就以这三个值交互变化所组成，如图 0-11 所示。

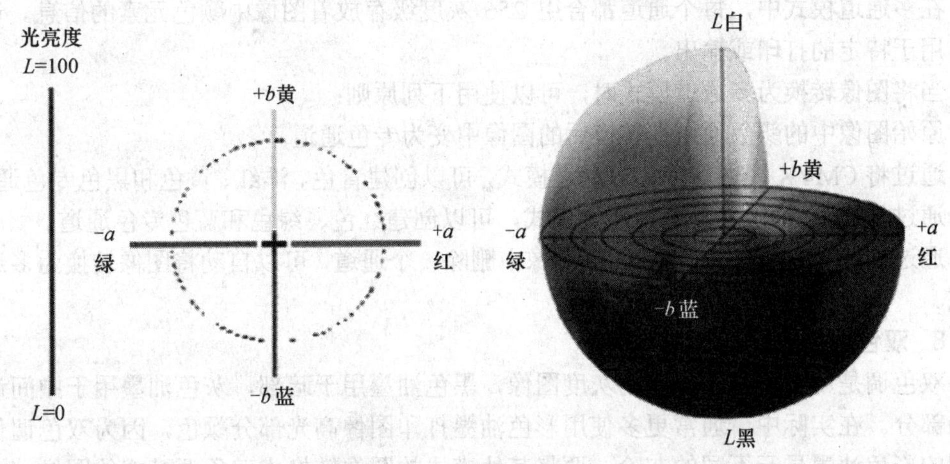

图 0-11　Lab 色彩模式原理图

6. HSB 模式

HSB 模式中的 H、S、B 分别表示色相、饱和度、亮度，这是一种从视觉的角度定义的颜色模式。PhotoShop 可以使用 HSB 模式从颜色面板拾取颜色，但没有提供用于创建和编辑图像的 HSB 模式。

基于人类对色彩的感觉，HSB 模型描述颜色的三个特征：

（1）色相 H（Hue）：在 0°～360°的标准色轮上，色相是按位置度量的。在通常的使用中，色相是由颜色名称标识的，例如红、绿或橙色。

（2）饱和度 S（saturation）：是指颜色的强度或纯度。饱和度表示色相中彩色成分所占的比例，用从 0（灰色）～100%（完全饱和）的百分比来度量。在标准色轮上饱和度是从中心逐渐向边缘递增的。

（3）亮度 B（brightness）：是颜色的相对明暗程度，通常是用 0（黑）～100%（白）的百分比来度量的。

HSB 色彩模式如图 0-12 所示。

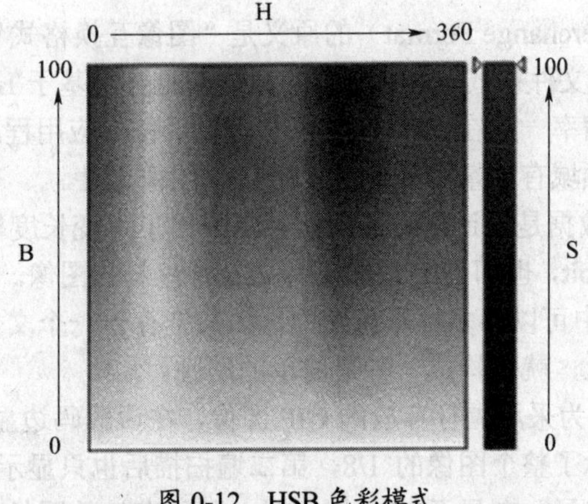

图 0-12　HSB 色彩模式

7. 多通道模式

在多通道模式中，每个通道都合用 256 灰度级存放着图像中颜色元素的信息。该模式多用于特定的打印或输出。

当将图像转换为多通道模式时，可以使用下列原则：

原始图像中的颜色通道在转换后的图像中变为专色通道。

通过将 CMYK 图像转换为多通道模式，可以创建青色、洋红、黄色和黑色专色通道。

通过将 RGB 图像转换为多通道模式，可以创建红色、绿色和蓝色专色通道。

通过从 RGB、CMYK 或 Lab 图像中删除一个通道，可以自动将图像转换为多通道模式。

8. 双色调模式

双色调是用两种油墨打印的灰度图像，黑色油墨用于暗部，灰色油墨用于中间调和高光部分。在实际中，通常更多使用彩色油墨打印图像高光部分颜色，因为双色调使用不同的彩色油墨显示不同的灰阶。要将其他模式的图像转换成双色调模式的图像，必须先转换成灰度模式。转换时，可以选择单色调、双色调、三色调和四色调。

9. 索引模式

索引模式又称图像映射色彩模式，这种模式的像素只有 8 位，即图像最多有 256 种色彩。索引模式可以减少图像文件大小，因此常用于多媒体动画的应用或网页制作上。

0.1.4 图形图像文件的格式

1. PSD 格式

PSD格式和PDD格式是Photoshop CS4的专用文件格式，它支持从黑白模式到CMYK的所有图像类型，但由于在一些图形处理软件中没有得到很好的支持，所以通用性不强。PSD 格式能够保存图像数据的细小部分，如图层、通道、路径等特殊信息。

2. JPEG 格式

JPEG 是一种高效的压缩图像文件格式，它由联合图像专家组研制，是 Macintosh 上常用的一种存储类型。与 TIF 无损压缩形成鲜明的对比，虽然有部分数据丢失，但肉眼观察图像效果基本变化不大，而且非常节省存储空间。

3. GIF 格式

GIF（Graphics Interchange Format）的原义是“图像互换格式”，是 CompuServe 公司在 1987 年开发的图像文件格式。GIF 文件的数据，是一种基于 LZW 算法的连续色调的无损压缩格式。其压缩率一般在 50%左右，它不属于任何应用程序。目前几乎所有相关软件都支持它，公共领域有大量的软件在使用 GIF 图像文件。

GIF 图像文件的数据是经过压缩的，而且是采用了可变长度等压缩算法。所以 GIF 的图像深度从 lbit 到 8bit，也即 GIF 最多支持 256 种色彩的图像。GIF 格式的另一个特点是其在一个 GIF 文件中可以存多幅彩色图像，如果把存于一个文件中的多幅图像数据逐幅读出并显示到屏幕上，就可构成一种最简单的动画。

GIF 解码较快，因为采用隔行存放的 GIF 图像，在边解码边显示时可分成四遍扫描。第一遍扫描虽然只显示了整个图像的 1/8，第二遍扫描后也只显示了 1/4，但这已经把整幅图像的概貌显示出来了。在显示 GIF 图像时，隔行存放的图像会给您感觉到它的显示速度似乎要比其他图像快一些，这是隔行存放的优点。

4. BMP 格式

BMP 是一种与硬件设备无关的图像文件格式，使用非常广。它采用位映射存储格式，除了图像深度可选以外，不采用其他任何压缩，因此，BMP 文件所占用的空间很大。BMP 文件的图像深度可选 lbit、4bit、8bit 及 24bit。BMP 文件存储数据时，图像的扫描方式是按从左到右、从下到上的顺序。

由于 BMP 文件格式是 Windows 环境中交换与图有关的数据的一种标准，因此在 Windows 环境中运行的图形图像软件都支持 BMP 图像格式。

典型的 BMP 图像文件由文件头、位图信息头、颜色信息和位图数据四部分组成：

◆ 文件头主要包含文件的大小、文件类型、图像数据偏离文件头的长度等信息；

◆ 位图信息头包含图像的尺寸信息、图像用几个比特数值来表示一个像素、图像是否压缩、图像所用的颜色数等信息；

◆ 颜色信息包含图像所用到的颜色表，显示图像时需用到这个颜色表来生成调色板，如果图像为真彩色，即图像的每个像素用 24 个比特来表示，文件中就没有这一块信息，也就不需要操作调色板；

◆ 位图数据记录了位图的每一个像素值或该对应像素的颜色表的索引值，图像记录顺序是在扫描行内是从左到右,扫描行之间是从下到上。

5. TIF 格式

TIF 格式是标签图像格式。TIF 格式图像对于色彩通道图像来说是最有用的格式，其具有很强的可移植性，它可以用于 PC、Macintosh 以及 UNIX 三大工作平台。用 TIF 格式存储时应注意文件大小，因为 TIF 格式的结构较为复杂。但 TIF 格式支持 24 个通道，能够存储多于 4 个通道的文件格式。TIF 格式还允许使用 Photoshop CS4 中的复杂工具和滤镜特效，并适合于打印输出。

6. PNG 格式

PNG 是一种新的文件格式，是便携式网络图像格式，属于无损位图文件。它被开发的目的是企图替代 GIF 和 TIFF，同时增加一些它们文件格式所不具备的特性。图像的深度可达 48 位，并且还可存储多达 16 位的 α 通道数据。

7. EPS 格式

EPS 格式是 Illustrator CS4 和 Photoshop CS4 之间可以交换的文件格式。Illustrator 软件制作出来的流动曲线、简单图形和专业图像一般都存储为 EPS 格式。Photoshop 可以获取这种格式文件，并可以把其他图形文件存储为 EPS 格式，在排版类的 PageMaker 和绘图类的 Illustrator 等其他软件中使用。

8. CDR 格式

CDR 格式是著名绘图软件 CorelDRAW 的专用图形文件格式。由于 CorelDRAW 是矢量图形绘制软件，所以 CDR 可以记录文件的属性、位置和分页等。但它在兼容度上比较差，所有 CorelDRAW 应用程序中均能够使用，但其他图像编辑软件打不开此类文件。

CDR 文件是一种矢量图文件，用 CorelDRAW 打开，下载一个 CorelDRAW 软件就行了。CorelDRAW 被广泛地应用于商标设计、标志制作、模型绘制、插图描画、排版及分色输出等诸多领域，其功能可大致分为两大类：绘图与排版。

9. DWG 格式

DWG 格式是 AutoCAD 使用的一种文件格式，DXD 是 AutoCAD 创建的一种图形文件格式，DXF 是 AutoCAD 中的图形文件格式，以 ASCII 码方式存储，图形大小十分精确。

0.2 精彩案例

0.2.1 图像色彩模式的转换

（1）将 RGB 色彩模式的彩色图像转换成 GranScale 模式和 Bitmap 模式图像，效果如图 0-13 所示。

RGB 模式

GrauScale 模式

Bitmap 模式

图 0-13 RGB、GranScale 和 Bitmap 三种模式图像效果图

（2）用 Photoshop CS4 打开素材“色彩模式.jpeg”，如图 0-14 所示，选择“图像”菜单栏的“模式”点开级联菜单，选择“灰度”，则可以生成 GranScale 模式的图像。

图 0-14 生成灰度模式图像

（3）如图 0-15 所示，选择“图像”菜单栏的“模式”点开级联菜单，选择“位图”，则可以生成 Bitmap 模式的图像。

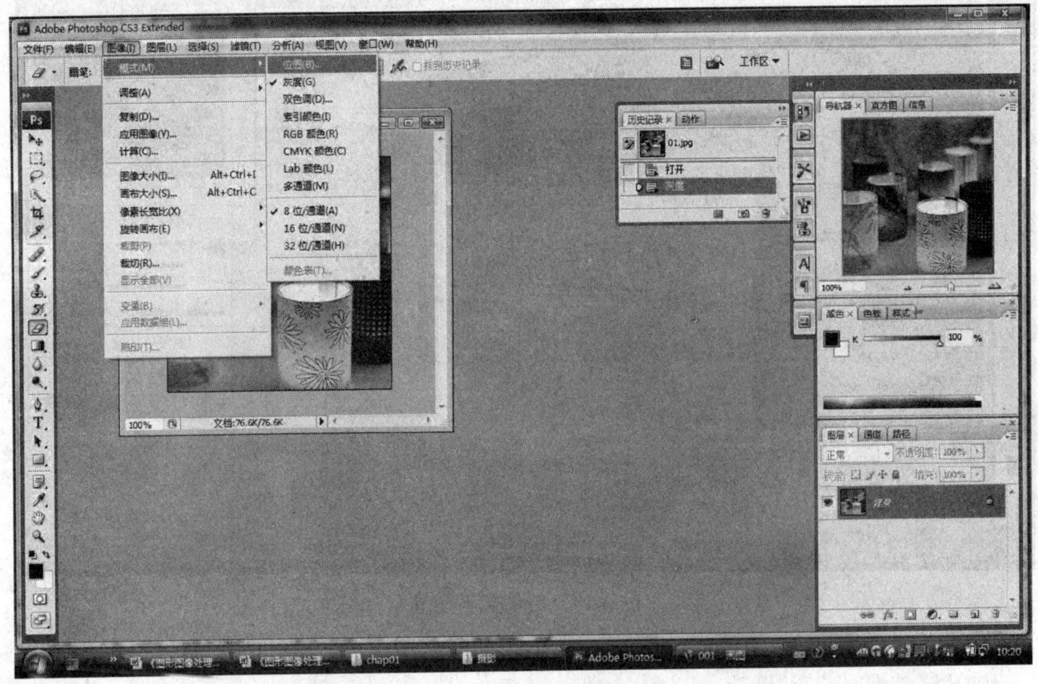

图 0-15　生成位图模式图像

0.2.2　图像的分辨率与尺寸调节

（1）将素材图像分辨率进行调节，改变尺寸，具体参照图 0-16 所示进行。

1024*768pixels

36.12*27.09cm

800*600pixels

28.22*21.17cm

640*480pixel

22.58*16.93cm

图 0-16　图像分辨率调节效果图

（2）用 Photoshop CS4 打开素材“图像分辨率.jpeg”，如图 0-17 所示，选择“图像”菜单栏的“图像大小”，打开“图像大小”对话框，可以看到该图像的像素高度和宽度分别为 1027 和 768，现在将它改为 800 和 600，则可以生成大小为 800×600 的图像，文件大小也由 2.25M 变为 1.37M。

（3）用同样的方法，在“图像大小”对话框中更改它的宽度和高度为 640 和 480，则可以生成大小为 640×480 的图像，文件大小也变成 900K。

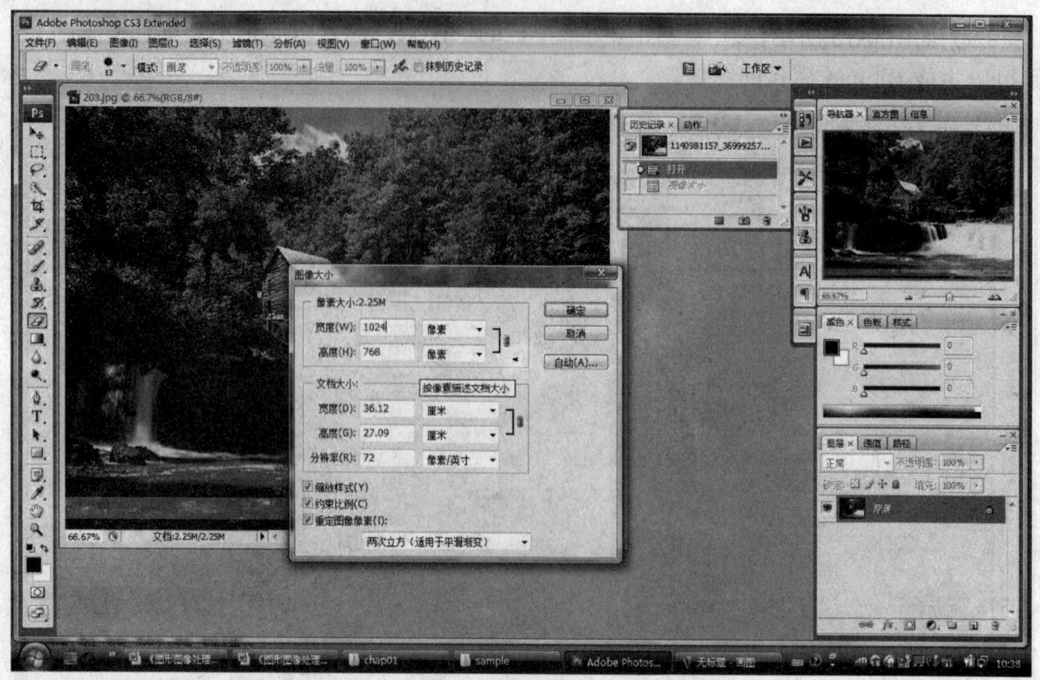

Adobe Photoshop CS3 Extended
文件(F) 编辑(E) 图像(I) 图层(L) 选择(S) 滤镜(T) 分析(A) 视图(V) 窗口(W) 帮助(H)
抹到历史记录
工作区
203.jpg @ 66.7%(RGB/8#)
历史记录 动作
打开
导航器 直方图 信息
图像大小
像素大小:2.25M
宽度(W): 1024 像素
高度(H): 768 像素
确定
取消
自动(A)...
文档大小:
按像素描述文档大小
宽度(D): 36.12 厘米
高度(G): 27.09 厘米
分辨率(R): 72 像素/英寸
缩放样式(Y)
约束比例(C)
重定图像像素(I):
两次立方（适用于平滑渐变）
66.67%
文档:2.25M/2.25M
颜色 色板 样式
图层 通道 路径
正常
不透明度: 100%
填充: 100%
背景
chap01
sample
Adobe Photos...
10:38

图 0-17　图像大小调节

第 1 章　初识 Photoshop CS4

1.1　知 识 讲 解

1.1.1　Photoshop CS4 的工作界面

1. 标题栏

标题栏位于窗口的最顶部，主要是显示当前应用程序的名称和相应功能的快速图表，以及用于控制文件窗口显示大小的窗口最大化、最小化（还原窗口）、关闭窗口等几个快捷按钮，如图 1-1 所示。

2. 菜单栏

菜单栏位于标题栏的下方，其中包括文件、编辑、图像、图层、选择、滤镜、分析、3D、视图、窗口和帮助等 11 个菜单，只要单击其中一个菜单，随即会出现一个下拉式菜单命令，利用下拉菜单命令可以完成图像编辑处理工作。

3. 工具箱

Photoshop CS4 的工具箱提供了图像绘制和编辑的各种工具，共有 50 多个。如果要使用某个工具，直接单击该工具图标就可以了。如果这个工具图标上还有其他工具，右键单击该工具按钮或长按该按钮，就会显示隐藏的工具，直接选择即可使用。如图 1-2 所示就是 Photoshop CS4 的工具箱。

图 1-1　Photoshop CS4 工作界面　　　图 1-2　工具箱

4. 选项栏（工具属性栏）

选项栏一般位于菜单栏下方，会显示该工具可使用的功能和可进行的编辑。它是随着工具的改变而改变的。如图 1-3 所示是画笔工具的选项栏。

图 1-3　画笔工具选项栏

5. 面板

位于工作界面右侧。通过面板可以完成图像处理时工具参数设置，图层、路径编辑等操作。在 Photoshop CS4 中，默认状态下，只要执行“菜单/窗口”命令，可以在下拉菜单中选择相应的面板，使用面板可以进一步调整各选项，或者将面板上的功能应用到图像上。如图 1-4 所示是图层控制面板，图 1-5 所示是蒙版控制面板。

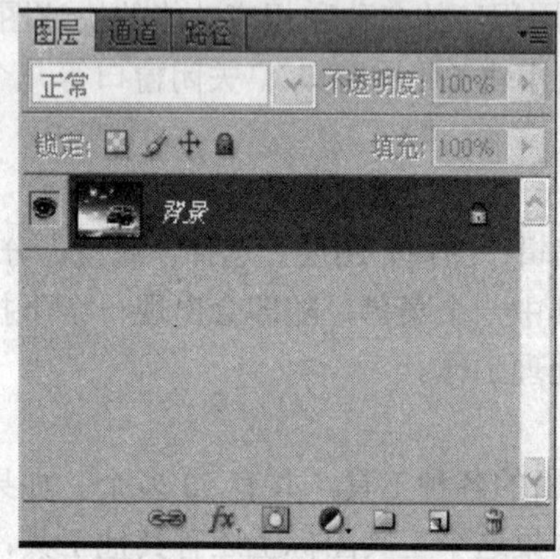

图 1-4　图层控制面板

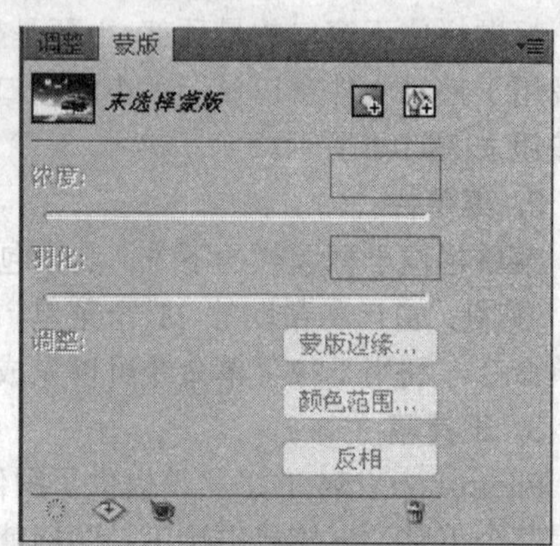

图 1-5　蒙版控制面板

6. 文档窗口

文档窗口是对图像进行浏览和编辑操作的主要场所，如图 1-6 所示。Photoshop CS4 应用程序改变了以往传统的文档窗口显示，采用了全新的选项卡式文档窗口。当用户在 Photoshop 中打开多幅图像时，可以方便地转换图像文件窗口。打开的图像文件名称显示在选项卡上，通过单击可以对图像文件进行切换，或按“Ctrl+Tab”组合键进行切换，也可以将文件拖出来成为一个浮动窗口。

图 1-6　文档窗口

7. 状态栏

状态栏位于图像窗口的底部，用来显示当前图像文件的信息，例如：缩放比例、文件大小、文件尺寸以及当前使用的工具等，如图 1-7 所示。

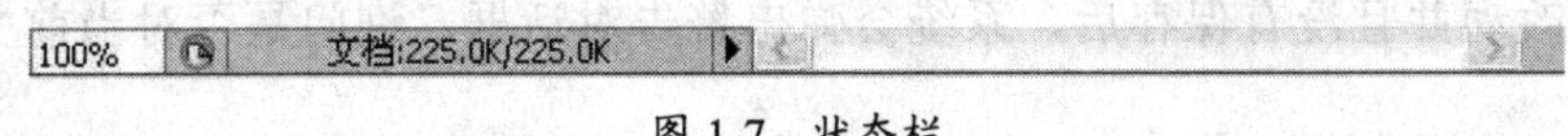

图 1-7 状态栏

1.1.2 文件操作

1. 新建文件

新建文件就是要创建一个新的图像文件。创建新文件可以通过菜单“文件/新建”命令新建文件，也可以应用“Ctrl+N”组合键来新建文件。下面以菜单命令新建文件作为例子讲解一下。

步骤 1：应用菜单命令新建文件，如图 1-8 所示。

步骤 2：在对话框中设置文件名称、大小、分辨率、颜色模式、背景内容等参数，如图1-9所示。

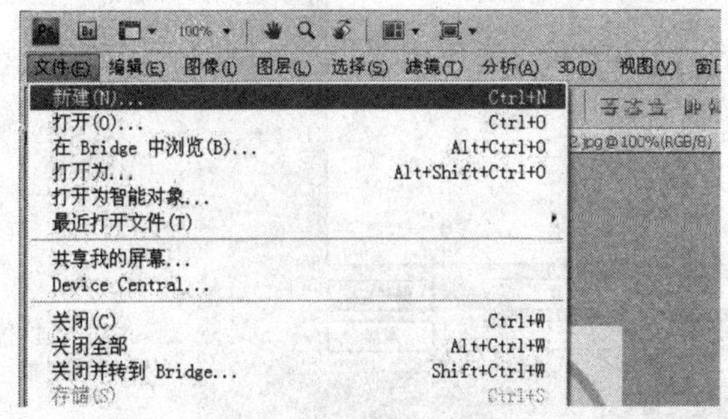

图 1-8 新建文件

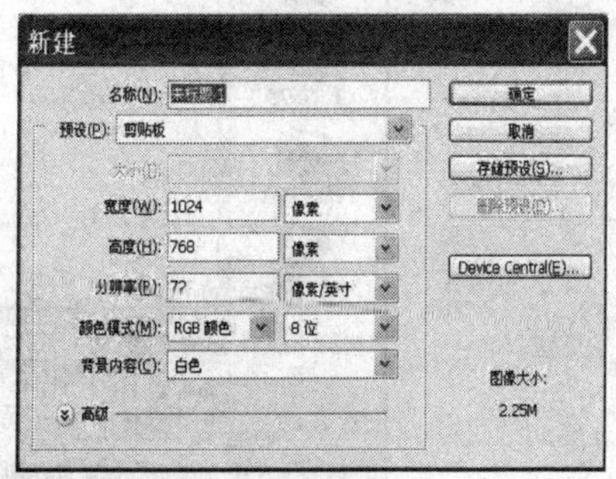

图 1-9 设置参数

2. 打开文件

“打开”命令可以将已有的图像文件打开。同样可以应用菜单命令“文件/打开”执行或通过“Ctrl+O”组合键来操作。下面以菜单命令打开文件作为例子具体讲解一下。

步骤 1：应用菜单命令“文件/打开”打开文件，如图 1-10 所示。

步骤 2：在对话框中打开路径，单击文件名即可，如图 1-11 所示。

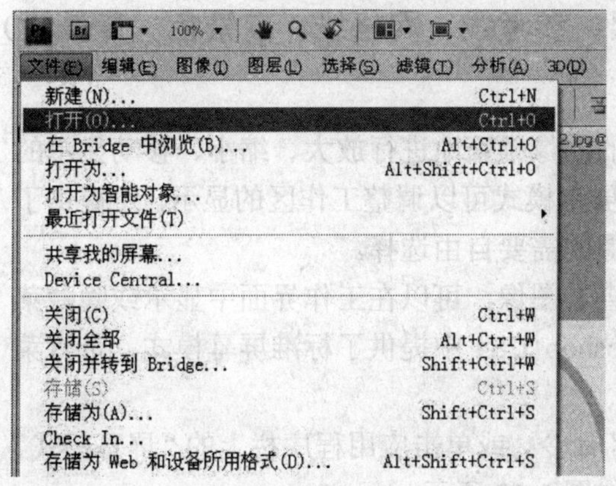

图 1-10 打开文件 1

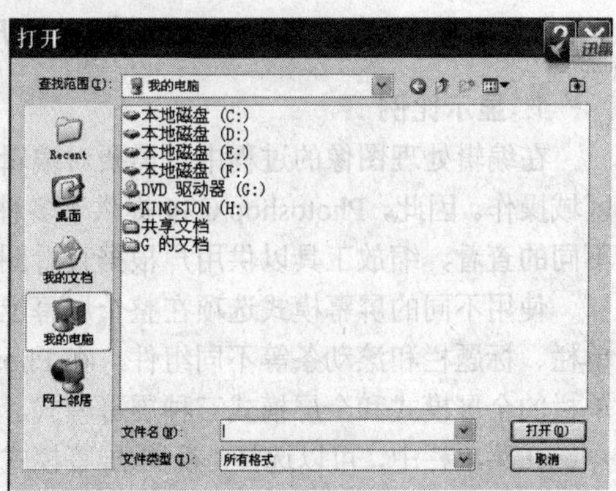

图 1-11 打开文件 2

3. 关闭文件

使用“关闭”命令，可以将当前的图像窗口关闭。关闭文件可以通过菜单命令“文件/关闭”或“Ctrl+W”组合键，也可以直接点击关闭按钮来关闭文件。当对文件进行了改动并且没有保存后，系统会弹出警告对话框，询问是否对当前文件进行保存。

4. 保存文件

保存用于将当前图像文件保存到指定的路径下。可以通过菜单命令“文件/存储”或“Ctrl+S”组合键来进行操作，如果是第一次对文件进行保存，系统会弹出如图 1-12 所示的“存储为”对话框。

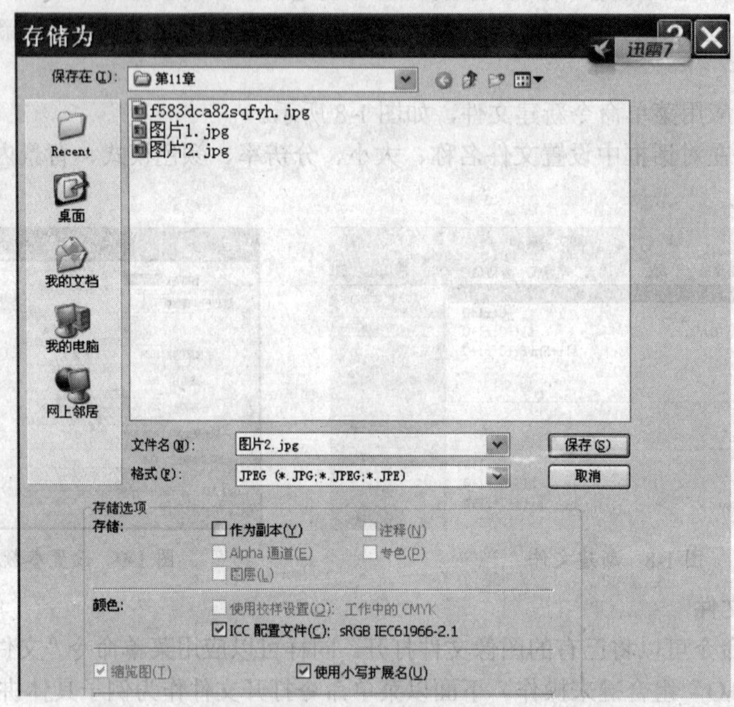

图 1-12　存储文件对话框

1.1.3　工作环境设置（显示比例、标尺、参考线、网格线、前景色、背景色）

1. 显示比例

在编辑处理图像的过程中，需要对编辑的图像频繁地进行放大、缩小、移动显示的区域操作。因此，Photoshop CS4 提供了多种屏幕模式可以调整工作区的显示，还提供了不同的查看、缩放工具以供用户根据查看图像的需要自由选择。

使用不同的屏幕模式选项在整个屏幕上查看图像，可以在工作界面中显示或隐藏菜单栏、标题栏和滚动条等不同组件。在 Photoshop CS4 中提供了标准屏幕模式、带有菜单栏的全屏模式和全屏模式三种屏幕模式。

在菜单栏中，可以选择“视图/屏幕模式”命令，或单击应用程序栏上的“屏幕模式”按钮，从弹出式菜单中选择所需要的模式，如图 1-13 所示。

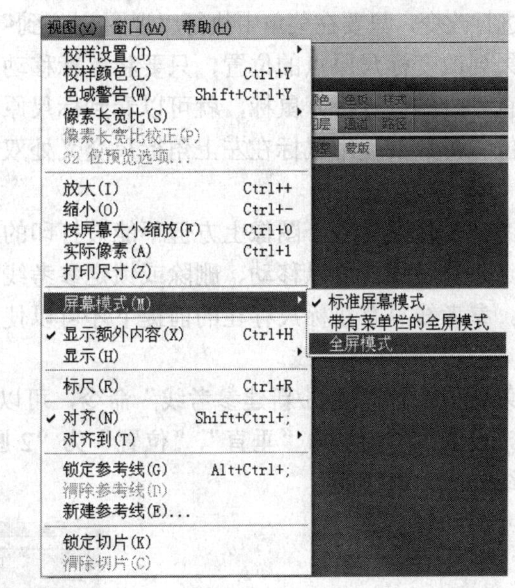

图 1-13 显示比例

2. 标尺

标尺可以帮助我们确定窗口中对象的大小和位置。可以根据需要设置标尺属性、标尺原点以及改变标尺位置。标尺的默认单位是厘米。显示标尺可以应用菜单命令“视图/标尺”或按“Ctrl+R”组合键来进行操作。除此以外，在 Photoshop CS4 中，还可以单击应用程序栏中的“查看额外内容”按钮。在弹出的下拉菜单中选择“显示标尺”命令，在文档窗口中显示标尺。如图 1-14 所示，标尺会显示在窗口的顶部和左侧。

图 1-14 标尺

默认状态下，标尺以窗口内图像的左顶角作为标尺的起点（0，0）如果要将标尺原点对齐位置进行改变，只要在菜单中执行“视图/对齐到”命令，然后选择相应的选项即可。

如果要改变标尺原点的位置，只要将鼠标移动到标尺相交处，按下鼠标左键不放拖动鼠标直到目的位置松开鼠标，就可以看到标尺原点位置发生了改变。如果想恢复标尺的原点位置，只要使用鼠标在左上角标尺交叉处双击就可以还原标尺坐标。

3. 参考线

参考线是悬浮在整个图像上方但不能被打印的线条，用鼠标在标尺上单击并拖动可以得到一条参考线。可以移动、删除或锁定参考线，参考线主要是用来确定图像或元素的位置。参考线只有在标尺存在的前提下才可以使用。

1）创建与删除参考线

在菜单中执行“视图/新建参考线”命令，可以弹出如图 1-15 所示的“新建参考线”对话框。设置“取向”为“垂直”、“位置”为“2 厘米”，单击“确定”按钮，得到新建的参考线如图 1-16 所示。

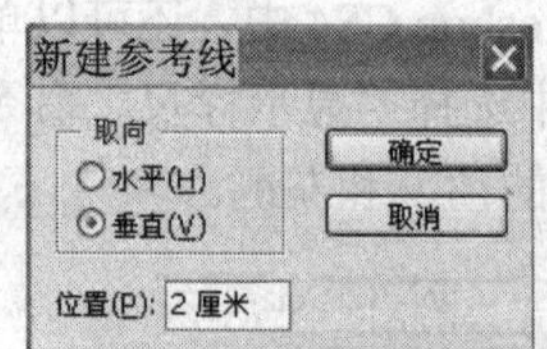

图 1-15 新建参考线

图 1-16 参考线

在标尺上按下鼠标，向工作区拖动也可以创建参考线。

如果要删除所有的参考线，只要在菜单中执行“视图/清除参考线”命令，就可以将图像中的所有参考线删除。

如果要删除一条或几条参考线，只要使用（移动工具）拖动要删除的参考线到标尺处即可。

2）创建与隐藏参考线

在菜单中执行“视图/显示/参考线”命令，可以完成对参考线的显示与隐藏。

3）锁定与解锁参考线

在菜单中执行“视图/锁定参考线”命令，可以完成对参考线的锁定与解锁。

4. 网格线

网格线显示为不可打印的线条或网点，用来协助绘制图像和对齐窗口中的任意对象。在菜单中执行“视图/显示/网格”命令或按“Ctrl+'”组合键，可以显示或隐藏非打印的网格，如图 1-17 所示。

图 1-17 网格线

选择菜单栏中的“编辑/首选项/参考线、网格、切片”命令，可弹出“首选项”对话框，在“网格”分组框中各选项的下拉列表中，可进行不同选项及参数的设置，来改变网格的显示效果。

选择菜单栏中的“视图/对齐到/网格”命令，可以使绘制的选区或图形自动对齐到网格。再次选择该命令，即可将对齐网格命令关闭。

5. 前景色和背景色

前景色是指使用绘图工具时的颜色，使用前景色可以绘画、填充和描边选区；背景色是指当前图层的底色，使用背景色可以生成渐变填充和在背景图像中填充以清除区域。在使用绘图工具或进行颜色填充前，往往都要先设置前景色和背景色。设置相应的前景色后，使用在页面中涂抹就会直接将前景色绘制到当前图像中。

1.1.4 绘图颜色设置

1. 使用色彩控制工具设置颜色

单击工具箱中的前景色或背景色图标，会弹出“拾色器”对话框。对话框左侧的正方形色块被称为色域，在色域的任意位置单击，在对话框右上角就会显示出当前选中的颜色，并且在右下角出现相对应的各种颜色模式定义的数据，包括 HSB、Lab、RGB 和 CMYK 颜色模式。也可以直接输入所需的颜色数值，如图 1-18 所示。

2. 使用吸管工具设置颜色

（1）可以利用吸管工具在图像中选取色样来确定要设置的颜色。用此工具在图像上单击，工具箱中的前景色就显示所选取的颜色，如果在按住“Alt”键的同时，用此工具在图像上单击，工具箱中的背景色就显示为所选取的颜色。

（2）“颜色取样器工具”可以获取多达 4 个色样，并可按不同的色彩模式将获取的每一个色样的色值在信息浮动窗口中显示出来，从而提供了进行颜色调节工作所需的色彩信息，能够更准确、更快捷地完成图像的色彩调节工作。

在使用颜色取样器工具之前应先在“窗口”菜单下选择信息命令将信息浮动窗口调出，然后在工具箱中选取颜色取样器工具，在图像的 4 个不同区域分别单击 4 次，图像的相对区域即会出现 4 个标有 1、2、3、4 的色样点图标，如图 1-19 所示。

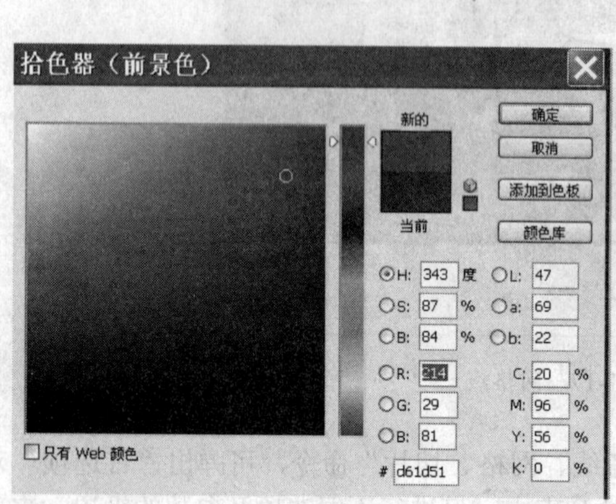

图 1-18 拾色器

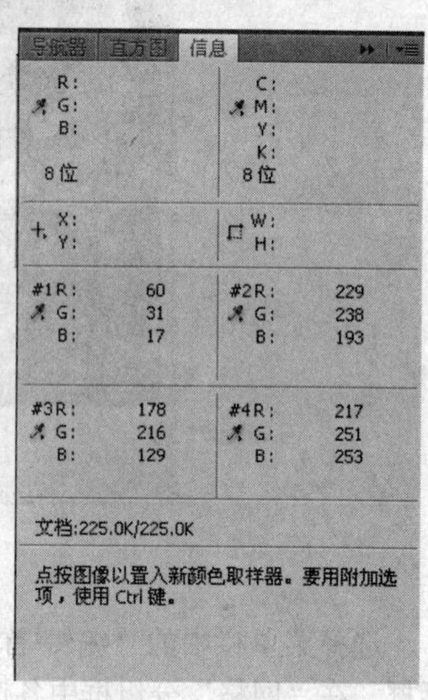

图 1-19 颜色取样器窗口

3. 使用“颜色”调板设置颜色

“颜色”调板可以轻松地设置前景色和背景色。选择“窗口/颜色”命令，系统将弹出“颜色”调板，如图 1-20 所示。如果想要设置背景色的颜色，可以在“颜色”调板中单击“设置背景色”按钮，这时“颜色”调板将会显示为设置背景色模式，然后通过移动 R、G、B 选项的滑块设置所需颜色，即可改变背景色。也可以使用在 R、G、B 选项的文本框中输入数值的方法设置背景色的颜色。另外，还可以通过直接在该调板下部的光谱中单击来获取所需的颜色。

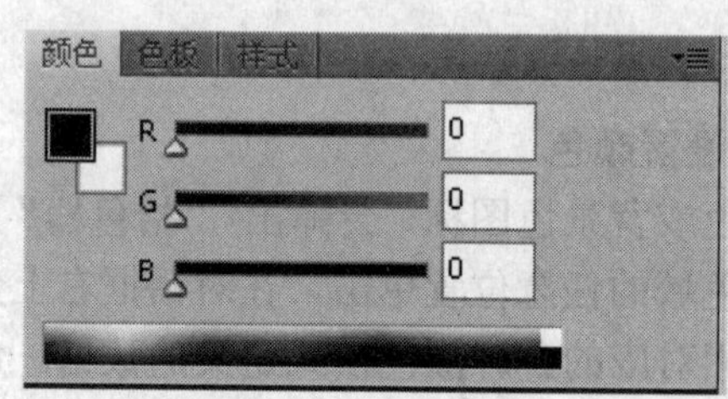

图 1-20 颜色调板

4. 使用“色板”控制面板设置颜色

“色板”调板可以用来快速选取一种颜色。选择“窗口/色板”命令，系统将弹出“色板”调板，如图 1-21 所示。

“色板”调板中的颜色都是 Photoshop 预设的，可以直接单击调板中的色样进行使用，无需再进行数值的设置。

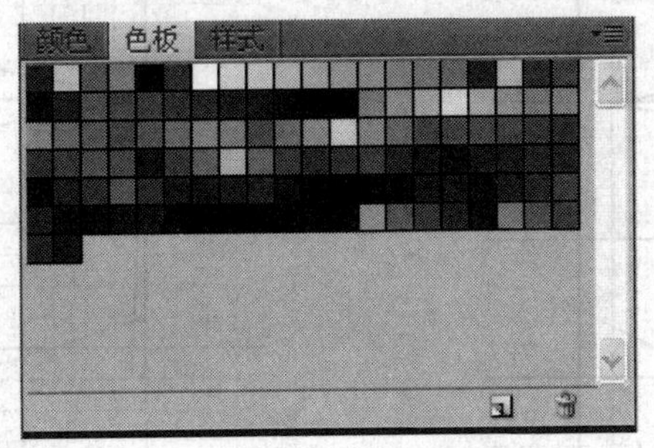

图 1-21　色板调板

1.2　精彩案例

1.2.1　制作几何体

通过本案例练习标尺、网格线、参考线的使用方法以及前景色、背景色的设置。

- 执行菜单栏上的“文件/新建”命令，打开“新建”对话框，设置如图 1-22 所示。

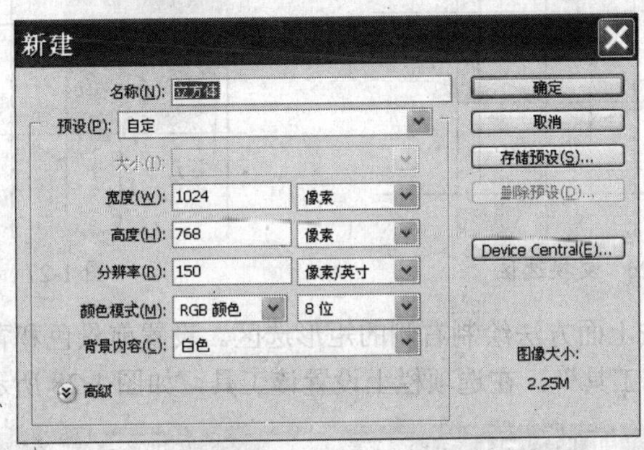

图 1-22　“新建”对话框

- 执行菜单栏上“视图/显示/网格”命令，显示网格。
- 选择“直线工具”（快捷键 U），在选项栏上设置该工具，如图 1-23 所示。

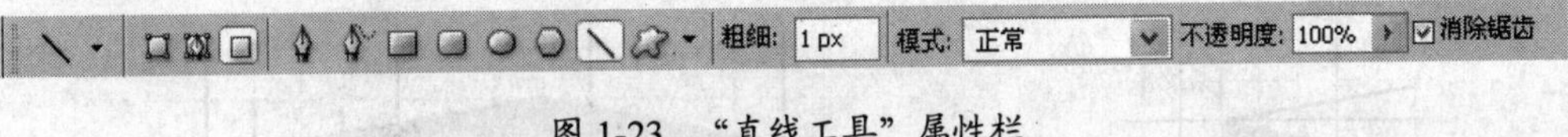

图 1-23　“直线工具”属性栏

- 新建图层，命名为“结构线”，用“直线工具”根据构图原理绘制立方体的结构线，如图 1-24 所示。
- 用“矩形选框工具”创建一个矩形选区，如图 1-25 所示。
- 执行菜单栏上的“选择/变换选区”命令，或右击文档窗口，在快捷菜单中选择“变换选区”命令，自由变换该矩形选区。按下“Ctrl”键不放，可以自由拖动控制点；同时按下“Ctrl+Shift”组合键不放，可以垂直拖动控制点。参照结构线，将控制点拖拽到合适位置，如图 1-26 所示。

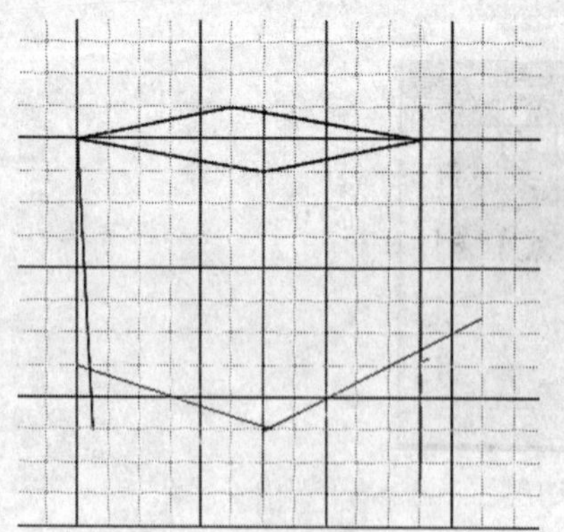
图 1-24　直线绘制效果

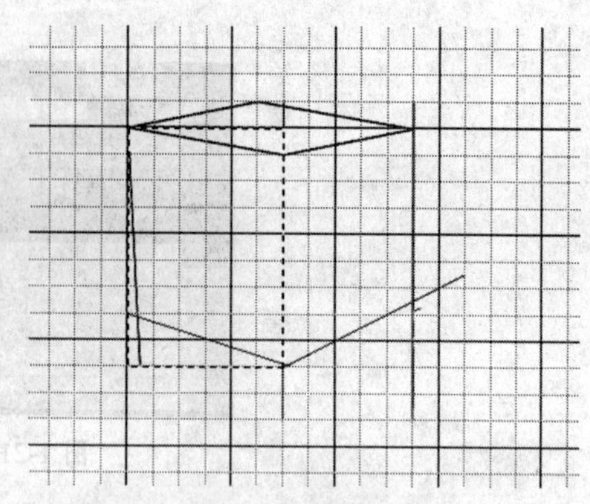
图 1-25　创建选区

● 新建图层，在选区内填充明度较高的灰色（颜色接近即可），如图 1-27 所示。

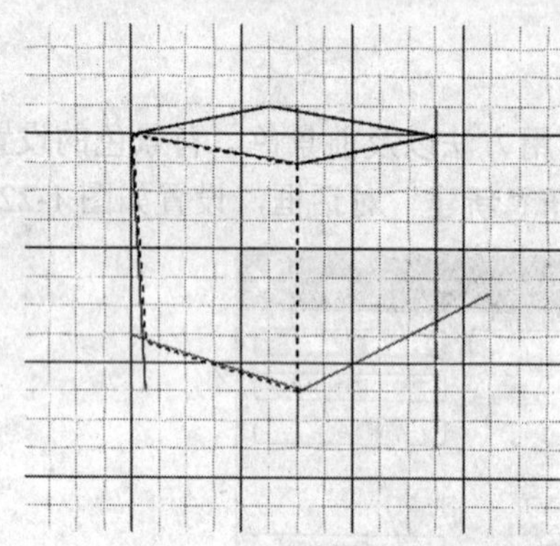
图 1-26　变换选区

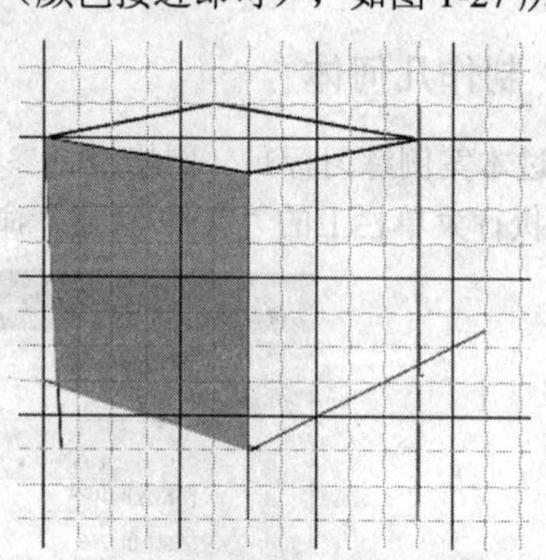
图 1-27　填充选区

● 新建图层，按上面方法绘制右侧的矩形选区。设置前景色和背景色分别为深灰色和白色，选择“渐变工具”，在选项栏上设置该工具，如图 1-28 所示。

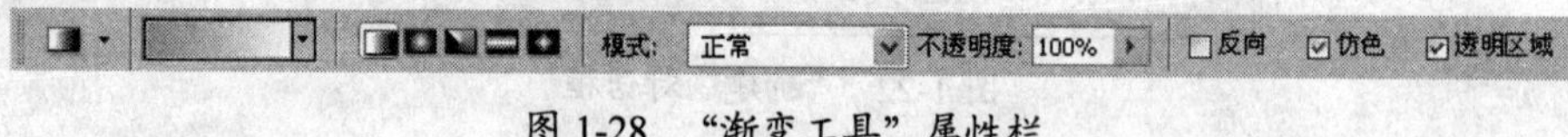

图 1-28　“渐变工具”属性栏

● 自选区左上角向右下角创建渐变，如图 1-29 所示。
● 进一步完善顶部的面，如图 1-30 所示。

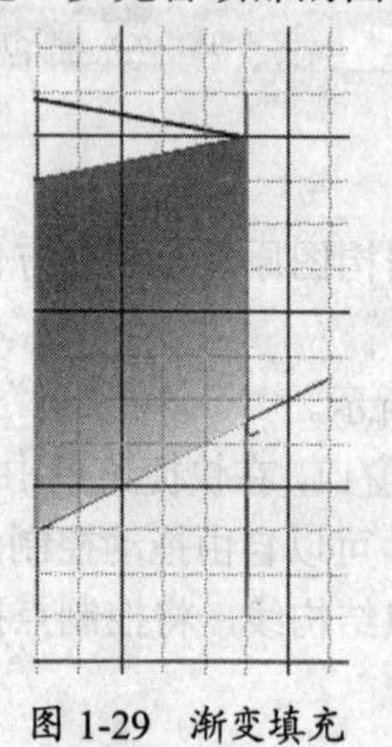
图 1-29　渐变填充

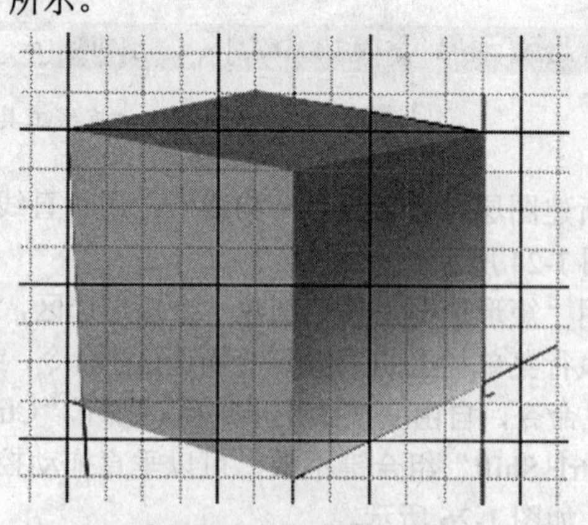
图 1-30　渐变填充后效果

● 在背景层上新建图层，命名为“投影”，用“多边套索工具”绘制如图 1-31 所示选区。

● 按下“Ctrl+T”组合键，或者执行菜单栏上的“选择－羽化”命令，打开“羽化选区”对话框，将选区羽化 5 个像素，如图 1-32 所示。

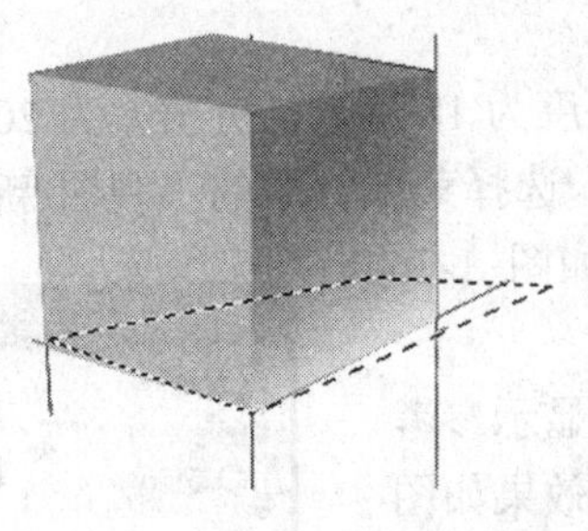
图 1-31　投影选区创建

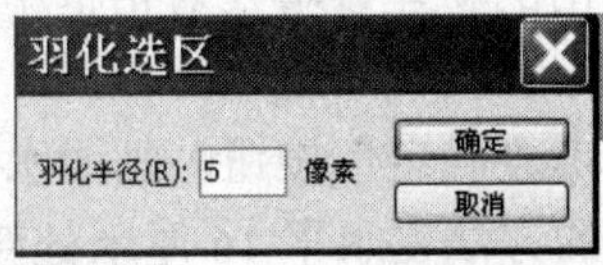

图 1-32　“羽化选区”对话框

● 设置前景色为“深灰色”（色彩相近即可），按下“Alt+BackSpace”组合键，在选区内填充前景色，如图 1-33 所示。

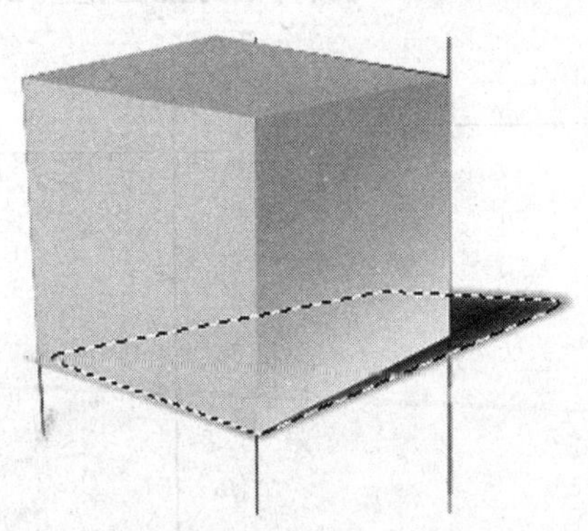
图 1-33　投影区域填充色彩

● 最后，取消选区，用笔触“硬度”较低的、“主直径”较大的（硬度和主直径的设置方法是，右击文档窗口，在弹出的调板中调整，如图 1-34 所示）较低硬度的橡皮擦工具（快捷键 E）将投影的相应部分擦淡，立方体的绘制就完成了，如图 1-35 所示。

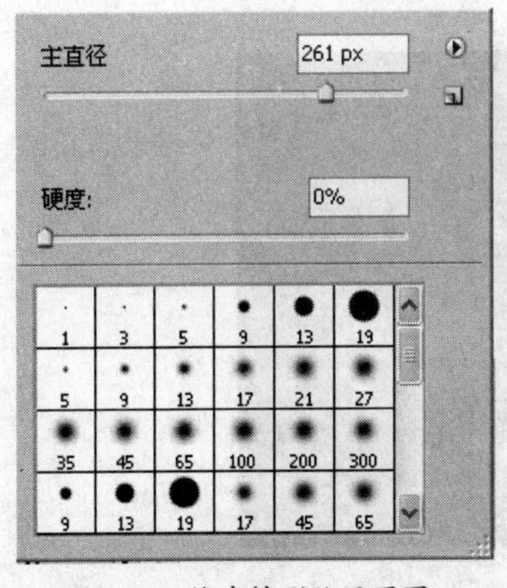

图 1-34　橡皮擦形状设置图

图 1-35　最终效果

1.2.2 新年贺卡

通过本案例练习图像大小及分辨率的修改方法，制作精美的新年贺卡。

操作步骤：

（1）新建一个文件，设置宽度为 24 厘米，高度为 18 厘米，分辨率为 200dpi。

（2）按“Ctrl+R”组合键在文件中打开标尺，选择菜单栏中的“视图/新建参考线”命令，在弹出的新建参考线对话框中设置参数，如图 1-36 所示。

新建参考线
取向
水平(H)
垂直(V)
确定
取消
位置(P): 2 厘米

图 1-36 “新建参考线”对话框

（3）单击“确定”按钮，画面水平 2 厘米处显示参考线，用同样的方法在水平 16 厘米处新建参考线，效果如图 1-37 所示。

（4）选择菜单栏中的“视图/新参考线”命令，在弹出的“新参考线”对话框中设置垂直 2 厘米，单击“确定”按钮，画面垂直 2 厘米处显示参考线，用同样的方法在垂直 22 厘米处新建参考线，效果如图 1-38 所示。

图 1-37 添加水平参考线先后效果图

图 1-38 添加垂直参考线先后效果

（5）打开一幅素材文件，如图 1-39 所示。选择工具箱中的“移动工具”，将图片素材拖入画面中生成图层 1。

图 1-39 素材图像

（6）按“Ctrl+T”组合键打开自由变形框，将图层 1 的图像调整到如图 1-40 所示大小。

图 1-40　自由变换调整图像

（7）复制背景层，为图层 1。

（8）新建一个图层 2，建立选区，并填充颜色，如图 1-41 所示。

图 1-41　填充颜色

（9）将图层 1 显示出来，按“Ctrl+T”组合键打开自由变形框，对图像进行扭曲，如图 1-42 所示。

图 1-42　自由变换调整图像

（10）用同样的方法对图层 2 进行扭曲变换，效果如图 1-43 所示。

图 1-43　自由变换调整图像

（11）为图层 2 和图层 1 添加投影样式，设置如图 1-44 所示。

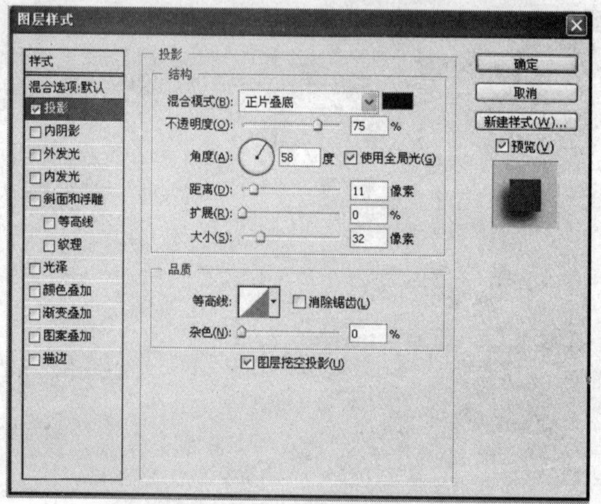

图 1-44　图层样式设置

（12）贺卡的最终效果如图 1-45 所示。

图 1-45　最终效果

第2章 图像绘制与选区操作

2.1 知 识 讲 解

图像处理经常要操作图像的某一部分，从原始图像进行局部处理时，都需要将这部分图像选中，它绝不仅仅只是能够画出简单的轮廓，而是可以隔离出图像上的部分区域，从而对其进行个别的设置或调整。

2.1.1 选框工具

选框工具主要用来创建一些比较规则的选取，如矩形选区、椭圆选区、正方形选区、正圆形选区等，可以在 Photoshop 工具箱中直接选择选框工具，也可以按“Shift+M”组合键在矩形选框工具和椭圆形选框工具之间进行切换。

1. 矩形选框工具

单击▭，在图像中适当的位置单击并按住鼠标不放，向右下方拖拽鼠标绘制选区，松开鼠标，矩形选区绘制完成。按住“Shift”键，在图像中可以绘制出正方形选区，如图 2-1 和图 2-2 所示。

图 2-1 长方形选区

图 2-2 正方形选区

2. 椭圆选框工具

单击◯，在图像中适当的位置单击并按住鼠标不放，向右下方拖拽鼠标绘制选区，松开鼠标，椭圆形选区绘制完成。按住“Shift”键，在图像中可以绘制出正圆形选区，如图 2-3 和图 2-4 所示。

3. 单行选框工具

单击⋯，在图像中适当的位置单击鼠标左键，即可绘制出 1 个像素高的单行选区。

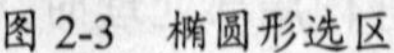

图 2-3　椭圆形选区

图 2-4　正圆形选区

4. 单列选框工具

单击，在图像中适当的位置单击鼠标左键，即可绘制出 1 个像素宽的单列选区。

虽然这些规则选框工具使用时非常简单，但是它们的功能却十分强大，可以执行许多复杂的任务。在工具箱中选择任意一种选框工具，就会显示其选项栏，如图 2-5 所示。

图 2-5　选区工具选项栏

◆ 新选区：是默认方式，选择该方式将在图像窗口建立新的选区，每创建一个新选区，其他的选区就会自动消除。

◆ 添加到选区：当现有选区只是所需选区一部分时，可以通过单击工具栏上的“添加到选区”按钮，绘制新选区并保留现有选区，如图 2-6 所示。

◆ 从选区减去：当现有选区超出所需选区的范围，可以通过单击工具栏上的“从选区减去”按钮，绘制新选区减去与现有选区重叠的部分，如图 2-7 所示。

图 2-6　添加到选区

图 2-7　从选区中减去

◆ 与选区交叉：当需要选择某个范围的一个对象或多个对象时，可以通过单击工具栏的“与选区交叉”按钮，得到的结果是原有选区和本次选择范围重叠的部分，如图 2-8 所示。

◆ 羽化：在文本框中输入数值，将在选取范围的边缘产生渐变晕开的柔和效果，在制作柔和选区和一些特效时非常有用。在使用羽化效果时应先设定羽化值，再选取选区。

图 2-8　与选区交叉

◆ 消除锯齿：选择该复选框，将使选取范围中的图像被编辑后，边缘较为平滑，但是此选项只对椭圆选框工具有效。

◆ 在“样式”下拉列表中有 3 种方式可供选择。

● 正常：选择此样式，就可以在图像上任意拖动鼠标，绘制出所需选区。

● 固定比例：选择此样式，可以在“高度”和“宽度”中输入数值，绘制固定比例的选区，单击“高度和宽度互换”按钮⇄，可以快捷地将高度和宽度的比例数值互换。

如果设置宽度和高度的比例为 1:3，那么在图像中任一处单击鼠标左键即可得到如下选区，如图 2-9 所示。

● 固定大小：选择此样式，可以在“高度”和“宽度”中输入数值，绘制固定大小的选区，单击“高度和宽度互换”按钮⇄，可以快捷地将高度和宽度的数值互换。

如果设置宽度和高度的值为 50px、50px，那么在图像中任一处单击鼠标左键即可得到如图 2-10 所示选区。

图 2-9　使用固定比例样式绘制选区

图 2-10　使用固定大小例样式绘制选区

2.1.2　套索工具

套索工具可以在图像或图层中绘制不规则形状的选区或者选取不规则形状的图像。可以在 Photoshop 工具箱中直接选择套索工具，也可以按“Shift+L”组合键在套索工具、多边形套索工具、磁性套索工具之间进行切换。

1. 套索工具

单击，在图像中适当的位置单击鼠标左键不放，拖拽鼠标在人物的周围进行绘制，如图 2-11 所示，松开鼠标，选择区域自动封闭生成选区。

2. 多边形套索工具

单击，在图像中适当的位置设置所选区域的起点，单击设置选择区域的其他点，当鼠标光标移回到起点时，单击即可封闭选区，如图 2-12 所示。

图 2-11 使用套索工具绘制选区

图 2-12 使用多边形套索工具绘制选区

3. 磁性套索工具

◆ “宽度”选项用于设定套索检测范围，将在这个范围内选取反差最大的边缘。

◆ “对比度”选项用于设定选区边缘的灵敏度，数值越大，则要求边缘与背景的反差越大。

◆ “频率”选项用于设定选区点的速率，数值越大，标记速率越快，标记点越多。

◆ “使用绘图板压力以更改钢笔宽度”按钮用于设定专用绘图板的笔刷压力。

在使用“多边形套索工具”绘制选区时，按住“Shift”键可沿水平、垂直或与之成 45°角的方向绘制选区；在终点没有与起点重叠时，双击鼠标或按住“Ctrl”键的同时单击鼠标即可创建封闭选区。

在使用“多边形套索工具”和“磁性套索工具”创建选区时，按键盘上的“Delete”键或“BackSpace”键，可按照顺序撤销标记点，按 Esc 键可去掉未完成的选区，按“Enter”键可自动形成闭合选区。

按“Alt”键拖动鼠标会自动转换成套索工具，松开鼠标会自动转换成多边形套索工具，松开“Alt”键单击鼠标会转换成磁性套索工具，如图 2-13 所示。

图 2-13 使用磁性套索工具绘制选区

2.1.3 魔棒工具

魔棒工具组可以用来选取颜色相似的图像选区，魔棒工具组中包括快速选择工具和魔棒工具，这两种工具都可以根据特定的数值在其选项栏中设置相应的参数值，下面分别对其进行介绍。

1. 快速选择工具

快速选择工具可以快速地选取图像中的区域，只需要在图像上拖拽鼠标，即可将鼠标所到之处都创建为选区。选择工具后属性栏会显示该工具的一些属性设置，如图 2-14 所示。

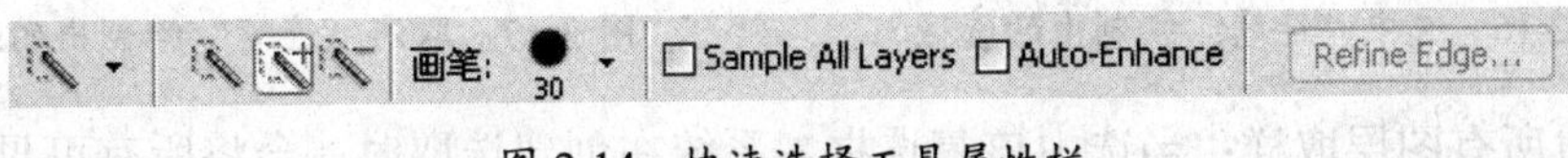

图 2-14 快速选择工具属性栏

◆ 选区模式：包括“新选区”、“添加到选区”、“从选区中减去”。

◆ 画笔：用来设置创建选区的笔触、直径、硬度和间距等。

◆ 对多有图层取样：Sample All Layers。

◆ 自动增强：Auto-Enhance 勾选改复选框可以增强选区的边缘。

◆ 技巧：

使用“快速选择工具”创建选区时，按住“Shift”键可以自动添加到选区，功能与选项栏中的“添加到选区”按钮一致；按住“Alt”键可以自动从选区中减去选取部分选区，功能与选项栏中的“从选区中减去”按钮一致。

2. 魔棒工具

在 Photoshop 中使用“魔棒工具”可以为图像中颜色相同或相近的像素创建选区。魔棒工具通常用来快速创建图像颜色相近像素的选区，在实际工作中使用魔棒工具在图像某个颜色像素上单击鼠标系统会自动创建该像素的选区，既可节省时间，又可以得到意想不到的效果。

选择“魔棒工具”后，选项栏中会显示针对该工具的一些属性设置，如图 2-15 所示。

图 2-15 “魔棒工具”属性栏

◆ 容差：用来设置系统选择颜色的范围，即选区允许的颜色容差值。数值越小，选区的颜色范围就越近，数值越大，选取的颜色范围就越广。在文本中可输入的数值范围是 0～255，系统默认值为 32。

◆ 消除锯齿：当选中该复选框，系统会将创建的选区的锯齿消除。

◆ 连续：当选中该复选框，系统将创建一个选区，把与鼠标单击点相连的颜色相同或相近的图像像素包围起来，如图 2-16 所示。否则，系统将创建多个选区，把所有与鼠标单击点相连的颜色相同或相近的图像像素包围起来，如图 2-17 所示。

图 2-16　选中“连续”绘制出的选区

图 2-17　取消“连续”绘制出的选区

◆ 对所有图层取样：当选中该复选框，系统在创建选取时，会将所有可见图层考虑在内；当不选该复选框时，系统在创建选取时，只将当前图层考虑在内。

2.1.4 选区的基本操作

1. 移动选区

用选取工具选择图像的区域后，在属性栏中的“新选区”按钮状态下，将鼠标的光标放在选区中，就会显示出“移动选区”的光标。

下面列出移动选区的三种方法。

◆ 使用鼠标移动选区：打开一幅图像，选择选区工作绘制出选区，并将光标放置到选区中，显示“移动选区”的光标后，效果如图 2-18 所示，按住鼠标左键拖拽，将选区拖拽到适当的位置后，松开鼠标左键，即可完成选区的移动。

图 2-18　移动选区后

◆ 使用空格移动选区：当使用选取工具绘制选区时，不要松开鼠标，同时按住 Spacebar（空格）键并拖拽鼠标，即可移动选区。

◆ 使用方向键移动选区：当使用选取工具绘制选区后，松开鼠标，使用键盘上的“方向键”，可以将选区沿各方向移动 1 个像素。使用“Shift+方向键”组合，可以将选区沿各方向移动 10 个像素。

2. 取消和反向选择选区

取消选区可以使用“选择”菜单中的“取消选择”命令，也可以使用“Ctrl+D”组合键取消选区。

反向选择选区可以使用“选择”菜单中的“反向”命令，也可以使用“Shift+Ctrl+I”组合键反向选择选区。

3. 修改选区

使用“选择”菜单中的“修改”命令，其中：

◆ 边界：用于修改选区的边缘。

◆ 平滑：可以通过增加或减少选区边缘的像素来平滑边缘，选择下拉菜单中的“平滑”命令，弹出“平滑选区”对话框，如图 2-19 所示。

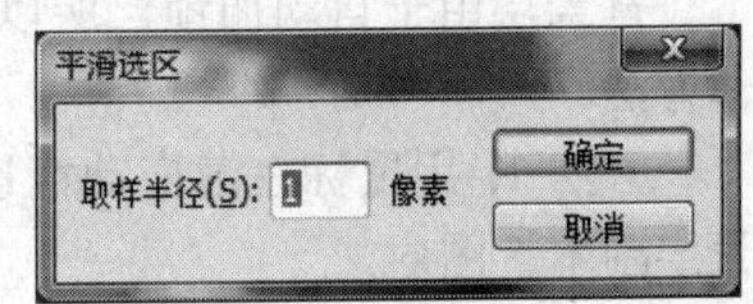

图 2-19 “平滑选区”对话框

◆ 扩展：用于扩充选区的像素，扩充的数量可以通过对话框来确定。

◆ 收缩：用于收缩选区的像素，其收缩的像素量通过对话框来确定。

◆ Feather：羽化选区可以使用图像产生柔和的效果。选择“选择/羽化”命令，或按“Alt+Ctrl+D”组合键，在“羽化选区”对话框中设置羽化半径的值。使用选择工具前，在该工具的属性栏中设置羽化半径的值。

设置羽化值为 30px，处理后的图像将沿着蚂蚁线的边缘向内淡入 15px，向外淡出 15px，按“Ctrl+Shift+I”组合键反选选区，按“Delete”键删除，效果如图 2-20 所示。

图 2-20 羽化选区

◆ 扩大选取：可以将图像中一些连续的、色彩相近的像素扩充到选区内。扩大选区的数值是根据“魔棒”工具设置的容差值决定的。

◆ 选取相似：可以将图像中一些不连续的、色彩相近的像素扩充到选区内。选取相似的数值是根据“魔棒”工具设置的容差值决定的。

◆ 变换选区：使用“选择—变换选区”命令，可以对选区进行缩放、旋转。

2.1.5 移动工具

“移动工具”可以用于移动并复制图像，在移动图像或选区的同时按住 Alt 键，即可在原图像不变的基础上复制生成一个相同的图像，如图 2-21 所示为移动工具属性栏。

□自动选择图层 Group □显示变换控件

图 2-21 移动工具属性栏

背景层由于自动加锁，所以不能被移动，但是可以对背景层进行复制，下面介绍具体方法。

方法 1：用鼠标左键拖动背景层到“新建图层按钮”，松开鼠标左键，自动生成“背景层副本”图层。

方法 2：使用移动工具，同时按下“Alt”键，可实现移动并复制图像，如图 2-22 所示。

图 2-22 移动图像

2.1.6 画笔

1. 画笔工具

使用画笔工具可以绘制出边缘柔软的画笔效果，像用毛笔绘图一样，画笔的颜色为工具箱中的前景色。画笔工具属性栏如图 2-23 所示。

图 2-23 画笔工具属性栏

◆ 不透明度：用来定义画笔工具绘制图像时笔墨覆盖的最大程度。数值越大，不透明度越大，透明度越小。可以直接在文本框内输入数据，也可以单击文本框右边的黑色尖头按钮，通过鼠标拖拽滑块，来改变不透明度数据。

◆ 流量：用来定义画笔工具绘制图像时笔墨扩散的量。“流量”文本框内的数值越大，绘制的图像颜色越深。也可以用鼠标拖拽滑块来改变流量的数量，如图 2-24 所示。

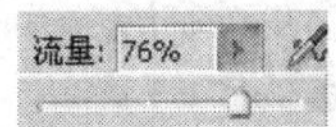

图 2-24　流量控制

◆ 喷枪：单击喷枪按钮后，画笔工具在绘制时将具有喷枪功能，用喷枪工具绘制的线条比较散。

◆ 画笔样式：单击选项栏中的“画笔”列表框的黑色箭头按钮，或单击画笔属性栏，点击右侧的画笔样式按钮，可调出“画笔样式”调板，如图 2-25 所示。

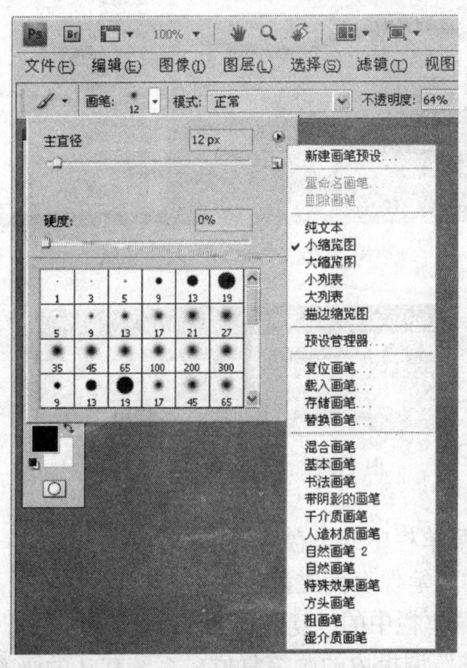

图 2-25　“画笔样式”调板

“替换画笔”和“载入画笔”通常采用下述两种方法：

方法 1：单击“画笔样式”调板菜单中右上角的扩展箭头，如图 2-26 所示，可以在菜单中选择一个命令，直接更换画笔。例如，单击菜单中的“混合介质画笔”，会弹出一个提示对话框，如图 2-27 所示，单击 “追加”按钮，就能将新调入的画笔追加到当前画笔的后边，单击“确定”按钮，就能将新调入的画笔替代当前画笔。

方法 2：单击菜单中的“替换画笔”命令，弹出“载入”对话框，选择导入画笔文件，替换当前画笔。单击菜单中的“载入画笔”命令，弹出“载入”对话框，选择导入画笔文件，这次载入的画笔不是替换原来的画笔，而是追加到原画笔的后边。

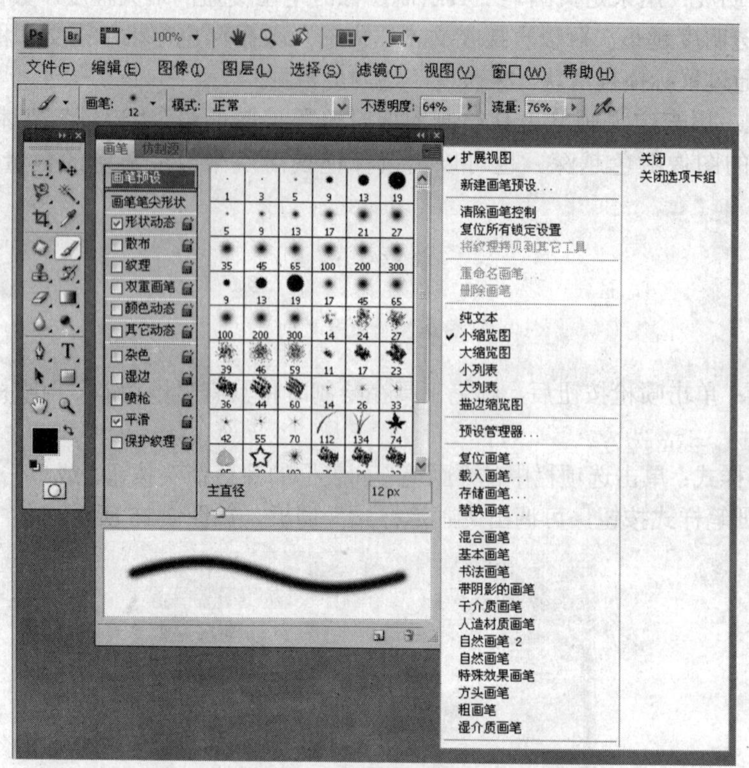

图 2-26 “画笔样式”调板

图 2-27 “替换画笔”对话框

“存储画笔”：单击菜单栏中的“存储画笔”命令，可弹出“存储”对话框，可将当前“画笔样式”调板内的画笔保存到磁盘中。

“复位画笔”：单击菜单栏中的“复位画笔”命令，可弹出一个提示框，单击“确定”按钮，即可使“画笔样式”调板内的画笔复位成系统默认的画笔。单击“追加”按钮，即可使系统默认的画笔追加到“画笔样式”调板内当前画笔的后边。

2. 铅笔工具

使用铅笔工具只能绘出硬边的线条，像用铅笔绘图一样。如果是斜线，会有明显的锯齿。绘制的线条颜色为工具箱的前景色。

“自动涂抹”功能是铅笔工具的特殊功能。当勾选该选项后，如果起笔的颜色与前景色一致，那么拖动鼠标时线条的颜色就是背景色；如果起笔颜色与前景色不同，那么拖动鼠标时线条的颜色就是前景色。此功能类似于橡皮擦工具。

不论是使用画笔工具还是使用铅笔工具，只是效果不同，绘图的方法都是类似的。

◆ 设置好颜色（前景色）和画笔类型，单击画布窗口内部，可以绘制一个点。

◆ 在画布中拖拽鼠标，可以绘制曲线。

◆ 单击直线起点并不松开鼠标，同时按住“Shift”键，然后拖拽鼠标，可以绘制水平或垂直直线。

◆ 按住“Shift”键，再一次单击折线的各个顶点，可以绘制折线或多边形。

◆ 按住“Alt”键，可将画图工具切换到吸管工具。

◆ 按住“Ctrl”键，可将画图工具切换到移动工具。

3. 颜色替换工具

使用颜色替换工具可以十分轻松地将图像中颜色按照设置的模式替换成前景色。该工具一般常用在快速替换图像中的局部颜色。

“模式”用来设置替换颜色时的混合模式，包括色相、饱和度、颜色和明度。

2.1.7 填充与描边

1. 油漆桶工具

油漆桶工具可以快速将前景色或图案进行填充。使用方法非常简单，只要在工具箱中选择油漆桶工具，然后在图像上单击鼠标左键，Photoshop 就会填充与单击点颜色类似的邻近区域。如图 2-28 所示为油漆桶工具属性栏。

图 2-28 油漆桶工具属性栏

◆ 填充：有“前景”和“图案”两种选择。选择“前景”表示在图中填充的就是工具箱中的前景色；选择“图案”表示在图中填充的是连续的图案，可以在后面弹出式的调板中选择已有的或自定义的图案填充。

◆ 模式：可以选择填充颜色或图案与图像的混合模式。

◆ 不透明度：定义填充的不透明度。

◆ 容差：用于控制油漆桶工具每次作用的范围，数字越大，允许填充的范围就越大。

◆ 消除锯齿：图像是由无数个小方块组成的，也就是像素，对图像进行填色就是修改像素的颜色值，被修改的像素与未被修改的像素可能会出现明显的差别，视觉上就会产生差别。选中此选项，填充的边缘会比较平滑。

◆ 连续的：选中此选项后填充的区域是和鼠标单击点相似并连续的部分，自动创建一个选区，不选中此选项，填充的区域是所有与单击点颜色相似的像素，无论是否连续，这样就有可能创建多个选区。

2. 渐变工具

渐变工具可以创建出不同颜色间的混合过渡效果。使用渐变工具会在图像中填充渐变色，如果不创建选区，渐变工具将作用于整张图像。使用渐变工具时，在图像中单击鼠标并拖动，根据选项栏中的设置不同，会得到不同的效果。如图 2-29 所示为渐变工具属性栏。

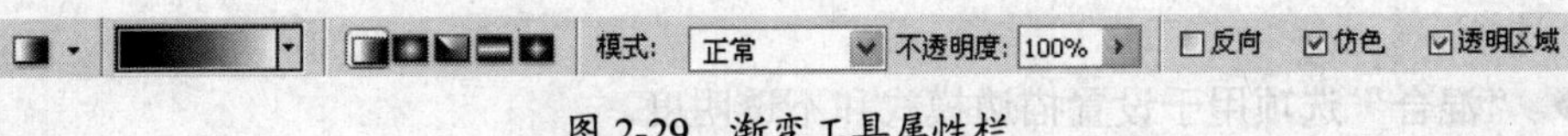

图 2-29 渐变工具属性栏

◆ 线性渐变：拖拽鼠标创建直线从起始点到终点。

◆ 径向渐变：以起点为中心，将颜色以圆形分布。

◆ 角度渐变：以起点为中心，起点与终点的夹角为起始角，顺时针分布渐变颜色。

◆ 对称渐变：以拖拽鼠标的起始点为中心，顺着拖拽方向及反方向形成对称渐变。

◆ 菱形渐变：以起点向周围的扩散式渐变。

◆ 模式：在下拉列表中可以选择渐变色和底图的混合模式。

◆ 不透明度：设置整个渐变色的不透明度。

◆ 反向：可颠倒起点色和终点色的颜色。

◆ 仿色：控制色彩的显示，会使渐变颜色间的过渡更加柔和，可以在较少的颜色中创建较为平滑的过渡效果。

◆ 透明区域：选择该项，渐变编辑器对话框中的不透明度才能用，从而保持渐变设定中的透明度。

当选中渐变工具，系统自动默认的是由前景色到背景色的渐变，如果用户想设置其他渐变，请在属性栏中调出渐变编辑器，如图 2-30 所示。

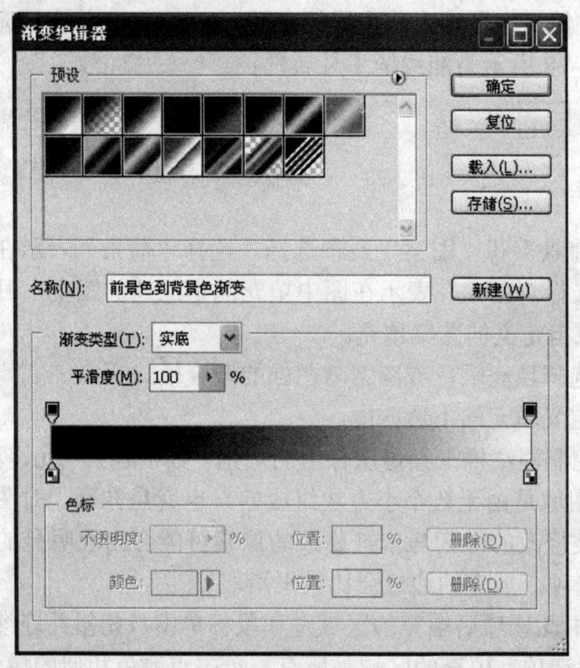

图 2-30 “渐变编辑器”对话框

3. 描边

描边命令可以将选定区域的边缘用前景色描绘出来。选择“编辑/描边”命令，弹出“描边”对话框，如图 2-31 所示。

◆ “描边”选项组用于设定边线的宽度和边线的颜色。

◆ “位置”选项组用于设定所描边线相对于区域边缘的位置，包括内部、居中、居外 3 个选项。

◆ “混合”选项用于设置描边模式和不透明度。

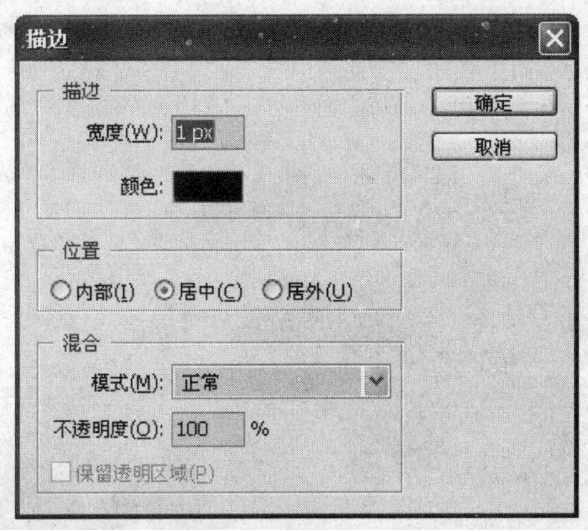

图 2-31 “描边”对话框

2.2 精彩案例

本案例将制作一幅黄山风光的明信片。其中主要用到的技术有选区的使用、图像的变换、色彩的填充、描边、画笔的使用等，效果如图 2-32 所示。

图 2-32 黄山风光的明信片

① 打开“黄山.jpg”素材，如图 2-33 所示。新建一个图层，图层名称命名为“邮编 1”，选择矩形选框工具，在属性栏中，设置样式为固定大小，高度 40px，宽度 40px。单击鼠标左键，形成一个正方形的选区，填充白色，如图 2-34 所示。

图 2-33　黄山

图 2-34　添加邮编

② 按住键盘上的“D”键，复位前景色和背景色，再按住“X”键，交换前景色和背景色，按住鼠标左键，按住鼠标左键拖动“邮编 1”到新建图层按钮，创建“邮编 1 副本”操作 4 次，一直创建到“邮编 1 副本 5”，如图 2-35 所示调整好位置，把背景层设置成隐藏状态，单击图层面板右上角的扩展按钮，合并可见图层，效果如图 2-35 所示。

图 2-35　合并图层后效果

③ 按住键盘上的“Alt”键的同时，按住鼠标左键拖动“邮编 1”到新建图层按钮，创建“邮编 1 副本”，修改新图层名为“邮编 2”，并移动 6 个白色小方块到右下角合适的位置上，如图 2-36 所示。

图 2-36　修改后效果

④ 打开“黄山 1.jpg”素材，将它移动到“黄山”素材图像中，并自动新建了一个图层。将图层重命名为“黄山 1”，如图 2-37 所示。

图 2-37　黄山 1 素材

⑤ 选择“编辑”菜单中的“自由变换”命令，在下一级子菜单中选择缩放，图像四周会出现 8 个控制点，拖动任意一个控制点都可以对图像进行缩放，要想等比例地缩放，就要按住“Alt”键的同时拖动控制点，如图 2-38 所示。

图 2-38　变换图像

⑥ 当鼠标指向图像 4 角的控制点时，鼠标指针变成弯曲状态，此时可以对图像进行旋转。选择“编辑”菜单中的“描边”命令，弹出对话框，设置宽度为 3px，颜色为白色，效果如图 2-39 所示。

图 2-39　旋转与描边

⑦ 打开素材库中“邮戳”，移动到“黄山 1”中，将图层重命名为“邮戳”，选择“编辑”菜单中的“自由变换”命令，对它进行旋转设置，如图 2-40 所示。

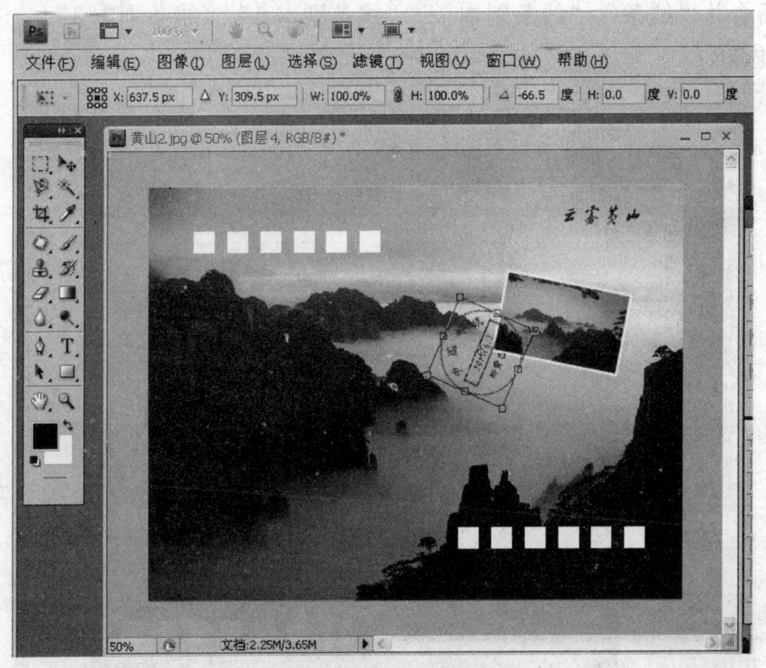

图 2-40　编辑邮戳

⑧ 新建图层，图层名为“线条”，选择工具箱中的铅笔工具，画笔直径为 1px，设置当前前景色为白色，绘制如图 2-41 所示白线。

图 2-41　绘制白线

⑨ 复制“线条”图层 3 次，得到“线条 副本”、“线条 副本 1”、“线条 副本 2”、“线条副本 3”，调整新得到的图层位置，如图 2-42 所示。

⑩ 最后合并“线条”、“线条副本 1”、“线条副本 2”、“线条副本 3”，一张黄山风景的明信片就做好了。

图 2-42　复制线条

第 3 章　图像修饰与变换调整

3.1　知 识 讲 解

3.1.1　图像修补工具

通过修补工具，可以对图像中的瑕疵进行修补，可以去除图像中的污渍、斑点等部分，也可以将不需要的部分像素进行遮盖和隐藏，还可以对闪光灯拍摄产生的红眼进行去除。

1. 修复画笔工具

主要用于数码照片的瑕疵校正。通过图像或图案中的样本像素来修复画面中的不理想部分，将样本像素的纹理、光照、透明度和阴影与所修复的像素进行匹配。

使用修复画笔工具时并不是一个实时过程，在修复的区域拖拽时，是在停止拖拽后，Photoshop 才开始处理信息并完成修复。

修复画笔工具属性栏如图 3-1 所示。

图 3-1　修复画笔工具属性栏

◆“源”栏：有两个单项，选择“取样”单选项后，需要选取样，再复制。选择“图案”单选项后，不需要取样，复制的是图案，其右边的图案选项下拉列表会变为可使用，单击它的黑色箭头按钮可以调出图案调板，用来选择图案。

◆“对齐的”复选框：复制图像时系统将以采样点对齐，即使多次复制也是复制一幅图像。不选择该复选框，则在复制图像中，重新拖拽鼠标时，将会重新复制图像，而不是继续前面的复制工作。

◆“用于所有图层”复选框：如果选择该复选框，可以从所有可见图层中对数据进行取样。如果取消选择该复选框，则只能从当前图层中取样。

在选择了“取样”单选项后，按住“Alt”键，同时用鼠标选择一个采样点，然后在选项栏中选取一种画笔的大小，再通过拖拽鼠标在要修补的部分进行涂抹。

打开一幅图像，使用修复画笔工具，去除脸上的斑点，原图和修复后的效果图如图 3-2 和图 3-3 所示。

2. 修补工具

修补工具可以将图像的一部分复制到同一幅图像的其他位置，而且可以只复制采样区域像素的纹理到鼠标涂抹的作用区域，保留工具作用区域的颜色和亮度值不变，并尽量将作用区域的边缘与周围的像素融合。

图 3-2　修复前原图

图 3-3　修复后效果图

修补工具属性栏如图 3-4 所示，其中各选项的作用如下。

修补: ○源 ⊙目标 □透明 使用图案

图 3-4　修补工具属性栏

◆“修补”栏：该栏有两个单选项。选中“源”选项后，则选区中的内容为要修改的内容。选中“目标”选项后，则选区移动到的区域为要修改的内容。

◆“透明”复选框：选中该复选框后，该按钮和其右边的图案选择下拉列表框将变为有效。

◆“使用图案”按钮：在创建选区后，该按钮和其右边的图案选项下拉列表框将变为有效。选择要填充的图案后，单击该按钮，即可将选中的图案填充到选区中。

打开一幅图像，使用修补工具，选择“修补”栏中的“目标”，使用鼠标在右侧船只周围绘制一个区域，然后按住鼠标左键移动到任意位置松开，原图和修补后的效果图如图 3-5 和图 3-6 所示。

图 3-5　修补前原图

图 3-6　修补后效果图

3. 污点修复画笔工具

污点修复画笔工具可以快速移去图像中的污点和其他不理想的内容。污点修复画笔的工作方式与修复画笔工具类似，它使用图像或图案中的样本像素进行绘画，并将样本像素的纹理、光照、透明度和阴影与所修复的像素相匹配。与修复画笔不同的是，污点修复画笔不要求制定样本点，污点修复画笔将自动从做修饰区域的周围取样。具体操作方法：单击按下工具箱中的“污点修复画笔工具”按钮，在选项栏中选取一种画笔大小（选择比要修复的区域稍大一点的画笔，可以只需单击一次，即可覆盖整个区域），在“模式”下拉列表框中选取混合模式，然后在要修复的图像处单击或拖拽鼠标。

污点修复工具的属性栏如图 3-7 所示，其中各选项的作用如下。

画笔： 19 模式： 正常 类型： 近似匹配 创建纹理 对所有图层取样

图 3-7 污点修复工具的属性栏

◆ “近似匹配”单选项：使用选区边缘周围的像素来查找要用作选定区域修补的图像区域。如果此选项的修复效果令人不满意，可以还原修复，再尝试选择“创建纹理”单选项。

◆ “创建纹理”单选项：使用选区中的所有像素创建一个用于修复该区域的纹理。如果修复效果令人不满意，可以再次在要修复的图像处拖拽鼠标。

图 3-8 和图 3-9 为污点修复画笔工具使用前与使用后的效果图。

图 3-8 使用污点修复画笔工具前

图 3-9 使用污点修复画笔工具后

4. 红眼工具

红眼工具可以清除闪光灯拍摄的人物照片中的红眼，也可以清除用闪光灯拍摄的动物照片中的白色或绿色反光。具体操作方法：单击按下工具箱中的“红眼工具”按钮，再单击图像中的红眼处。

红眼工具的选项栏如图 3-10 所示，其中各选项的作用如下。

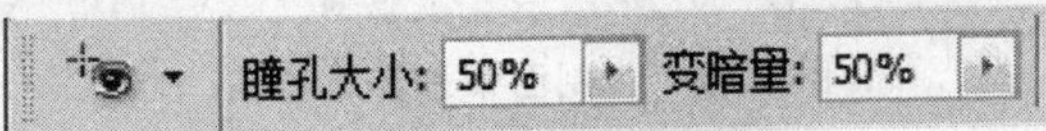

图 3-10 红眼工具属性栏

◆ “瞳孔大小”文本框：用来设置瞳孔（眼睛暗色的中心）的大小。

◆ “变暗量”文本框：用来设置瞳孔的暗度。

图 3-11 和图 3-12 为红眼工具使用前后的效果图。

图 3-11　使用红眼工具前效果

图 3-12　使用红眼工具后效果

3.1.2　图章工具组

1. 仿制图章工具

仿制图章工具可以将图像的一部分复制到同一幅图像的其他位置或其他图像中。

仿制图章工具的选项栏如图 3-13 所示，使用仿制图章工具复制图像时借助“Alt”键，在属性栏中设置画笔、模式和不透明度等就可以了。

图 3-13　仿制图章工具属性栏

2. 图案图章工具

图案图章工具与仿制图章工具的功能基本一样，只是它复制的不是一基准点确定的图像，而是图案。

图案图章工具选项栏如图 3-14 所示。

画笔: 21 模式: 正常 不透明度: 100% 流量: 100% 图案: ☑对齐的 ☐印象派效果

图 3-14 图案图章工具属性栏

在图案下拉框中可以选择 Photoshop 里面自带的图案，也可以自行定义图案。

使用“编辑”菜单中的“定义图案”，将选区中的内容定义为“图案 1”。

在另外一幅照片中应用这个图案的做法是，选择“图案图章工具”，在图案下拉框中选择刚才定义的“图案 1”。

定义图案与使用图案图章效果如图 3-15 和图 3-16 所示。

图 3-15 定义图案

图 3-16 使用图案图章

3.1.3 渲染工具组

工具箱中的渲染工具分别放置在两个工具组中，它们的作用如下。

1. 模糊工具

用来将图像突出的色彩和锐利的边缘进行柔化，使图像模糊。模糊工具的属性栏如图 3-17 所示。

画笔: 13 模式: 正常 强度: 50%

图 3-17 模糊工具属性栏

“强度”文本框是用来调整压力大小的，压力值越大，模糊的作用越大。图 3-18 和图 3-19 分别为使用模糊工具前后的效果。

图 3-18 使用模糊工具前效果

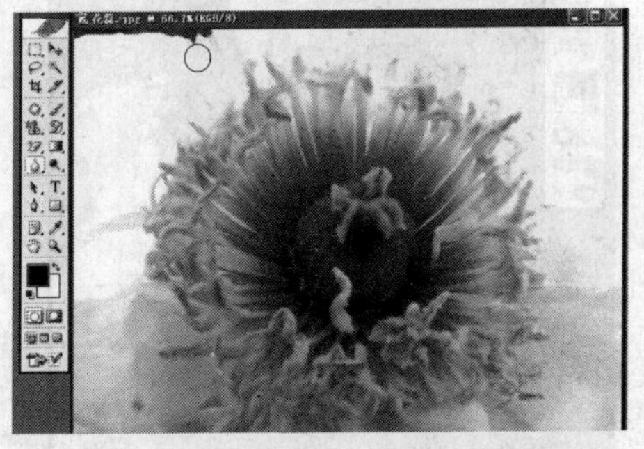

图 3-19 使用模糊工具后效果

2. 锐化工具

它与模糊工具的作用正好相反，是用来将图像相邻颜色的反差加大，使图像的边缘更锐利。锐化工具的属性栏如图 3-20 所示。锐化工具的使用方法与模糊工具的使用方法一样。

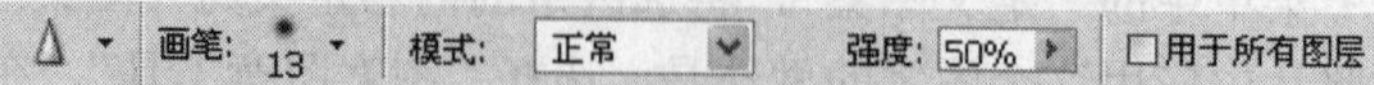

图 3-20 锐化工具属性栏

图 3-21 和图 3-22 分别为使用锐化工具前后的效果。

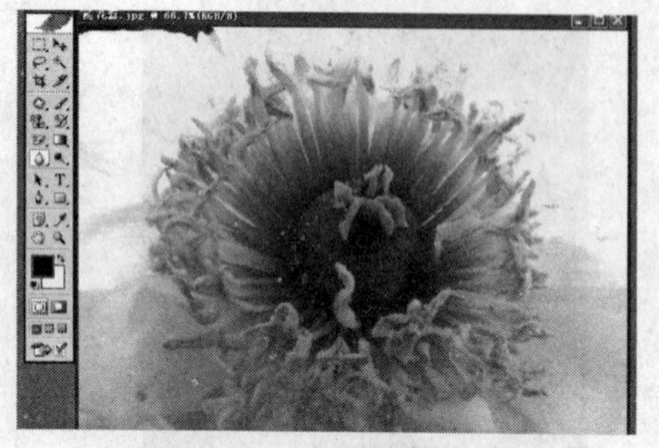

图 3-21 使用锐化工具前效果

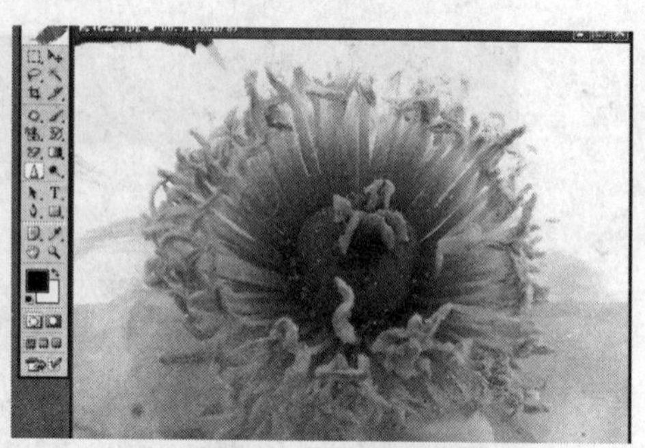

图 3-22 使用锐化工具后效果

3. 涂抹工具

它可以使图像产生涂抹的效果，如同手指去涂抹未干的油漆一样。涂抹工具的属性栏如图 3-23 所示。

图 3-23 涂抹工具属性栏

如果选择“手指绘画”复选框，则使用前景色进行涂抹。如图 3-24 和图 3-25 所示，分别为使用涂抹工具前后的效果，对人物面部进行涂抹后使其面带微笑。

图 3-24 使用涂抹工具前效果

图 3-25 使用涂抹工具后效果

4. 减淡工具

它的作用是使图像的亮度增加，使图像变淡。减淡工具的属性栏如图 3-26 所示。

图 3-26 减淡工具属性栏

◆“范围”下拉列表框：它有三个选项，其中暗调是对图像的暗色区域进行亮化，中间调是对图像的中间色调区域进行亮化，高光是对图像的高亮度区域进行亮化。

◆“曝光度”带滑块的文本框：用来设置曝光度大小，取值为 1%～100%之间。如图 3-27 和图 3-28 分别为对图像进行减淡前后的效果，对人物皮肤进行减淡处理，从而提升图像的高光部分。

图 3-27 使用减淡工具前效果

图 3-28 使用减淡工具后效果

5. 加深工具

它的作用是使图像的亮度减小，使图像变模糊。加深工具的属性栏如图 3-29 所示。

图 3-29 加深工具属性栏

图 3-30 所示为对人物的眉毛和眼部进行加深设置后的效果。

图 3-30 使用加深工具后效果

6. 海绵工具

它的作用是是图像的色调饱和度增加或减小。海绵工具的属性栏如图 3-31 所示。

图 3-31　海绵工具属性栏

如果选择“模式”下拉列表框中的“加色”选项，则使图像的色调饱和度增加；如果选择“去色”选项，则使图像的色调饱和度减小。

3.1.4 橡皮擦工具组

工具箱内的橡皮擦工具组有三个工具，它们的作用如下。

1. 橡皮擦工具

用鼠标在背景层内拖拽时，即可擦除背景层中的图像，并用背景色填充擦除的部分，效果如图 3-32 所示。

如果擦除普通图层的图像，则擦除的部分变为透明。现在将“威武”文件的背景层修改为普通图层，方法是双击背景层的图层缩览图，在弹出对话框中选择“好”，再使用橡皮擦工具，效果如图 3-33 所示。

图 3-32　在背景图层中使用橡皮擦工具

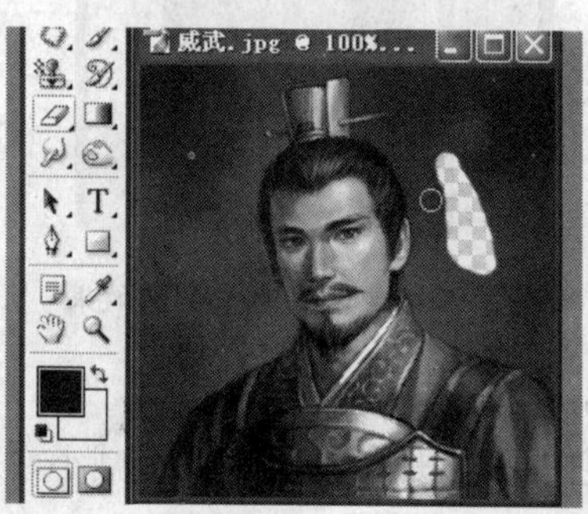

图 3-33　在普通图层中使用橡皮擦

橡皮擦工具属性栏如图 3-34 所示。利用它可以设置橡皮的画笔模式、画笔形状和不透明度等。

图 3-34　橡皮擦工具属性栏

“抹到历史记录”复选框被选中时，则在擦除图像时只能擦除到历史记录处（相当于历史记录画笔）。另外，还可以在此状态下，用鼠标拖拽，将擦除的图像还原（可以不进行历史记录的设置）。

擦除图像可理解为用设置的画笔再重新绘图，所以画笔绘图中采用的一些方法在擦除图像时也可以使用。

例如，如果按住“Shift”键，同时拖拽鼠标进行擦除，可沿水平或垂直方向擦除图像。如果按住“Ctrl”键，同时拖拽鼠标进行擦除，可将擦除的工具暂时切换到移动工具。

2. 背景橡皮擦工具

用鼠标在背景层内拖拽时，即可擦除背景层中的图像，擦除的部分变为透明。如果擦除普通图层的图像，擦除的部分也会变为透明，如图 3-35 所示。

图 3-35　使用背景橡皮擦工具

它的使用方法与橡皮擦工具基本一致，背景橡皮擦工具属性栏如图 3-36 所示。

画笔: 13 限制: 邻近 容差: 50% □保护前景色 取样: 连续

图 3-36　背景橡皮擦工具属性栏

◆ “限制”下拉列表框：它用来设定画笔擦除当前图层图像时的方式。如果选择“连续”则只擦除当前图层中与取样颜色相似的颜色。如果选择“邻近”则擦除当前图层中与取样颜色相邻的颜色。如果选择“查找边缘”则擦除当前图层中包含取样颜色的相邻区域，以显示清晰的擦除区域的边缘。

◆ “保护前景色”复选框：选择该复选框后，将保护与前景色匹配的区域。

◆ “取样”下拉列表框：用来设置取样模式。如果选择“连续”则拖拽鼠标时，取样颜色会变化，背景色也随之变化。如果选择“一次”则在单击时进行颜色取样，以后拖拽时不再进行颜色取样。如果选择“背景色板”则取样的颜色为原来设置的背景色，只擦除与背景色一样的颜色。

3. 魔术橡皮擦工具

魔术橡皮擦工具属性栏如图 3-37 所示，它可以智能擦除图像。单击按下工具箱内的“魔术橡皮擦”工具，只在要擦除的图像处单击鼠标左键，即可擦除单击点和相邻区域内或整个图像中与鼠标单击点颜色相近的所有颜色区域，效果如图 3-38 所示。

图 3-37　魔术橡皮擦工具属性栏

图 3-38　使用魔术橡皮擦工具效果

3.1.5 历史记录画笔工具组

工具箱内的历史记录画笔有两个工具，它们的作用如下。

1. 历史记录画笔工具

它应该与“历史记录”调板配合使用，可以恢复“历史记录”调板中记录的任何一个过去的状态为历史记录画笔的源，然后使用历史记录画笔去恢复这个状态，图 3-39 为历史记录画笔工具属性栏。

画笔: 21 模式: 正常 不透明度: 100% 流量: 100%

图 3-39 历史记录画笔工具属性栏

2. 历史记录艺术画笔工具

它不但可以与“历史记录”调板配合使用，恢复“历史记录”调板中记录的任何一个过去的状态，而且可以附加一些特殊的艺术处理效果。它的属性栏如图 3-40 所示。

画笔: 21 模式: 正常 不透明度: 100% 样式: 绷紧短 区域: 50 像素 容差: 0%

图 3-40 历史记录艺术画笔工具属性栏

◆ “样式”下拉列表框：选择不同样式，可以获得不同的恢复效果。选择“轻涂”恢复的效果如图 3-41 所示。选择“松散卷曲”恢复效果如图 3-42 所示。

◆ “区域”文本框：设置操作时鼠标指针的作用范围。

图 3-41 “轻涂”效果

图 3-42 “松散卷曲”效果

3.2 精彩案例

1. 眼睛特点分析

如图 3-43 为人物眼睛图像，图像中人物眼睛外轮廓线条比较柔和，眼睫毛浓密，眉毛细长。

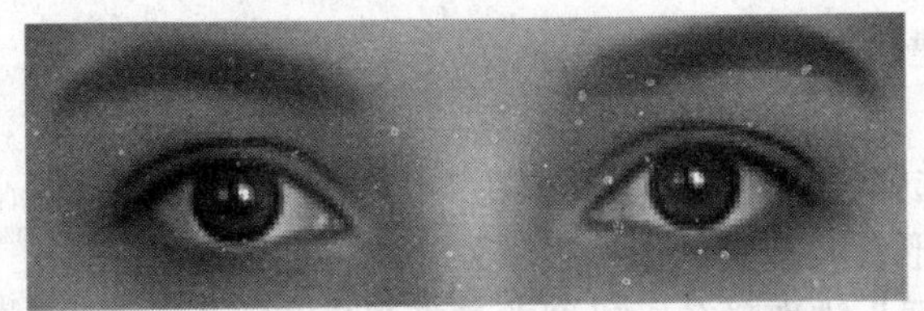

图 3-43　人物眼睛

2. 新建文件

◆ 按住“Ctrl＋N”组合键新建图像，单击前景色，使用“拾色器”选取颜色，设置前景颜色为“R=226，G=160，B=128”，填充背景图层，新建“眉毛和眼睛”图层。

◆ 绘制造型，按“Ctrl＋S”组合键保存文件。单击前景色，使用“拾色器”选取颜色，设置前景颜色为“R=80，G=41，B=24”。

◆ 按“B”键切换为“画笔工具”，调整画笔大小，如图 3-44 所示为画笔工具属性栏设置。

图 3-44　画笔工具属性栏

◆ 使用“画笔工具”在图像内单击绘制眉毛造型，如图 3-45 所示。

◆ 按“B”键切换为“画笔工具”，调整画笔大小，如图 3-46 所示为画笔工具属性栏设置。

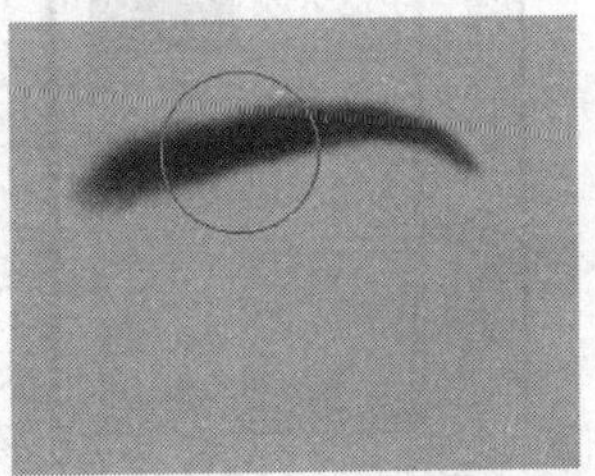

图 3-45　绘制眉毛造型

图 3-46　画笔工具属性栏

◆ 使用“画笔工具”修改眉毛造型，绘制眼睛外形，如图 3-47 和图 3-48 所示。

◆ 按“E”键选择“橡皮擦工具”，调整画笔大小。

◆ 使用“橡皮擦工具”修改眉毛与眼睛造型，如图 3-49 所示。在背景层与“眼睛和

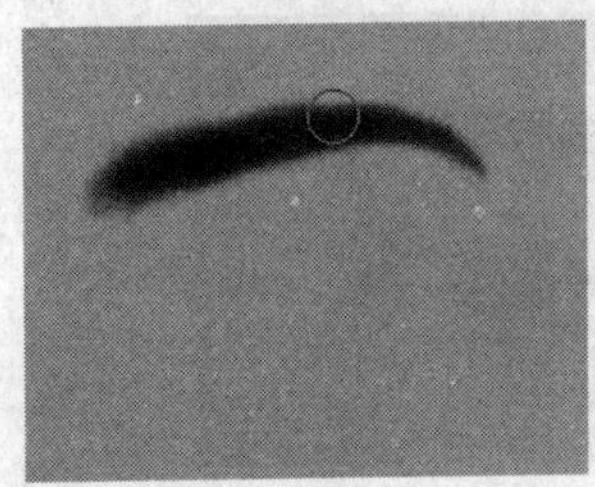

图 3-47　修改眉毛造型

图 3-48　绘制眼睛外形

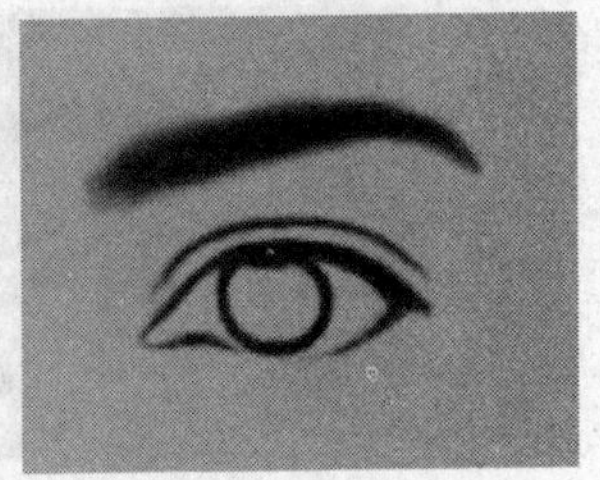

图 3-49　修改眼睛

眉毛”图层之间新建“眼白”图层。

3. 绘制眼白

◆ 按“L”键选择“多边形套索工具”。

◆ 使用“多边形套索工具”选择眼睛外轮廓，如图 3-50 所示。

◆ 使用“拾色器”选取颜色，设置前景颜色为“R=210，G=183，B=149”。

◆ 按住“Alt＋Delete”组合键填充前景色，如图 3-51 所示。选择“眼睛和眉毛”图层，如图 3-52 所示。

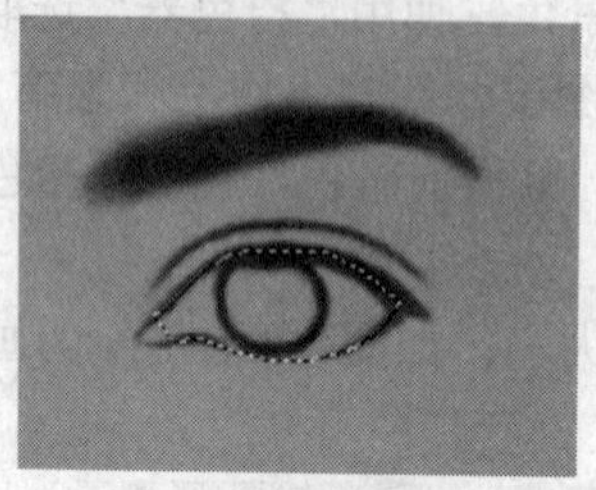

图 3-50 选择眼睛外轮廓

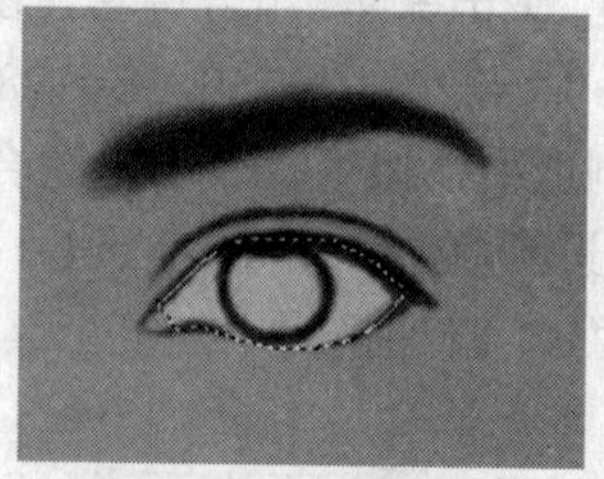

图 3-51 填充前景色

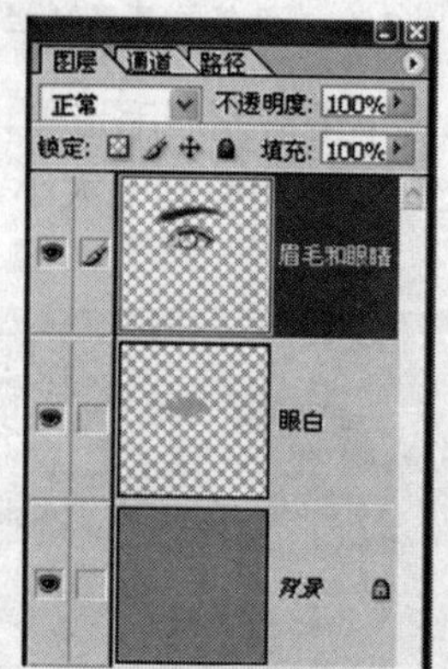

图 3-52 选择图层

4. 绘制瞳孔

◆ 使用“拾色器”选取颜色，设置前景颜色为“R=210，G=183，B=149”。按“B”键切换为“画笔工具”，绘制瞳孔和瞳孔上侧阴影，如图 3-53 所示。

◆ 使用“画笔工具”，绘制放射状的虹膜，如图 3-54 所示。

◆ 按“Shift＋O”组合键切换为“加深工具”。使用“加深工具”，沿瞳孔、眼睛上方睫毛处进行加深处理，如图 3-55 所示。

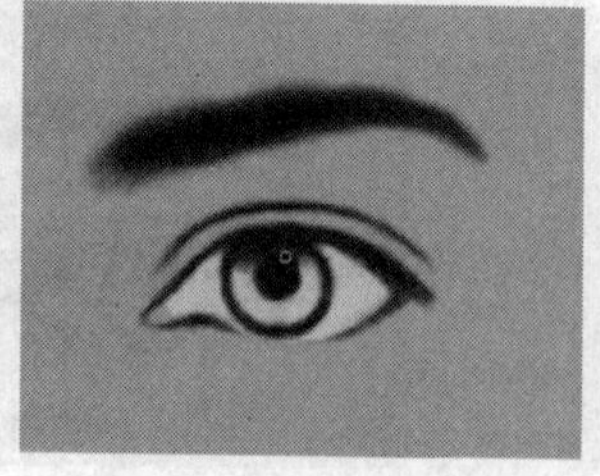

图 3-53 绘制瞳孔上阴影

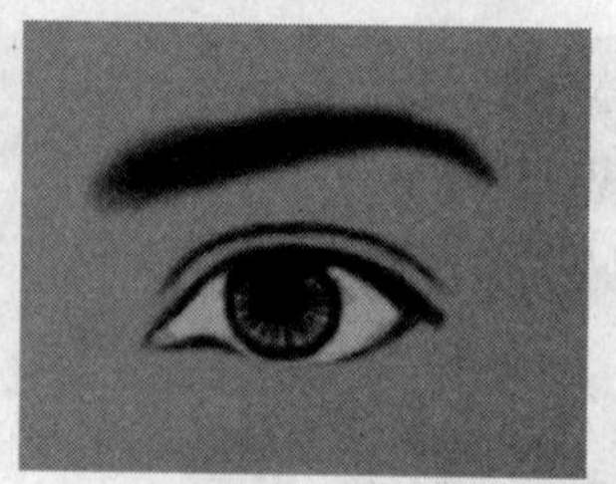

图 3-54 绘制放射状虹膜

◆ 选择“眼白”图层。

◆ 按“Shift＋O”组合键切换到“加深工具”，设置其属性。

◆ 使用“加深工具”对“眼白”图层的两侧眼角进行修改，如图 3-56 所示。

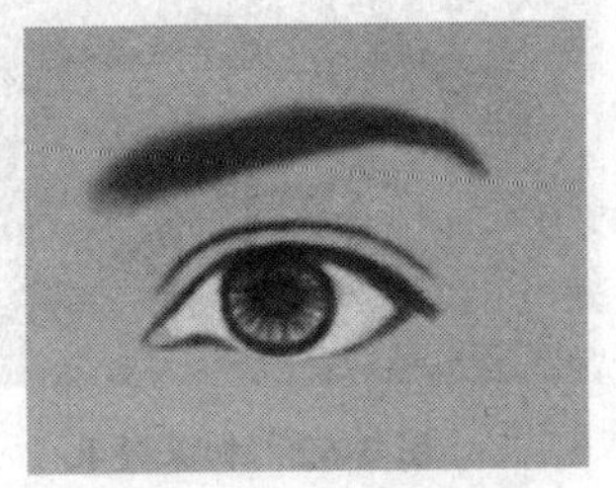

图 3-55 加深瞳孔

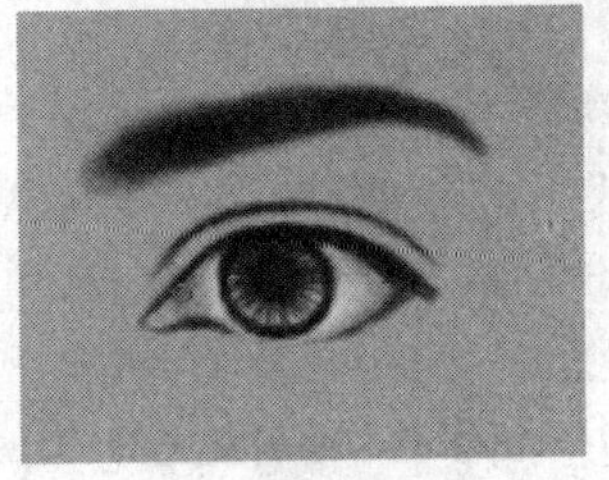

图 3-56 修改眼角

◆ 新建“高光”图层。

5. 绘制眼角

◆ 按“Shift＋M”组合键切换为“椭圆选框工具”，设置其属性。按下“Shift”键绘制正圆，并羽化选区，设置前景颜色为“R=243，G=243，B=243”，如图 3-57 所示。

◆ 按“Alt＋Delete”组合键填充前景色彩，如图 3-58 所示。

◆ 按“E”键选择“橡皮擦工具”。

◆ 使用“橡皮擦工具”擦除部分高光，如图 3-59 所示。

◆ 新建“瞳孔”图层，设置前景色为“R=68，G=66，B=49”。按“M”键选择“椭圆选框工具”绘制椭圆选区，按“Alt＋Delete”给合键填充前景色，如图 3-60 所示。

◆ 查看图像效果。

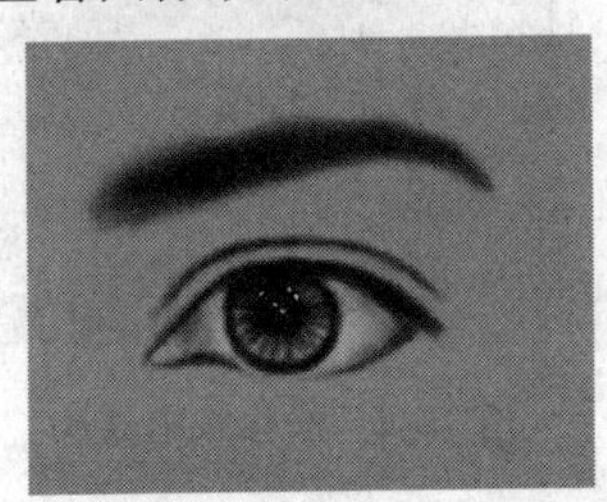

图 3-57 选择图像

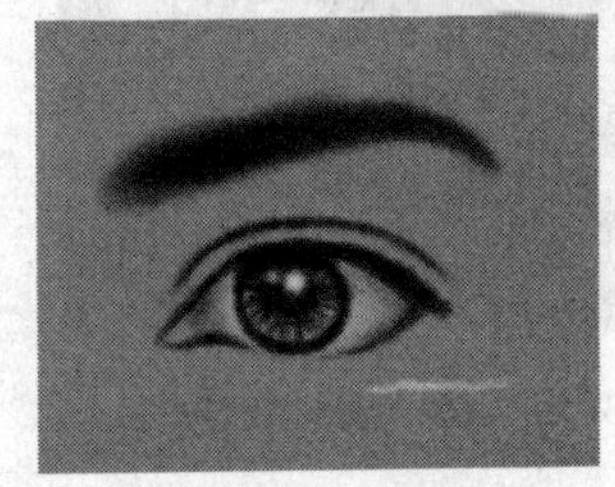

图 3-58 填充颜色

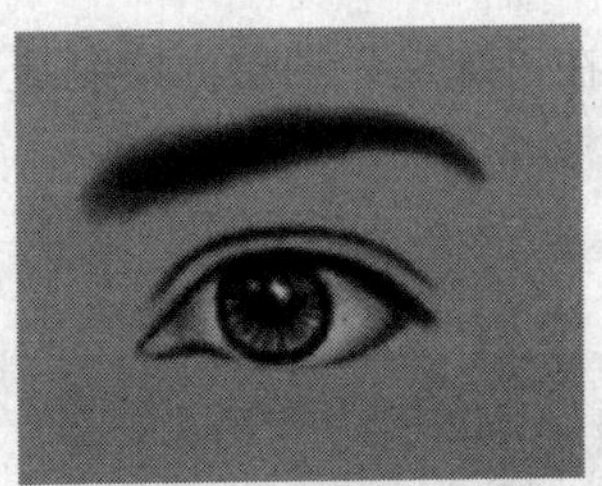

图 3-59 擦除部分高光

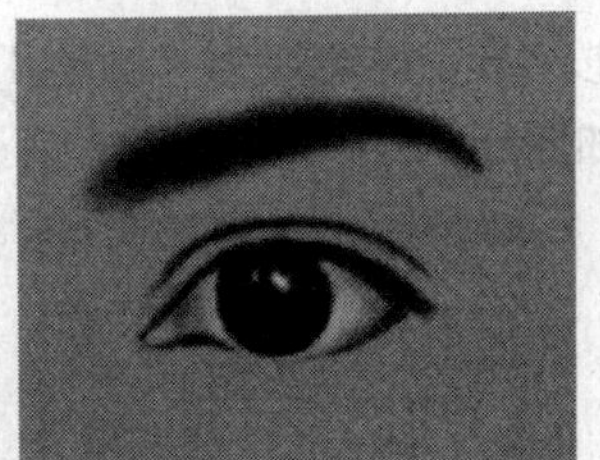

图 3-60 填充前景色

◆ 按“Shift＋O”组合键选择“减淡工具”，设置其属性。

◆ 使用“减淡工具”对“瞳孔”图层的图像进行修改，在下方绘制反光，如图 3-61 所示。

◆ 按“Shift＋O”组合键选择“加深工具”，设置其属性。

◆ 使用“加深工具”将瞳孔部分绘制加深，如图 3-62 所示。

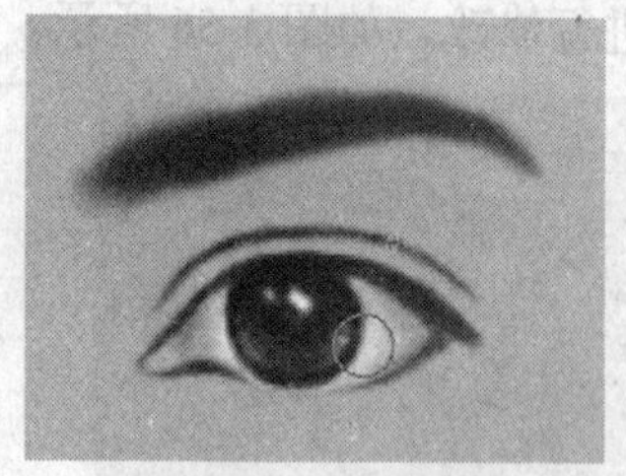
图 3-61 绘制反光

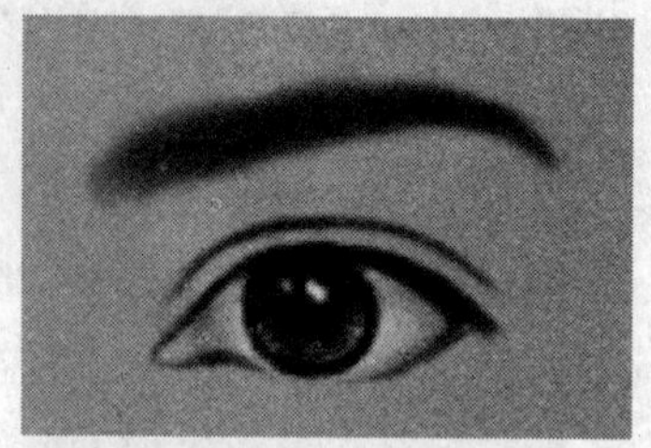
图 3-62 加深瞳孔

◆ 按“E”键选择“橡皮擦工具”，设置其属性。

◆ 使用“橡皮擦工具”修饰调整眉毛造型。新建“眼影”图层，准备绘制眼睛周围皮肤上的阴影。

6. 绘制眼部皮肤

◆ 使用“拾色器”选取颜色，设置前景颜色为“R=132，G=63，B=48”。

◆ 按“B”键切换为“画笔工具”，设置其属性。在“眼影”图层上使用“画笔工具”绘制眼部皮肤，加深眼角处皮肤，如图 3-63 所示。

◆ 新建“眼眶”图层，设置前景颜色为“R=182，G=117，B=87”。

◆ 按“B”键切换为“画笔工具”，加强眼眶结构，如图 3-64 所示。

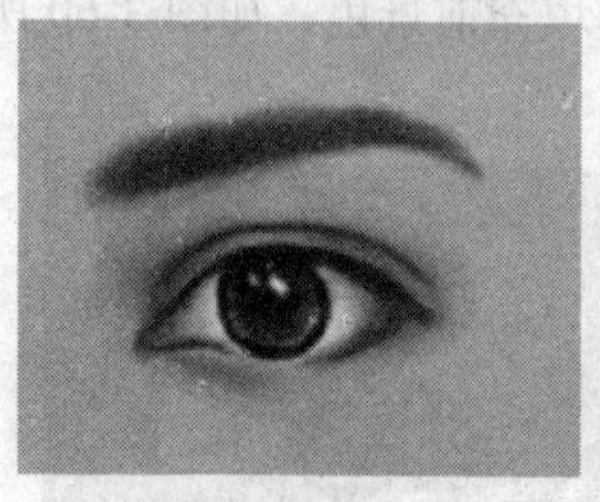
图 3-63 绘制眼部皮肤

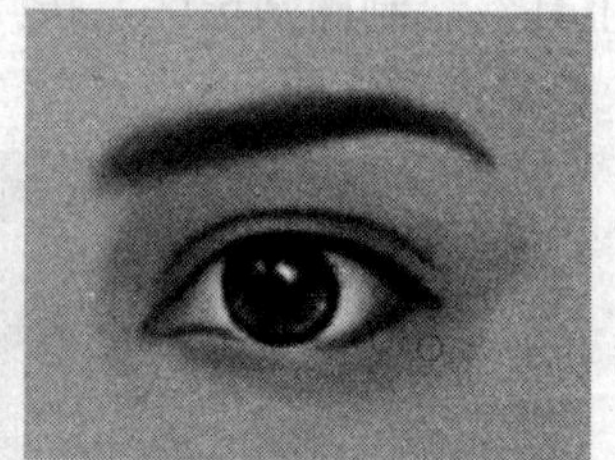
图 3-64 加强眼眶结构

◆ 在“眼睛和眉毛”图层上新建“睫毛”图层，如图 3-65 所示。设置前景颜色为“R=34，G=19，B=10”。

◆ 按“B”键切换为“画笔工具”，设置其属性。在“睫毛”图层内绘制睫毛的大体形状，如图 3-66 所示。

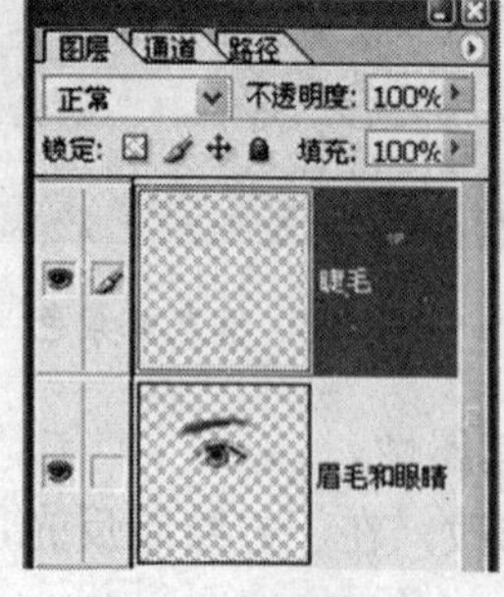

图 3-65 新建图层

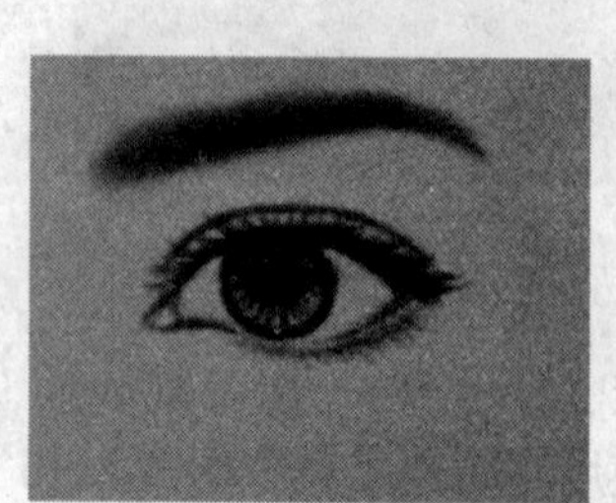
图 3-66 绘制睫毛

◆ 将“画笔工具”属性更改，绘制睫毛细节，如图 3-67 所示为画笔属性设置。

图 3-67　画笔属性设置

◆ 最终效果如图 3-68 所示。

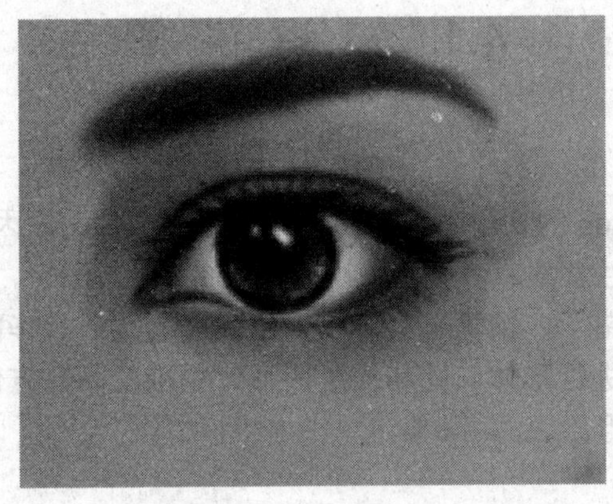

图 3-68　最终效果图

第 4 章　路径勾画与形状制作

4.1　知 识 讲 解

4.1.1　钢笔工具

很多刚接触 Photoshop 的初学者，不习惯使用钢笔工具。原因是对钢笔曲线控不住、或是感觉麻烦，不如磁性套索或者魔棒使用方便，更加快捷。

如果这样想，那就错了，钢笔工具可以勾出优美的线条、华丽的形状，而其他工具都无法做到。钢笔工具进行形体勾勒和描绘图形时精准度高，方便操作和快捷地把握形体，便于取景和操作图形。

1. 钢笔工具

1）技巧

◆ 在使用钢笔工具时，绘制直线可直接在页面上点击一个点，移动鼠标再点击另一个点，如图 4-1 所示。

图 4-1　钢笔工具绘制折线

◆ 在使用钢笔工具时，绘制曲线可直接在页面上点击一个点，移动鼠标再点击另一个点（当点击此点后左键不要松开，移动鼠标就可绘制满意的曲线形图形），如图 4-2 所示。

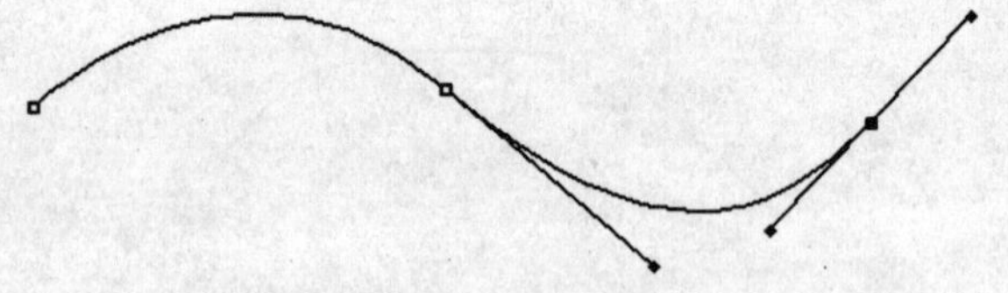

图 4-2　钢笔工具绘制曲线

◆ 当在绘制过程中出现形体勾勒和创作不准确时，按住“Ctrl”键，把鼠标移到所要修改部分的节点上，此时会出现一个箭头符号，就可以进行修改了。

◆ 在绘制过程中可添加节点或减少节点，添加节点时直接把鼠标在描绘的路径上点击就可以了，减少节点时按住“Alt”键，把鼠标移到需减去的节点上，单击鼠标就可完成。

◆ 当勾勒和绘制图形起点节点与结尾节点封闭后，按“Ctrl+Enter”组合键进入选取状态，可进行拉动图形和填充色彩。

2）钢笔工具的使用

◆ 绘制创作图形时，点击钢笔工具，按事先画好的草图在新建页面上进行绘制，如图 4-3 和图 4-4 所示，并将路径对应的选区填充颜色，如图 4-5 所示。

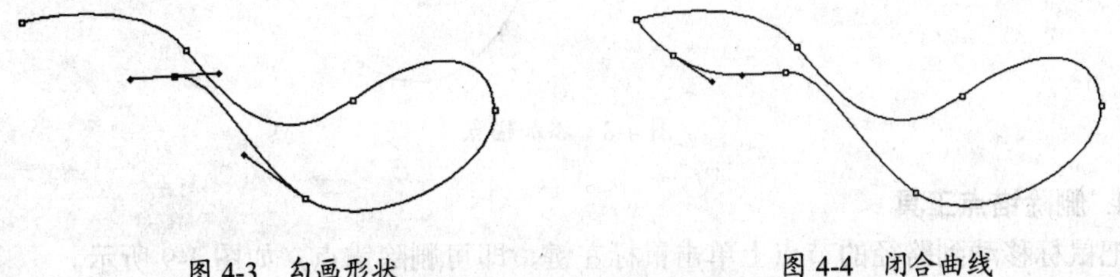

图 4-3　勾画形状　　图 4-4　闭合曲线

◆ 图形勾勒时，单击钢笔工具，把鼠标移到画面里围绕所需画面边缘进行勾勒，如图 4-6 所示。

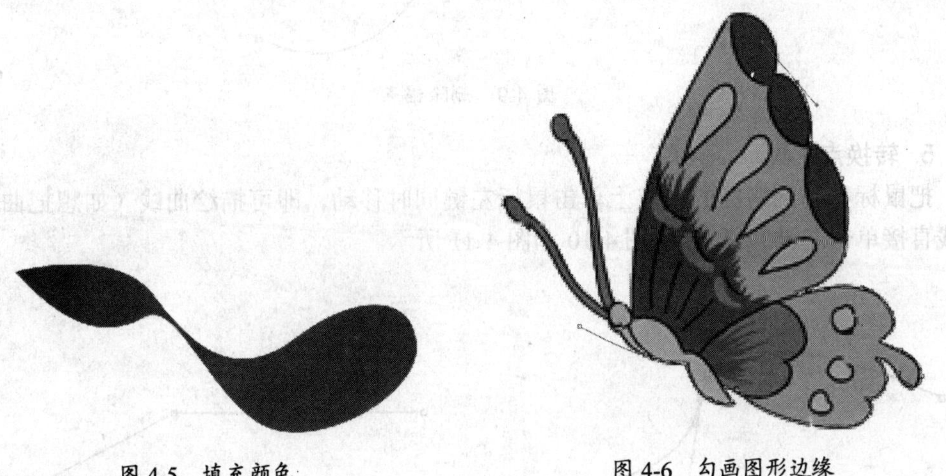

图 4-5　填充颜色　　图 4-6　勾画图形边缘

2. 自由钢笔工具

在画布空白处单击并移动绘制自由路径，与铅笔同样，如图 4-7 所示。

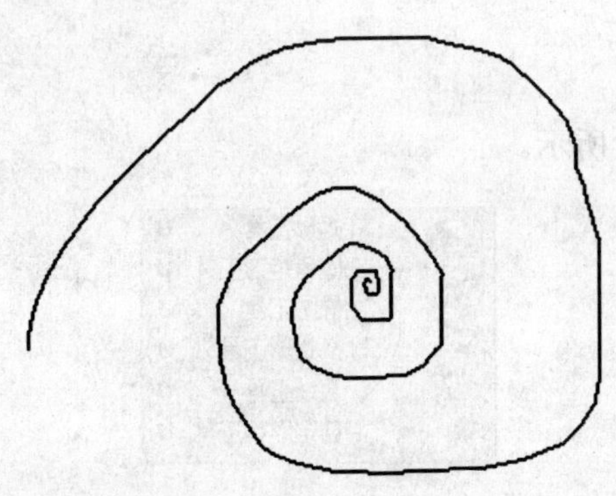

图 4-7　自由钢笔工具

◆ 技巧：修改形体时与钢笔工具使用方法一样。

◆ 建议：应用此工具最好使用手写板，准确度会好很多。

3. 添加锚点工具

把鼠标移动到路径上单击鼠标左键，即可添加锚点，如图 4-8 所示。

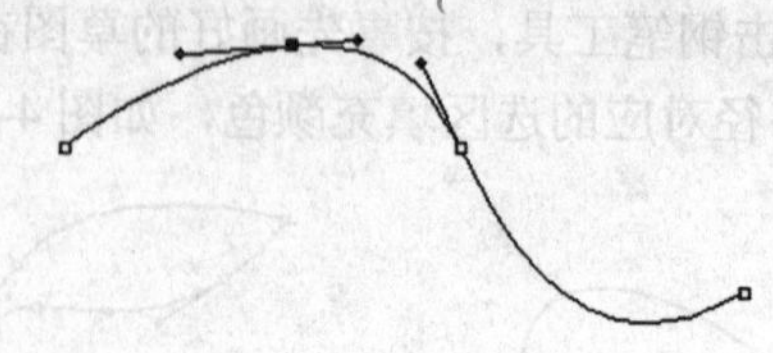

图 4-8　添加锚点

4. 删除锚点工具

把鼠标移动到路径的节点上单击鼠标左键，即可删除锚点，如图 4-9 所示。

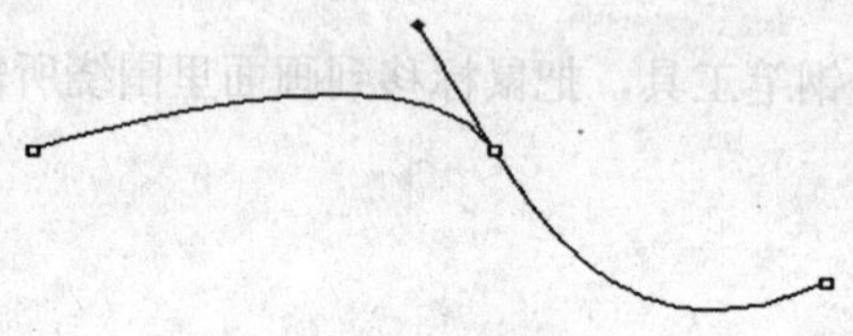

图 4-9　删除锚点

5. 转换点工具

把鼠标移动到路径的节点上单击鼠标左键同时移动，即可描绘曲线（如想把曲线变直线直接单击左键即可），如图 4-10 和图 4-11 所示。

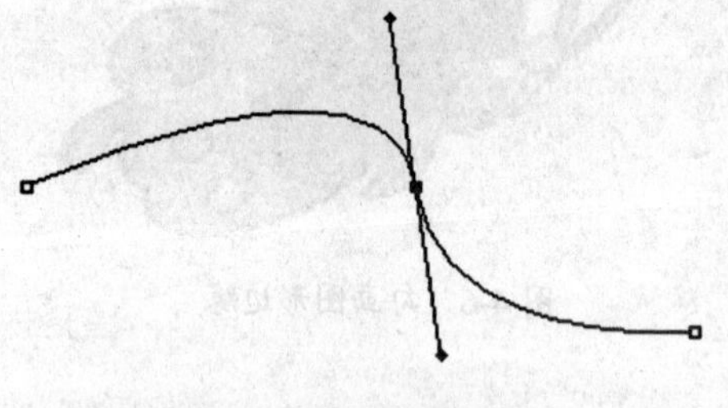

图 4-10　带控制炳的曲线点

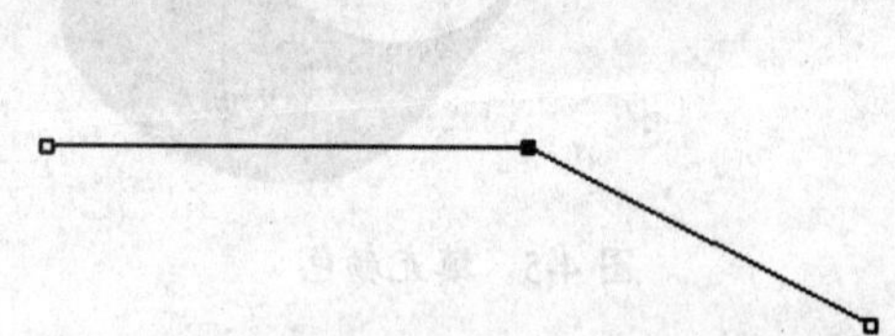

图 4-11　转换为折线点

4.1.2　绘制工具

绘制工具组如图 4-12 所示。

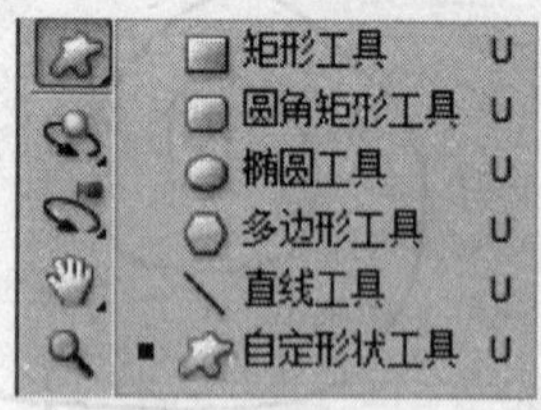

图 4-12　绘制工具组

1. 矩形工具

拖动鼠标可以通过该工具绘制直角矩形，按住“Shift”键拖动鼠标可以绘制直角正方形。

2. 圆角矩形工具

拖动鼠标可以通过该工具绘制圆角矩形，按住“Shift”键拖动鼠标可以绘制圆角正方形。

3. 椭圆工具

拖动鼠标可以通过该工具绘制椭圆形，按住“Shift”键拖动鼠标可以绘制圆形。

◆ 技巧

■ 按住“Shift”键，可绘制正方形图形、圆角矩形、正圆。

■ 按住“Ctrl”键可移动图形和变形。

■ 使用钢笔工具在绘制好的正方形路径上点击可进行图形调整。

■ 填充色彩时，先按“Ctrl+Enter”组合键进入选取状态，即可填充色彩。

4. 多边形工具

拖动鼠标可以通过多边形工具绘制多边性，可以选择绘制工具属性栏进行进一步设置，如图 4-13 所示。

图 4-13　绘制工具属性栏

◆ 技巧

■ 在“边”文本框可输入数字，进行多边形绘制。

■ 按住“Shift”键，可绘制正多边形。

■ 使用钢笔工具在绘制好的多边形路径上点击可进行图形调整。

■ 填充色彩时，先按“Ctrl+Enter”组合键进入选取状态，即可填充色彩。

5. 直线工具

可以通过直线工具绘制宽度为一个像素的直线条路径，直线的像素宽度可以通过绘制工具属性栏来进行设置粗细。

◆ 技巧

■ 在“粗细”文本框可输入数字，进行直线绘制。

■ 按住“Shift”键，可绘制水平线、垂直线形，移动鼠标可绘制斜线。

■ 使用钢笔工具在绘制好的多边形路径上点击可进行图形调整。

■ 填充色彩时，先按“Ctrl+Enter”组合键进入选取状态，即可填充色彩。

6. 自定义形状工具

可以通过自定义形状工具绘制多种形状，需在绘制工具属性栏中进行选择需要绘制的形状，然后在绘图区域拖动鼠标即可。

各种绘制工具绘制形状如图 4-14 所示。

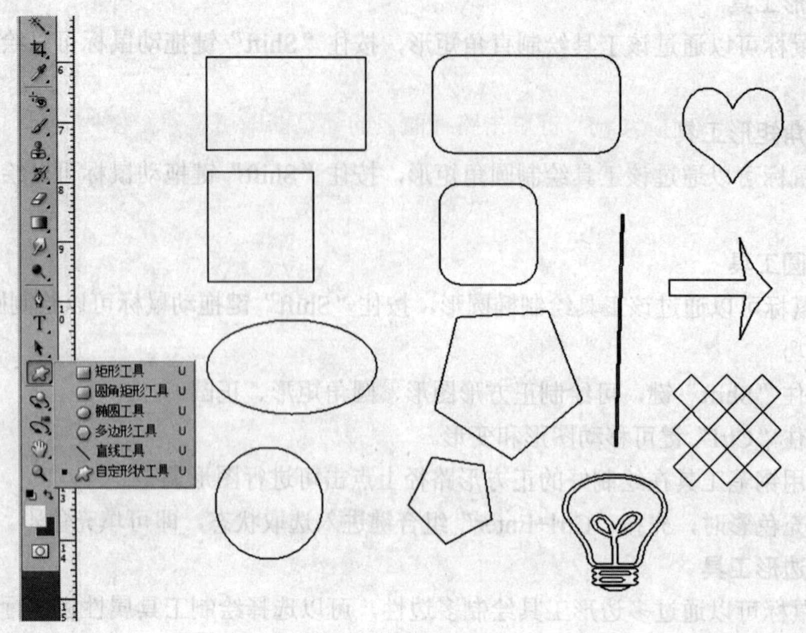

图 4-14　绘制工具

4.1.3　路径选择与调整

通过路径选择与调整工具可以对路径控制点进行选择，进而达到修改路径的效果，图 4-15 所示为路径选择与调整工具。

图 4-15　路径选择

1. 路径选择工具

该工具可以选择整个路径，并对路径进行移动操作，如图 4-16 所示。

2. 直接选择工具

该工具可以选择一个或多个路径的控制点，通过在图形区域拖动鼠标框选的方法，也可以选择整个路径，以此对路径进行调整，如图 4-17 所示。

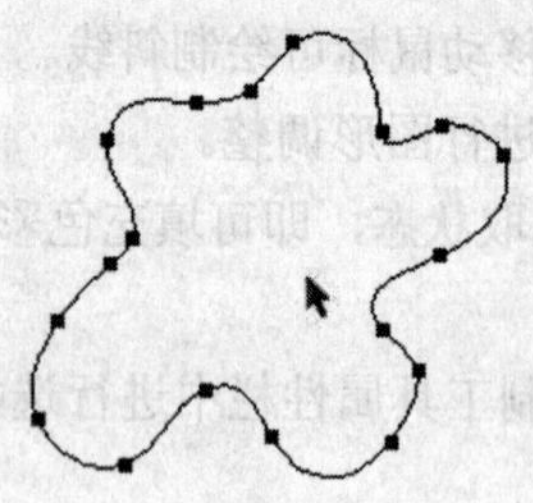
图 4-16　路径选择工具

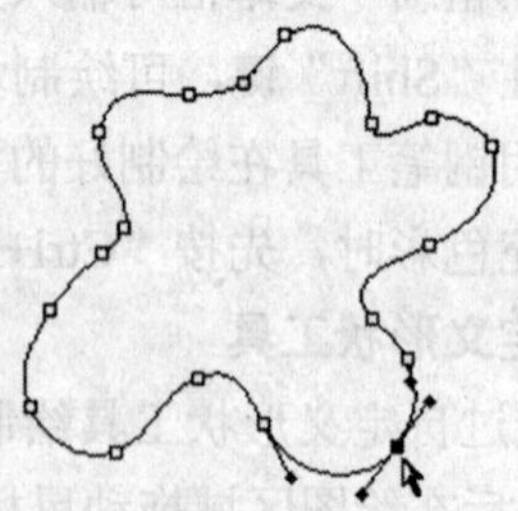
图 4-17　直接选择工具

4.1.4 路径操作

1. 路径转换成选区

在路径面板中，按住“Ctrl”键单击路径面板的缩览图即可将路径以闭合选区的形式载入选区，如图 4-18 所示。

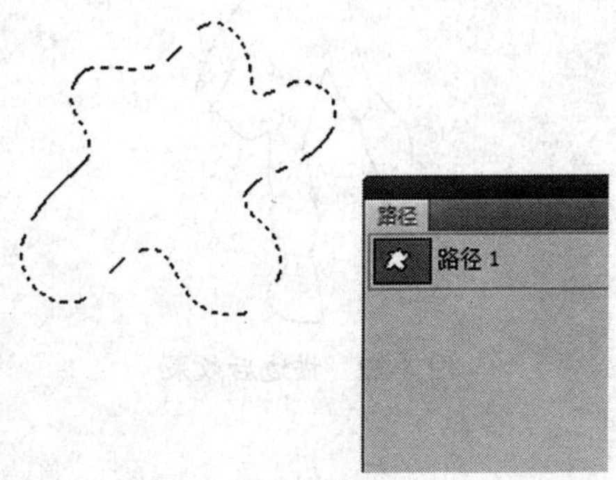

图 4-18 路径载入选区

2. 选区转换成路径

在图层面板中使用选区工具勾画一个选区，如图 4-19 所示，在路径面板中单击“从选区生成工作路径”按钮，生成如图 4-20 所示的工作路径。

图 4-19 图像选区

图 4-20 通过选区转换成的工作路径

3. 描边路径

先设置前景色和画笔形状，然后对刚刚生成的工作路径选择“路径选择工具”，并在路径上单击鼠标右键，选择“描边子路径”，打开“描边子路径”对话框，如图 4-21 所示，进行设置参数，然后单击“确定”按钮，如图 4-22 所示为描边效果。

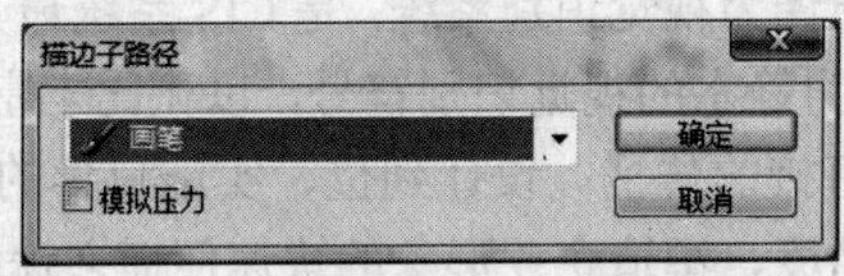

图 4-21 “描边子路径”对话框

图 4-22 描边后效果

4. 填充路径

对刚刚生成的工作路径，选择“路径选择工具”，并在路径上单击鼠标右键，选择“填充子路径”，打开“填充子路径”对话框，如图 4-23 所示，进行设置参数，然后单击“确定”按钮，如图 4-24 所示为填充效果。

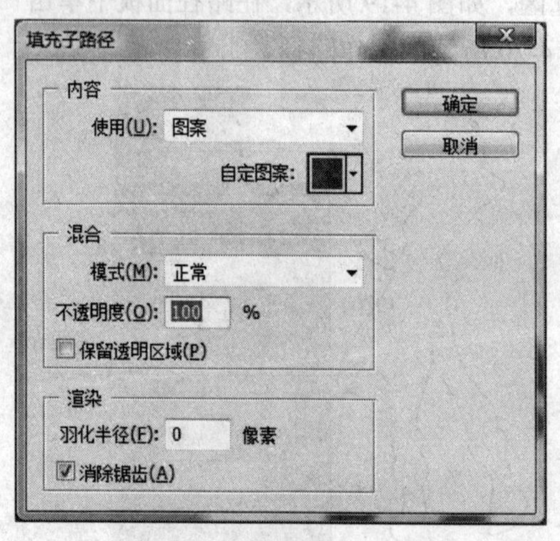

图 4-23 “填充子路径”对话框

图 4-24 填充后效果

4.2 精 彩 案 例

4.2.1 VI 设计

VI（Visual Identity），通译为视觉识别系统，是 CIS 系统最具传播力和感染力的部分，是将 CI 的非可视内容转化为静态的视觉识别符号，以无比丰富的多样的应用形式，在最为广泛的层面上，进行最直接的传播。设计到位、实施科学的视觉识别系统，是传播企业经营理念、建立企业知名度、塑造企业形象的快速便捷之途。

品牌营销的今天，没有 VI 设计对于一个现代企业来说，就意味着它的形象将淹没于商海之中，让人辨别不清；就意味着它是一个缺少灵魂的赚钱机器；就意味着它的产品与服务毫无个性，消费者对它毫无眷恋；就意味着团队的涣散和低落的士气。

VI 设计一般包括基础部分和应用部分两大内容。其中，基础部分一般包括：企业的名称、标志设计、标识、标准字体、标准色、辅助图形、标准印刷字体、禁用规则等；应用部分则一般包括：标牌旗帜、办公用品、公关用品、环境设计、办公服装、专用车辆等。在本课里只是教大家如何运用 Photoshop 设计 VI 的一些基本方法。

准备设计的 VI 如图 4-25 所示，具体步骤如下。

图 4-25　设计效果

① 新建一个文件，设置为 A4 纸张，色彩模式设置为 CMYK 以便于印刷使用，分辨率设置为 300。如图 4-26 所示，开始进行标志设计。

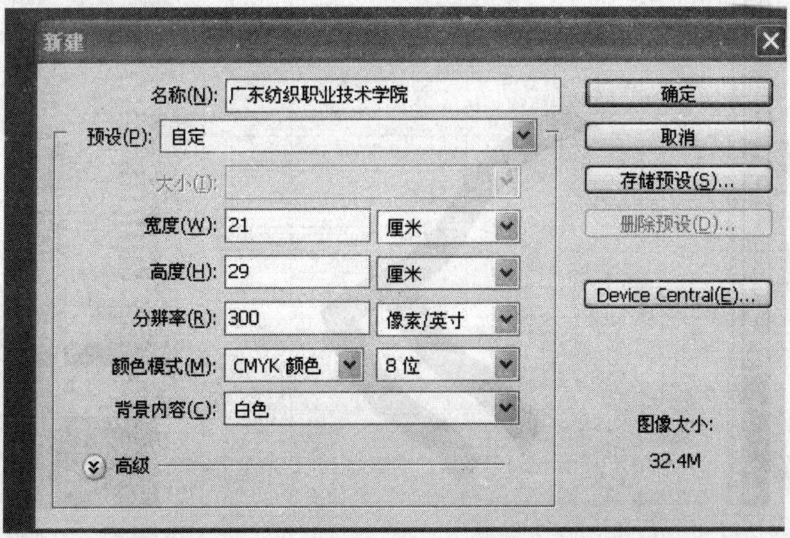

图 4-26　新建图像

② 打开学院标志原文件，分析标志的造型，标志造型是由四个“F”通过变形组成的，通过分析我们进行单独形体的绘制，用钢笔工具把“F”形体绘制出来。当在绘制过程中出现形体勾勒和创作不准确时，按住“Ctrl”键，把鼠标移到所要修改部分的节点上，此时会出现一个箭头符号，就可以进行修改了，如图 4-27 所示。

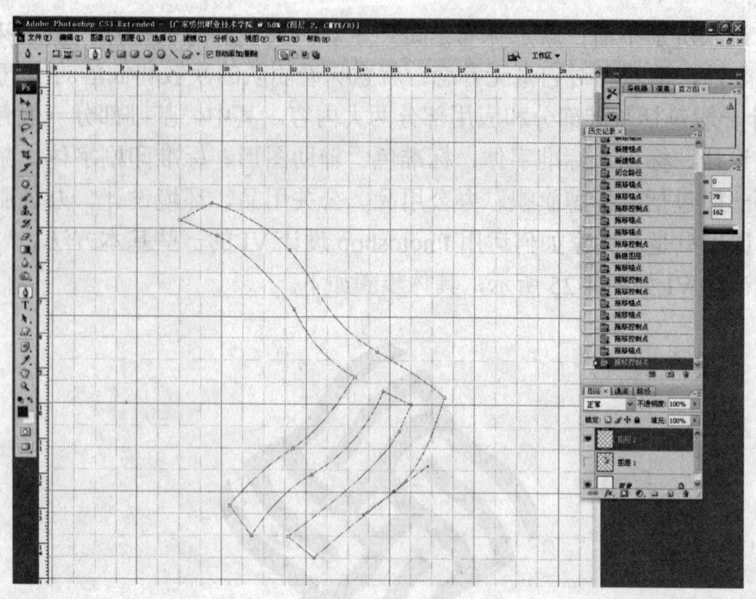

图 4-27　图形绘制

③ 按“Ctrl+Enter”组合键进行形体选取，并对选取的部分进行填充学院标志标准色彩蓝色 C:100　M:70　Y:0　K:0，如图 4-28 所示。

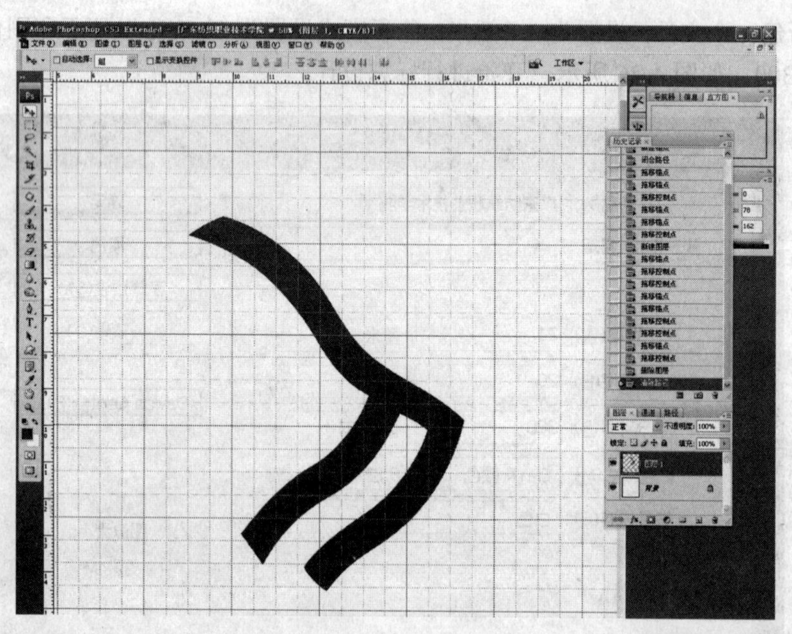

图 4-28　填充色彩

④ 对单独元素进行复制（按住“Ctrl”键，移动鼠标进行复制一个形体），再按“Ctrl+T”组合对复制的形体进行旋转，其角度按标志原文件进行调整，调整与原标志一样后，按住“Shift”键同时右键选择四个单独元素进行合并图层（菜单栏图层），最终完成标志的组合，如图 4-29 所示。

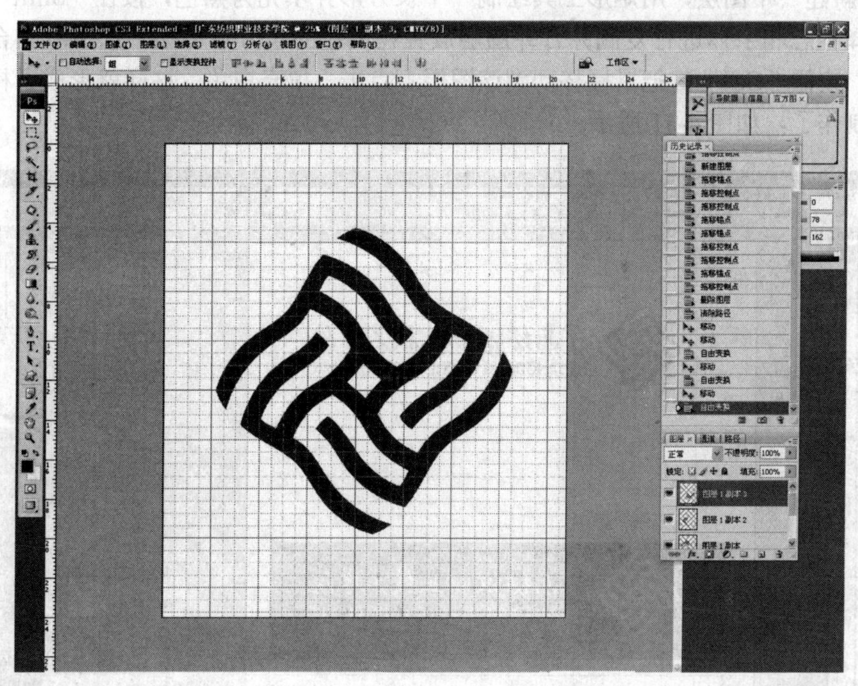

图 4-29　组合图形后的图像

⑤ 打开标志标准字，运用菜单栏选择（色彩范围），用取样色彩工具对字体色彩进行选择，按“确定”键，对选择的字体复制到已经做好的标志文件中进行标准组合，形成学院标准标志应用组合形式，如图 4-30 所示。

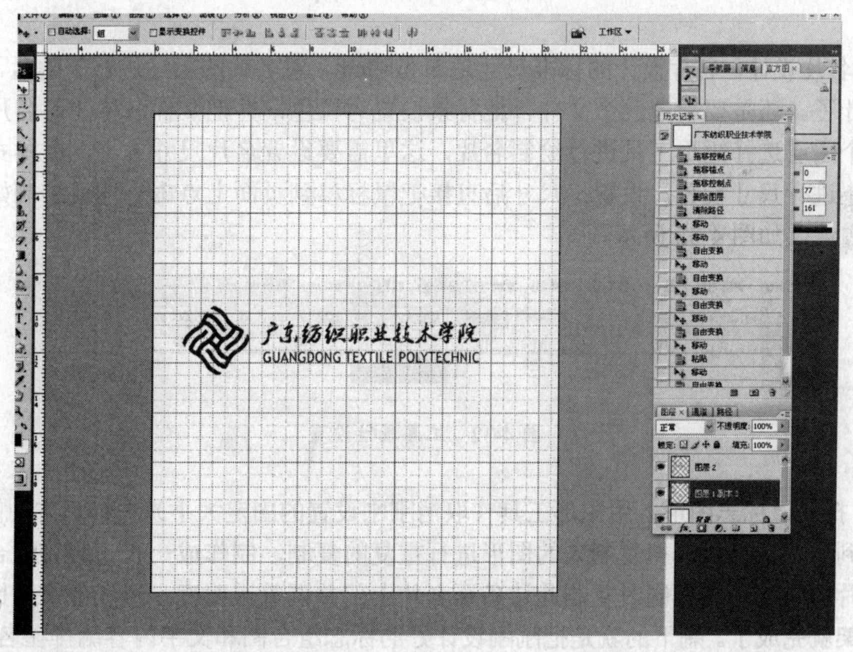

图 4-30　添加文本

⑥ 新建一个图层，用矩形工具绘制一个长方形并填充为黑色，按住“Shift”键同时右键选择标志和字体进行复制并合并图层放置在黑色的长方形上面，选中刚刚合并的标志图层，按住“Ctrl”键把鼠标移动到该图层上点击，填充白色，这样就形成了标志反白效果的制作了，如图 4-31 所示。

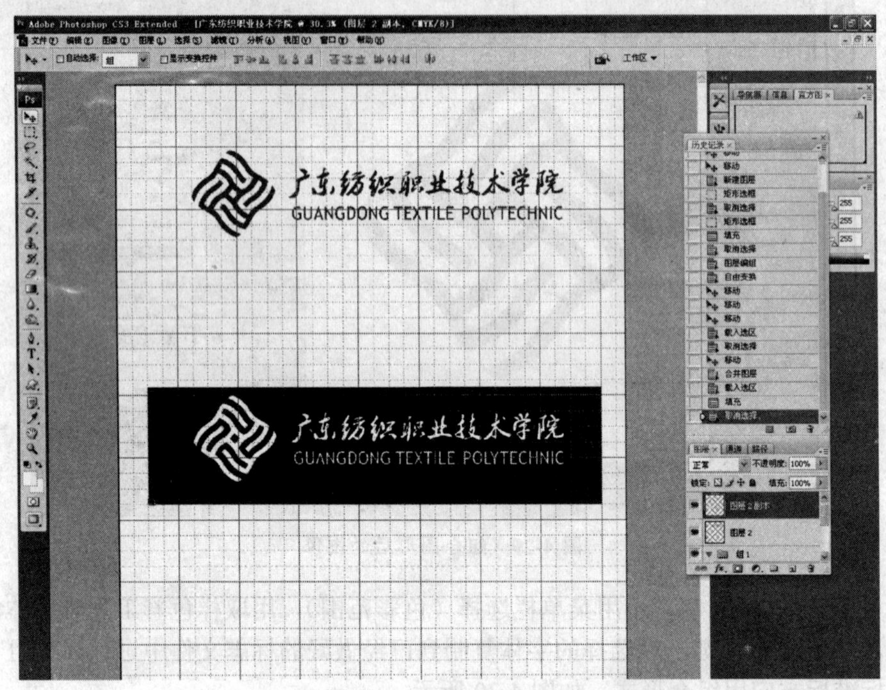

图 4-31 反衬效果制作

⑦ 名片设计。名片设计的标准尺寸是 5cm×9cm，对名片的尺寸进行了解后，就开始进行设计了。还是要新建一个文件，把背景设置为黑色，并把文件名称注明名片两字，新建一个图层选择矩形工具进行绘制名片，这里需要设置名片尺寸大小，在样式中选择固定大小进行尺寸设置。设置好尺寸后直接把鼠标移到页面上点击一下就绘制好了，同时填充白色，如图 4-32 所示。

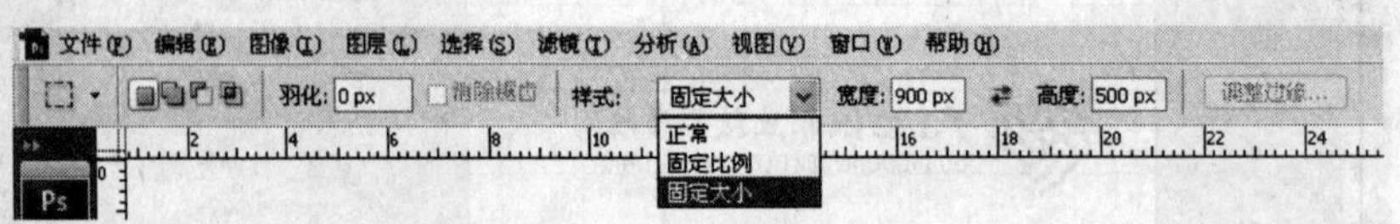

图 4-32 工具属性设置

⑧ 打开原标志图形，用矩形工具（取消刚刚设置的固定大小）选择标志中间部分，并复制到名片文件里，把复制来的图形进行重复的复制，制作成一长条装饰纹合并图层作为名片的装饰边条，同时复制此边条至名片上部并调整透明度，形成虚实对比，这样名片框架就完成了。剩下的就是把刚刚设计好的标志组合图和文字内容编排在名片上了，如图 4-33 和图 4-34 所示。

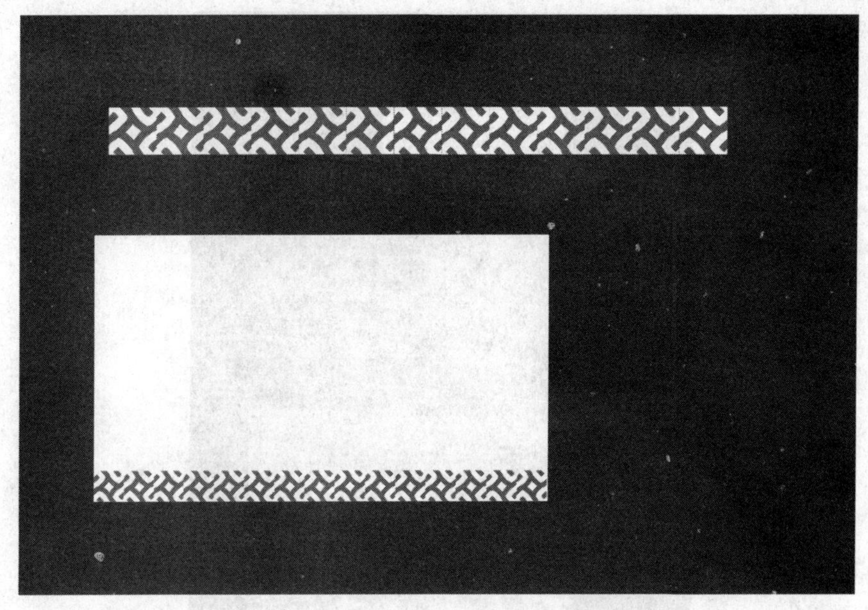

图 4-33　名片边框设计

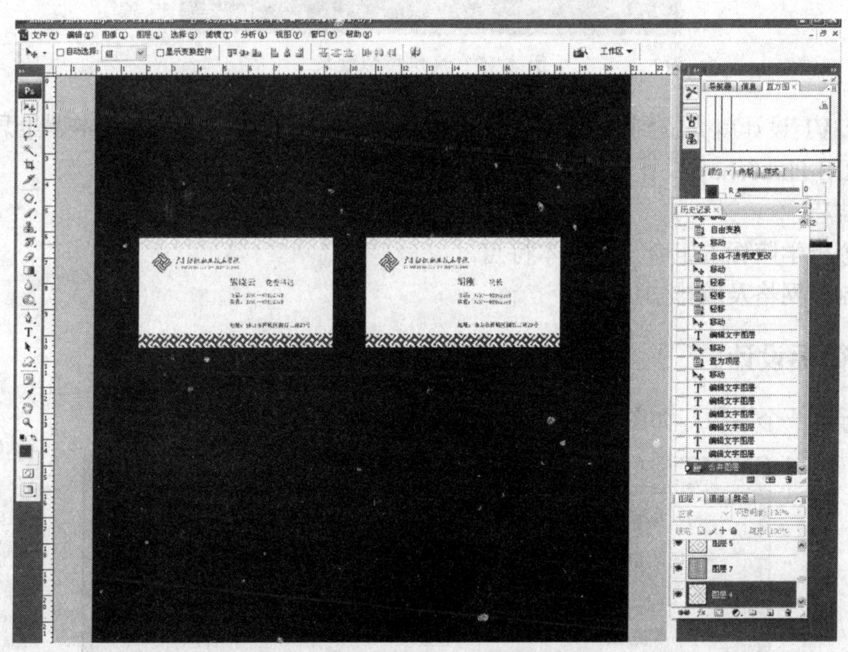

图 4-34　合成名片

⑨ 设计学院旗帜。新建一个文件同时也得新建一个图层用矩形工具进行绘制旗帜，这里设计一个长方形的旗帜，并填充白色，把标志组合图形拉到旗帜上面，这样平面的旗帜效果就完成了。打开文件旗帜图片做一模拟效果图，把标志组合图形放置在旗帜图片上进行位置的调整，并选择图层框栏的正片叠底效果，这样模拟效果就完成了，如图 4-35 所示。

图 4-35 旗帜模拟效果

关于 VI 设计就介绍到这里，VI 设计是一个很系统的设计内容，在本课里只是教大家如何运用 Photoshop 设计 VI 的一些基本方法。

◆ 技巧

■ 分析学院标志组合元素基本特点。

■ 制作网格及编排知识。

4.2.2 徽标设计

● 新建一个图像，如图 4-36 所示设置参数。

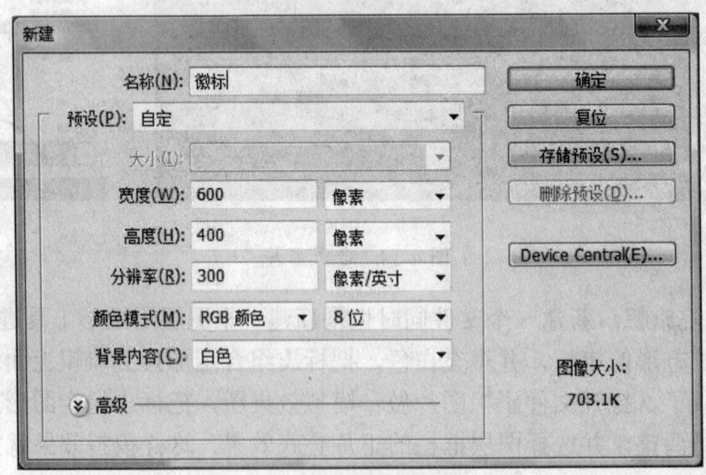

图 4-36 新建图像

● 使用钢笔工具绘制路径 1，如图 4-37 所示。

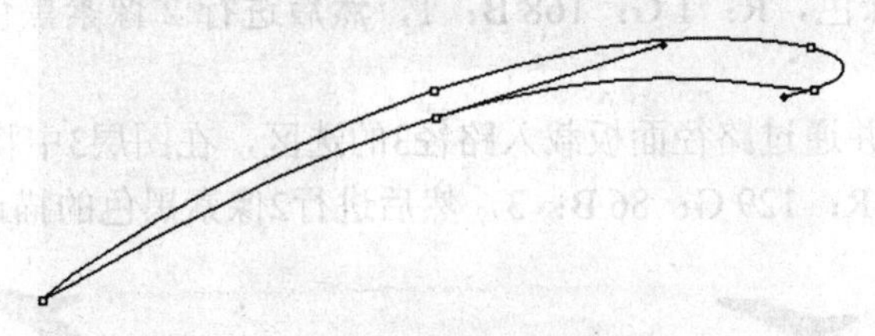

图 4-37 路径 1 绘制

● 使用钢笔工具绘制路径 2，如图 4-38 所示。

● 使用钢笔工具绘制路径 3，如图 4-39 所示。

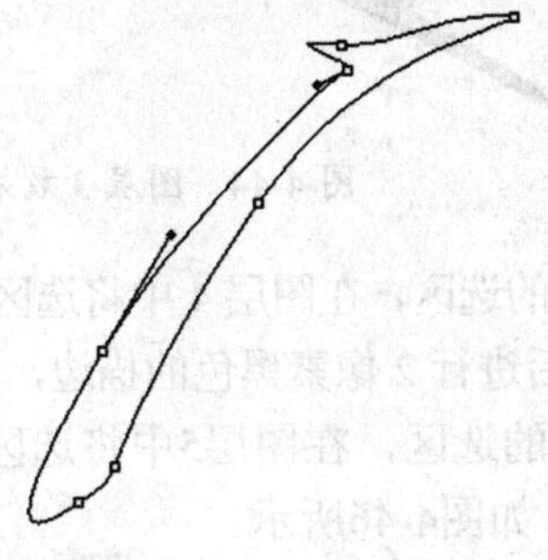

图 4-38 路径 2 绘制

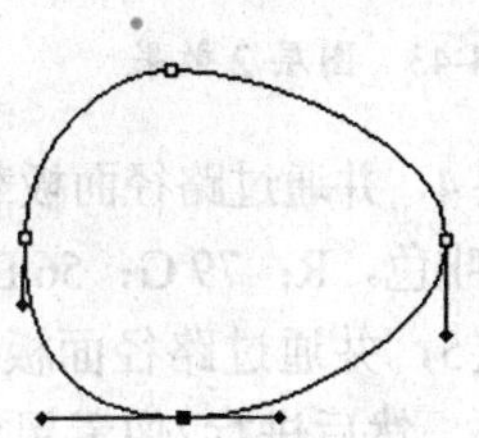

图 4-39 路径 3 绘制

● 使用钢笔工具绘制路径 4，如图 4-40 所示。

● 使用钢笔工具绘制路径 5，如图 4-41 所示。

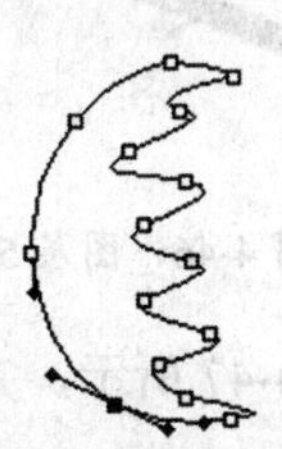

图 4-40 路径 4 绘制

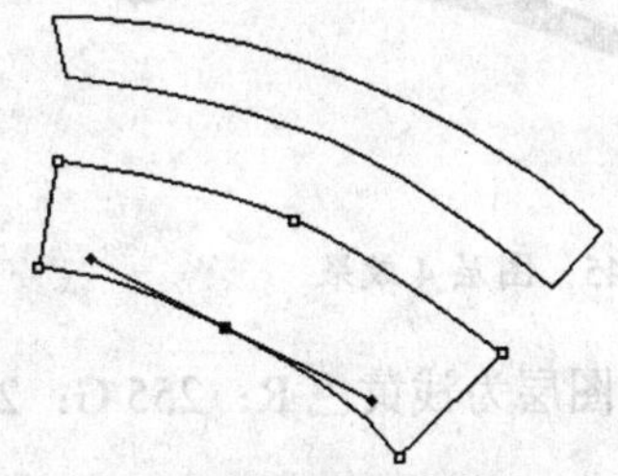

图 4-41 路径 5 绘制

● 新建图层 1，并通过路径面板载入路径 1 的选区，在图层 1 中将选区进行 1pixel 的羽化，并填充橙色，R：235 G：71 B：0，然后进行 2 像素黑色的描边，如图 4-42 所示。

图 4-42 图层 1 效果

● 新建图层 2，并通过路径面板载入路径 2 的选区，在图层 2 中将选区进行 1pixel 的羽化，并填充深绿色，R：1 G：168 B：1，然后进行 2 像素黑色的描边，如图 4-43 所示。

● 新建图层3，并通过路径面板载入路径3的选区，在图层3中将选区进行1pixel的羽化，并填充棕褐色，R：129 G：86 B：3，然后进行2像素黑色的描边，如图4-44所示。

图 4-43　图层 2 效果　　　　图 4-44　图层 3 效果

● 新建图层 4，并通过路径面板载入路径 4 的选区，在图层 4 中将选区进行 1pixel 的羽化，并填充深咖啡色，R：79 G：56 B：12，然后进行 2 像素黑色的描边，如图 4-45 所示。

● 新建图层5，并通过路径面板载入路径5的选区，在图层5中将选区进行1pixel的羽化，并填充白色，然后进行2像素黑色的描边，如图4-46所示。

图 4-45　图层 4 效果　　　　图 4-46　图层 5 效果

● 填充背景图层为浅黄色 R：255 G：252 B：0，如图 4-47 所示，完成最终效果。

图 4-47　最终效果图

第 5 章　色彩校正与色调调整

5.1　知 识 讲 解

色彩是图形图像的一个重要要素，无论是图形还是图像都可以概括为色彩与形状的完美结合，色彩同很多实体一样，有着自身的构成原理。色彩构成（Interaction of Color）即色彩的相互作用，是从人对色彩的知觉和心理效果出发，用科学分析的方法，把复杂的色彩现象还原为基本要素，利用色彩在空间、量与质上的可变幻性，按照一定的规律去组合各构成之间的相互关系，再创造出新的色彩效果的过程。色彩构成是艺术设计的基础理论之一，它与平面构成及立体构成有着不可分割的关系，色彩不能脱离形体、空间、位置、面积、肌理等而独立存在。

在 Photoshop 中，色彩都是通过一系列的命令和参数设置，通过计算机呈现出来的，本章将着重以色彩调整的一些命令来讲解在图像处理过程中色彩的运用方法。

5.1.1　基本调整命令

Photoshop 提供了很多用于调整图像色彩和色调的命令，选择菜单栏“图像/调整”命令，在打开的下拉菜单中包含了各种调整命令，如图 5-1 所示。

亮度/对比度(C)...
色阶(L)... Ctrl+L
曲线(U)... Ctrl+M
曝光度(E)...
自然饱和度(V)...
色相/饱和度(H)... Ctrl+U
色彩平衡(B)... Ctrl+B
黑白(K)... Alt+Shift+Ctrl+B
照片滤镜(F)...
通道混合器(X)...
反相(I) Ctrl+I
色调分离(P)...
阈值(T)...
渐变映射(G)...
可选颜色(S)...
阴影/高光(W)...
变化(N)...
去色(D) Shift+Ctrl+U
匹配颜色(M)...
替换颜色(R)...
色调均化(Q)

图 5-1　调整菜单

1. 色阶

“色阶”通过调整图像的阴影、中间调和高光的强度级别，校正图像的色调范围和颜色平衡。“色阶”直方图用作调整图像基本色调的直观参考。打开一个图像文件，如图 5-2 所示，选择“图像/调整/色阶”命令或按“Ctrl+L”组合键，可以打开“色阶”对话框，如图 5-3 所示。

图 5-2　图像文件

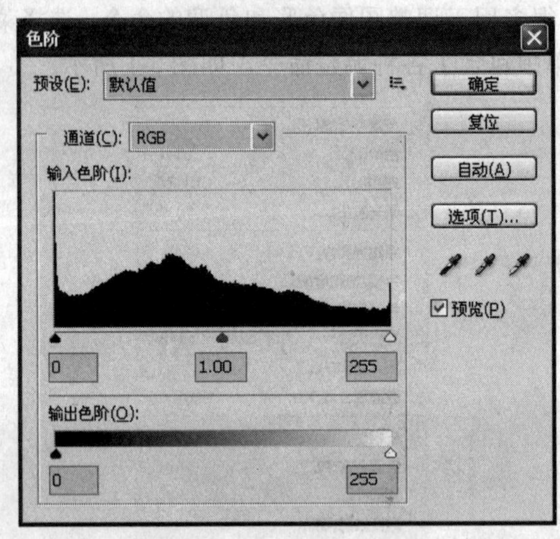

图 5-3　“色阶”对话框

◆ 通道：如果要调整特定颜色通道的色调，可以在“通道”选项下拉列表中进行选择。如果要同时编辑一组颜色通道，可在选择“色阶”命令之前，按住“Shift”键在“通道”调板中选择这些通道。

◆ 输入色阶：输入色阶中的 3 个文本框分别对应阴影、中间调和高光滑块，在进行调整时，可以输入数值，也可以拖动相应的滑块。默认情况下，输入色阶中的阴影滑块位于色阶 0（像素为全黑）处，高光滑块位于色阶 255（像素为全白）处。如果移动阴影滑块，则会将像素值映射为色阶 0，而移动高光滑块则会将像素值映射为色阶 255，其余的色阶将在色阶 0～255 之间重新分布。

例如，如果将阴影滑块移到右边的色阶 5 处，则 Photoshop 会将位于或低于色阶 5 的所有像素都映射到色阶 0。同样，如果将高光滑块移到左边的色阶 243 处，则 Photoshop 会将位于或高于色阶 243 的所有像素都映射到色阶 255。这种重新分布情况将会增大图像的色调范围，实际上增强了图像的整体对比度，如图 5-4 和图 5-5 所示。

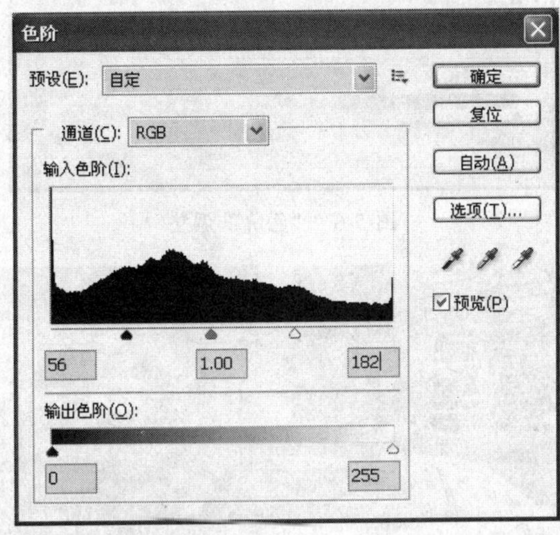

图 5-4 “色阶”调整

图 5-5 调整后效果图

中间调滑块用于调整图像中灰度系数。它会移动中间调色阶，并更改灰色调中间范围的强度值，但不会明显改变高光和阴影。向左移动中间调滑块可使整个图像变亮，如图 5-6 和图 5-7 所示。向右移动则使图像变暗，如图 5-8 和图 5-9 所示。

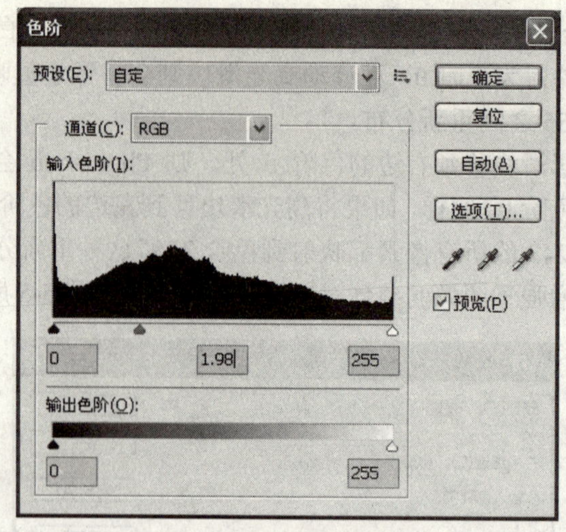

图 5-6 “色阶”调整

图 5-7 调整后效果图

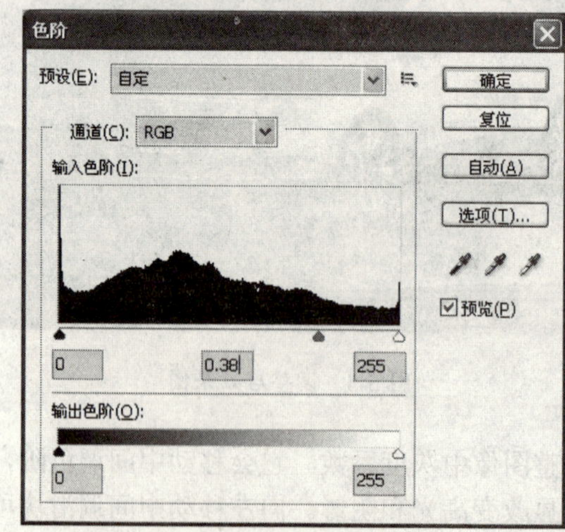

图 5-8 “色阶”调整

图 5-9 调整后效果图

◆ 输出色阶：输出色阶用来限定图像的亮度范围，此选项中的两个文本框分别对应渐变色条上的黑色和白色滑块。默认情况下，黑色滑块位于色阶 0（像素为全黑）处，白色滑块位于色阶 255（像素为全白）处。向右拖动黑色滑块可以使暗部的像素变亮。

◆ 载入：单击此按钮，可在打开的对话框中载入一个外部的色阶文件。

◆ 存储：单击此按钮，可将当前设置的调整参数保存为一个文件。在处理其他图像时，单击“载入”按钮，载入该文件自动可完成对图像的调整。

◆ 自动：单击此按钮，Photoshop 将以 0.5%的比例自动调整图像色阶，使图像的亮度分布更加均匀。不过，在使用该项功能时容易造成色偏。

◆ 选项：单击此按钮，可打开“自动颜色校正选项”对话框，如图 5-10 所示。自动颜色校正选项用来控制由“色阶”和“曲线”中的“自动颜色”、“自动色阶”、“自动对比度”和“自动”选项应用的色调和颜色校正。“自动颜色校正选项”允许指定阴影和高光剪切百分比，并为阴影、中间调和高光指定颜色值。

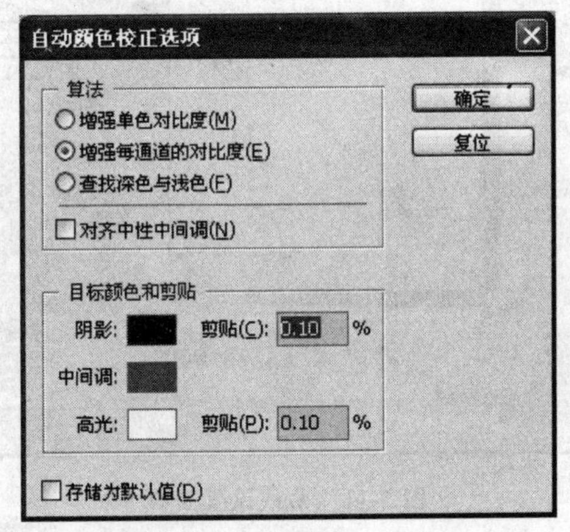

图 5-10 自动颜色校正选项

◆ 设置黑场：用来校正颜色。选择此工具后，在图像中单击取样，可以将取样点的颜色设置为图像中最暗的点，所有比它暗的像素会变为黑色。

◆ 设置灰场：选择此工具后，在图像中单击取样，可根据取样点像素的亮度来调整其他中间色调的平均亮度，

◆ 设置白场：选择此工具后，在图像中单击取样，可以将取样点的颜色设置为图像中最亮的点，所有比它亮的像素都会变为白色。

2. 自动色阶

“自动色阶”命令可以自动调整图像中的黑场和白场。它剪切每个通道中的阴影和高光部分，并将每个颜色通道中最亮和最暗的像素映射到纯白（色阶为 255）和纯黑（色阶为 0）。中间像素值按比例重新分布。使用“自动色阶”可以增强图像的对比度。

3. 自动对比度

“自动对比度”命令可以自动调整图像的对比度。它剪切图像中的阴影和高光值，然后将图像剩余部分的最亮和最暗像素映射到纯白（色阶为 255）和纯黑（色阶为 0）。经过调整后，会使高光看上去更亮，阴影看上去更暗。

4. 自动颜色

“自动颜色”命令通过搜索图像来标识阴影、中间调和高光，从而调整图像的对比度和颜色。默认情况下，“自动颜色”使用 RGB 128 灰色这一目标颜色来中和中间调，并将阴影和高光像素剪切 0.5%。

5. 曲线

1)“曲线”对话框

在 Photoshop 中，“曲线”和“色阶”都是非常重要的调整命令，它们都可以调整图像的整个色调范围。但“色阶”对话框仅包含三种调整（白场、黑场和灰度系数），而“曲线”对话框则可以在图像的色调范围（从阴影到高光）内最多调整 14 个不同的点。按“Ctrl+M”组合键调出曲线设置窗口，如图 5-11 所示。

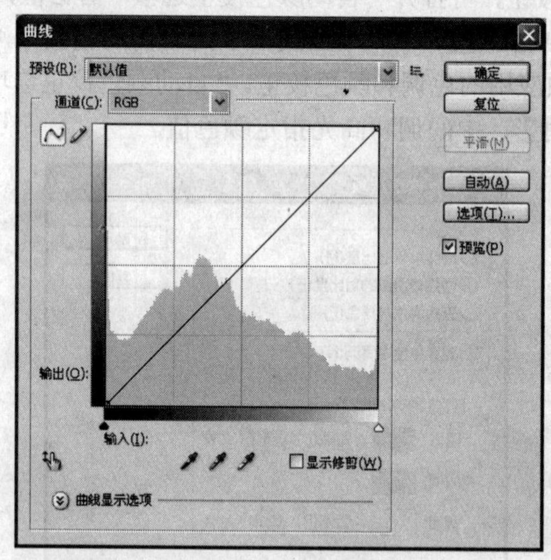

图 5-11 曲线设置窗口

◆ 预设：单击此选项右侧的按钮，可以打开一个下拉列表，如图 5-12 所示。选择“自定”选项，可通过拖动曲线来调整图像。选择其他选项时，可使用系统预设的调整设置。

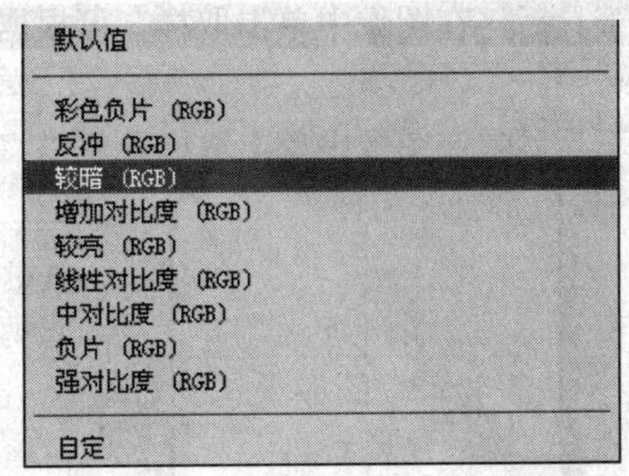

图 5-12　曲线显示选项

◆ 通道：在此选项的下拉列表中可以选择需要调整的通道。

◆ 通过添加点来调整曲线：按下此按钮后，在曲线中单击可添加新的控制点，拖动控制点改变曲线的形状。默认情况下，将曲线向上移动可以使图像变亮，如图 5-13 和图 5-14 所示。将曲线向下移动可以使图像变暗，如图 5-15 和图 5-16 所示。

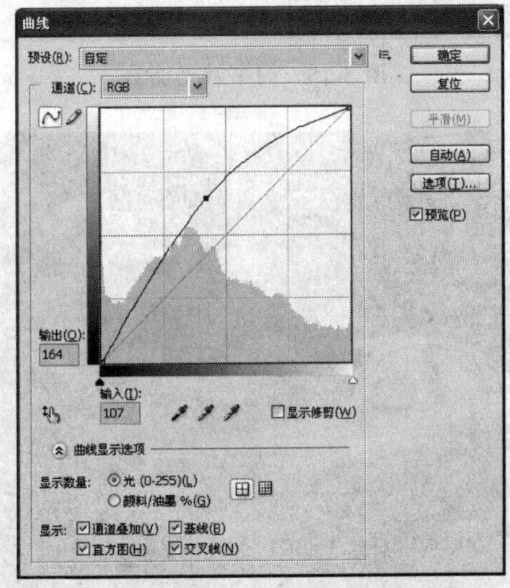

图 5-13　向上移动曲线

图 5-14　设置后效果图

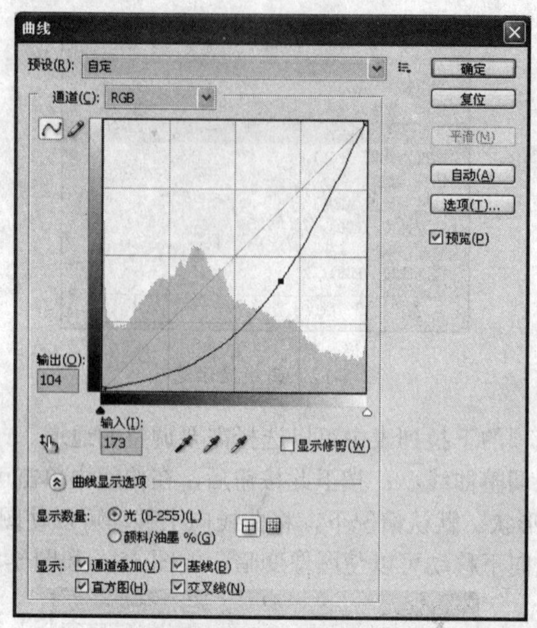

图 5-15　向下移动曲线

图 5-16　设置后效果图

◆ 使用铅笔绘制曲线：按下此按钮后，可在对话框内绘制任意形状的曲线，如图 5-17 所示。如果要对曲线进行平滑处理，可单击“平滑”按钮，如图 5-18 所示。如果单击按钮，则可在曲线上显示控制点，如图 5-19 所示。

◆ 输入色阶：“输入色阶”显示了调整前的像素值。

◆ 输出色阶：“输出色阶”显示了调整后的像素值。

◆ 高光 / 中间调 / 阴影：移动曲线顶部的点可调整图像的高光区域；移动曲线中间的点可以调整图像的中间调；移动曲线底部的点可以调整图像的阴影区域。

◆ 黑场 / 灰场 / 白场吸管：这几个工具与“色阶”对话框中吸管工具的功能相同。

◆ 显示修剪：选择此选项，可在调整黑场和白场时预览修剪。

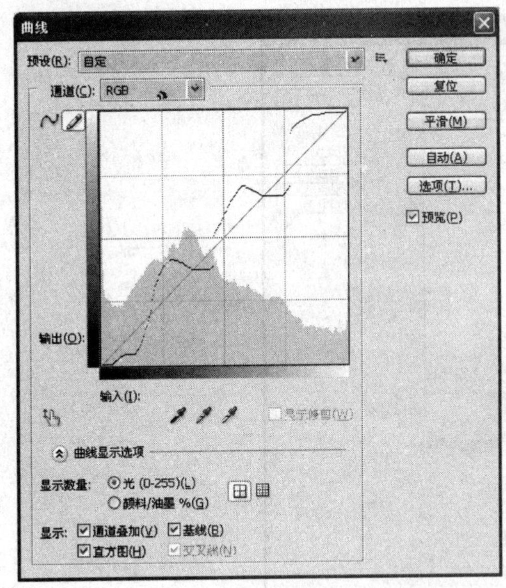

图 5-17 绘制曲线

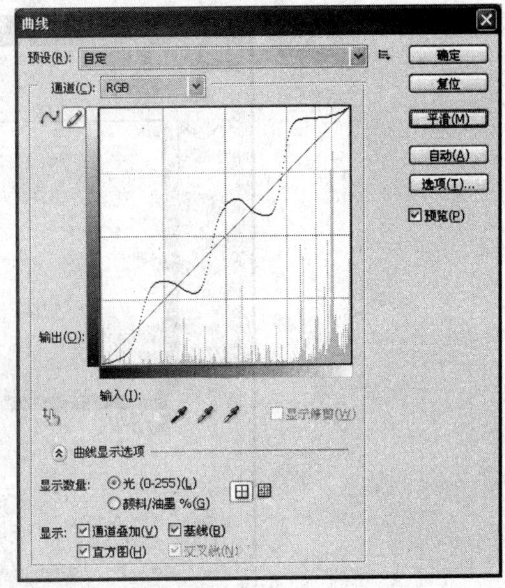

图 5-18 平滑处理

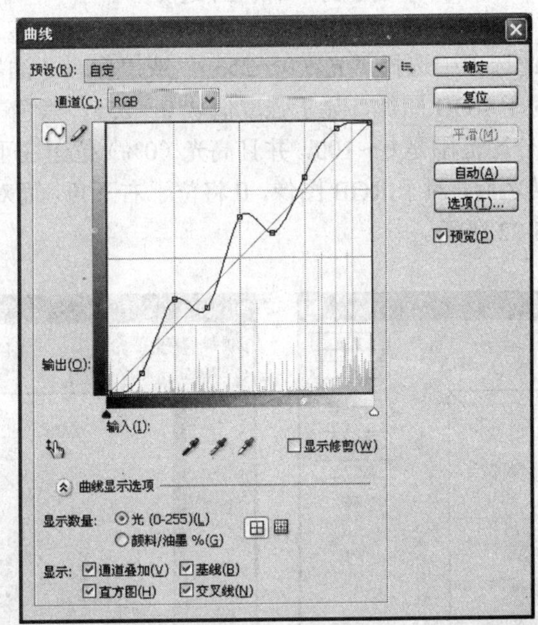

图 5-19 显示控制点

◆ 自动：单击该按钮，可对图像应用“自动颜色”、“自动对比度”或“自动色阶”校正。具体的校正内容取决于“自动颜色校正选项”对话框中设置的选项。

◆ 选项：单击此按钮，可以打开“自动颜色校正选项”对话框。

2）隐藏的选项

曲线显示选项：单击此按钮，可以显示对话框中隐藏的选项，如图 5-20 所示。

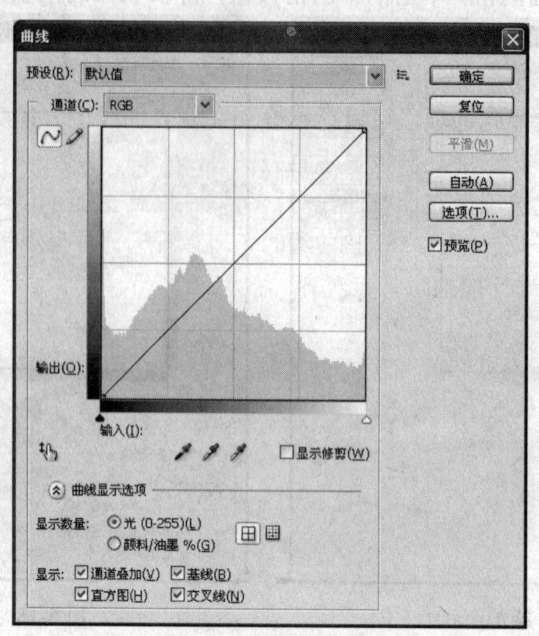

图 5-20 曲线显示选项

◆ 显示数量：在此选项中选择“光（0～255）”或“颜料 / 油墨%”，可以反转强度值和百分比的显示。对于 RGB 图像，显示强度值从 0～255，黑色（0）位于左下角，显示的 CMYK 图像的百分比范围是 0～100，并且高光（0%）位于左下角，如图 5-21 所示；将强度值和百分比反转之后，对于 RGB 图像，0 将位于右下角，而对于 CMYK 图像，0% 将位于右下角，如图 5-22 所示。

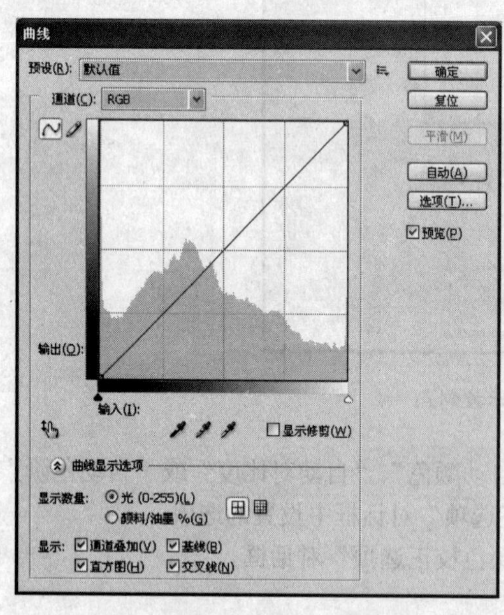

图 5-21 高光（0%）位于左下角

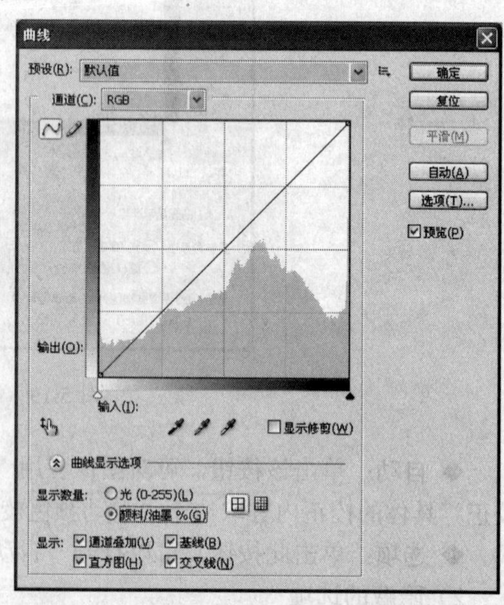

图 5-22 强度值和百分比反转

◆ 简单网格/详细网格：单击简单网格按钮，将以25%的增量显示网格线；单击详细网格按钮，则以10%的增量显示网格。也可以按住“Alt”键单击网格，进行简单网格和详细网格的切换。

◆ 通道叠加：选择此选项，可以显示叠加在复合曲线上方的颜色通道曲线。

◆ 直方图：选择此选项，可以显示直方图叠加。

◆ 基线：选择此选项，在调整曲线时，可以在网格上显示以45°角绘制基线。

◆ 交叉线：选择此选项，在调整曲线时，可以显示水平线和垂直线，以帮助用户在相对于直方图或网格进行拖动时将点对齐。

6. 色彩平衡

“色彩平衡”命令可以修改图像的总体颜色混合，常用来进行普通的色彩校正。打开一个图像文件，如图5-23所示，选择“图像/调整/色彩平衡”命令，可以打开“色彩平衡”对话框，如图5-24所示。

图 5-23 图像文件

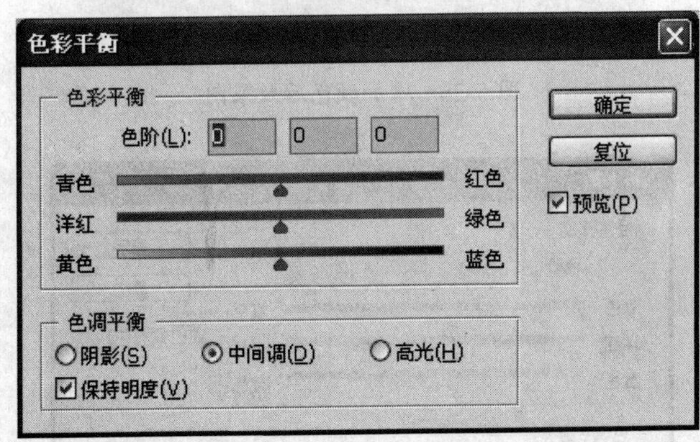

图 5-24 色彩平衡对话框

在对话框中首先选择要修改的色调范围，包括“阴影”、“中间调”或“高光”，然后拖动“色彩平衡”选项组内的滑块进行调整。可以将滑块拖向要在图像中增加的颜色，如图 5-25 和图 5-26 所示。将滑块拖向要在图像中减少的颜色，如图 5-27 和图 5-28 所示。如果选择“保持亮度”选项，可以保持图像的色调平衡，防止图像的亮度值随颜色更改而改变。

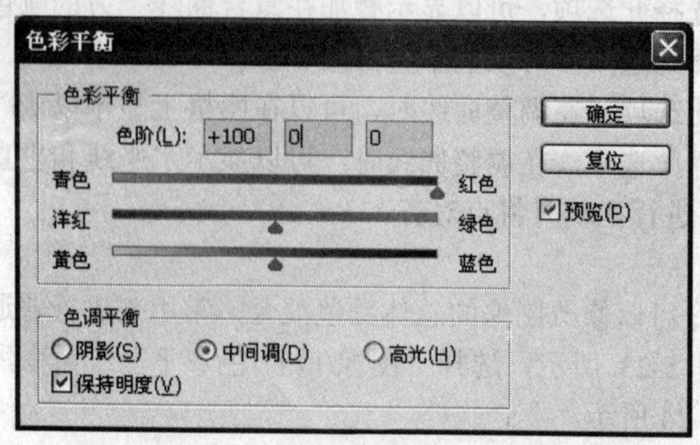

图 5-25　色彩平衡增加颜色

图 5-26　增加颜色后效果图

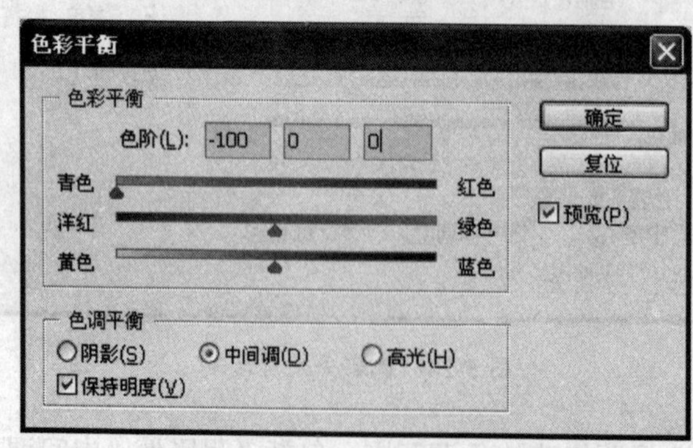

图 5-27　色彩平衡减少颜色

图 5-28　减少颜色后效果图

7. 亮度/对比度

使用“亮度/对比度”命令可以对图像的色调范围进行简单的调整。如图 5-29 所示为“亮度/对比度”对话框，将亮度滑块向右移动会增加色调值并扩展图像高光，而将亮度滑块向左移动会减少色调值并扩展阴影。对比度滑块可扩展或收缩图像中色调值的总体范围。

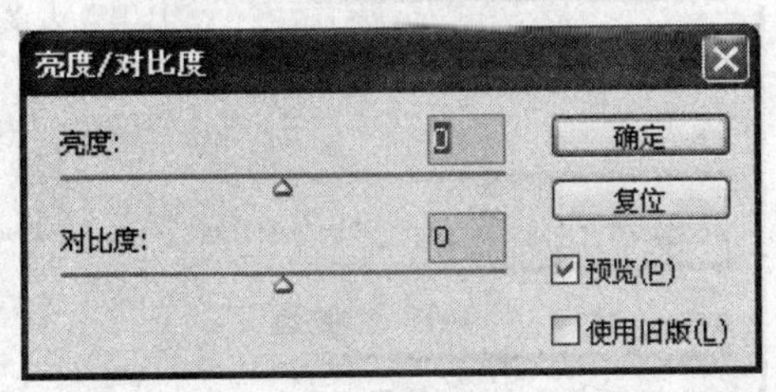

图 5-29　“亮度/对比度”对话框

5.1.2　特殊调整命令

特殊的调整命令包括“黑白”、“色相/饱和度”、“去色”、“匹配颜色”、“替换颜色”和“可选颜色”等。这些命令可以改变图像的色彩。

1. 黑白

“黑白”命令可以将彩色图像转换为灰度图像，同时保持对各颜色的转换方式的完全控制。也可以通过对图像应用色调来为灰度着色，例如创建棕褐色效果。“黑白”命令与“通道混合器”的功能相似，也可以将彩色图像转换为单色图像，并允许用户调整颜色通道输入。

打开一个图像文件，如图 5-30 所示，选择“图像/调整/黑白”命令，可以打开“黑白”对话框，如图 5-31 所示。打开后 Photoshop 将基于图像中的颜色混合执行默认的灰度转换。

图 5-30　图像文件

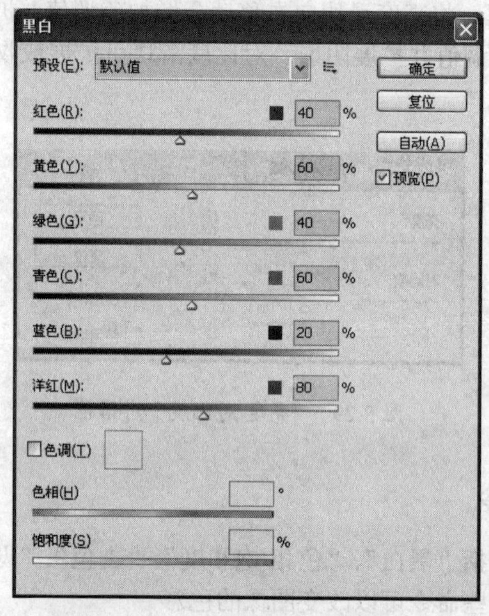

图 5-31　“黑白”对话框

◆ 预设：在此选项下拉列表中可以选择一个预设的灰度调整选项，或者存储的调整选项，如图 5-32 所示。

◆ 颜色滑块：可以调整图像中特定颜色的灰色调。将滑块向左或向右拖动时，可以使图像原色的灰色调变暗或变亮。将光标置于图像上方时，光标将变为吸管。单击某个图像区域并按住鼠标可以高亮显示该位置主色的色卡，如图 5-33 所示。单击并拖动可移动该颜色的颜色滑块，从而使该颜色在图像中变暗或变亮，如图 5-34 所示。单击释放可以高亮显示选定滑块的文本框。

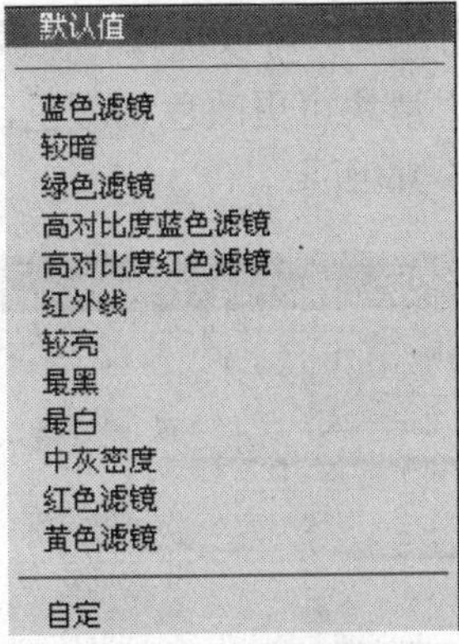

图 5-32 预设选项

图 5-33 调整效果图 1

图 5-34 调整效果图 2

◆ 色调：如果要对灰度应用色调，可以选择“色调”选项，并根据需要调整“色相”滑块和“饱和度”滑块。“色相”滑块可更改色调颜色，而“饱和度”滑块可提高或降低颜色的集中度，如图 5-35 和图 5-36 所示。

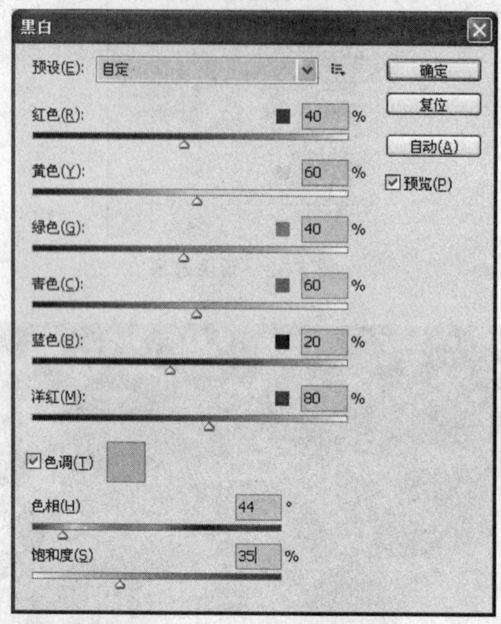

图 5-35 色调调整

图 5-36 调整效果图 3

◆ 自动：单击此按钮，可设置基于图像的颜色值的灰度混合，并使灰度值的分布最大化。“自动”混合通常会产生极佳的效果，并可以用作使用颜色滑块调整灰度值的起点。

2. 色相/饱和度

“色相 / 饱和度”命令可以调整图像中特定颜色分量的色相、饱和度和亮度，或者同时调整图像中的所有颜色。该命令尤其适用于微调 CMYK 图像中的颜色，以便它们处于输出设备的色域内。打开一个图像文件，如图 5-37 所示，选择“图像/调整/‘色相/饱和度’”命令，可以打开“色相/饱和度”对话框，如图 5-38 所示。

图 5-37 图像文件

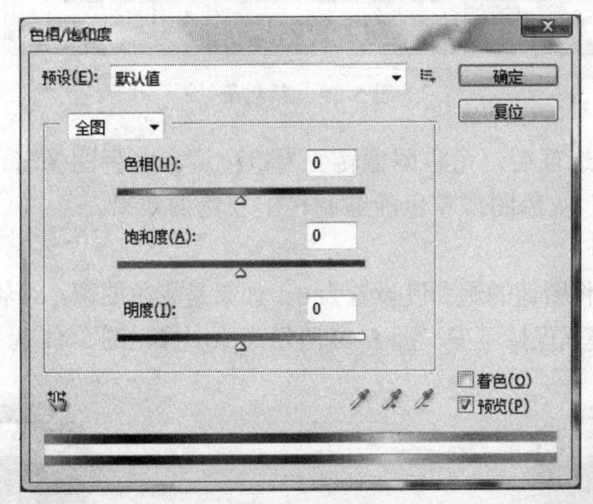

图 5-38 “色相/饱和度”对话框

◆ 编辑：在此选项下拉列表可以选择要调整的色彩范围。选择“全图”，表示调整所有的颜色，也可单独调整一种颜色，例如红色、黄色和绿色等。

◆ 色相：拖动“色相”选项下面的滑块可以调整图像的色相。

◆ 饱和度：向右拖动“饱和度”选项下面的滑块可以减少图像色彩的饱和度，向左拖动则增加饱和度。

◆ 明度：向右拖动“明度”选项下面的滑块可以降低图像的明度，向左拖动则增加明度。

◆ 吸管工具：使用吸管工具，在图像中单击可选择颜色；使用添加到取样工具，在图像中单击可在原有调整的色彩范围内增加色彩范围；使用从取样中减去工具，在图像中单击可在原有调整的色彩范围内减少色彩范围。

◆ 颜色条：在对话框底部的两个颜色条以各自的顺序表示色轮中的颜色。上面的颜色条显示调整前的颜色，下面的颜色条显示调整如何以全饱和状态影响所有色相。如果在“编辑”选项中选择了一种颜色，对话框中会出现四个色轮值（用度数表示），如图 5-39 所示。它们与出现在这些颜色条之间的调整滑块相对应，两个内部的垂直滑块定义了颜色范围，两个外部的三角形滑块则显示了在调整颜色范围时在何处衰减。

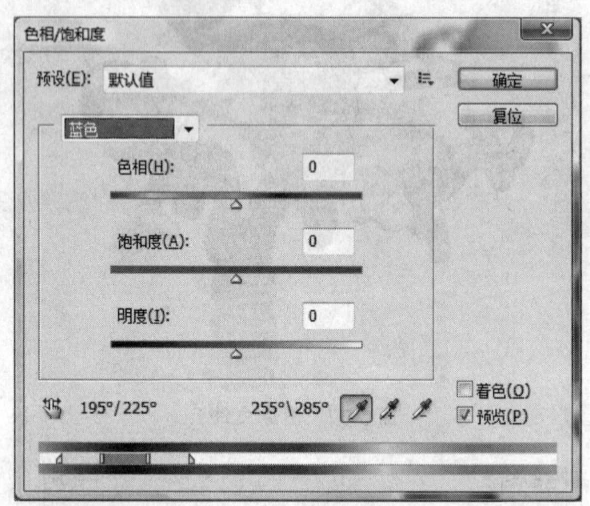

图 5-39　颜色条

◆ 着色：选择此选项后，可将图像转变为单色调。彩色图像着色后，可将彩色图像变为单一颜色的图像；灰色图像着色能够制作出双色调效果。

3. 去色

“去色”命令可以将图像的饱和度设置为 0，如果是彩色图像，可将其转换为黑白图像，但图像的亮度和颜色模式保持不变。图 5-40 所示为原图像，图 5-41 为去色后图像效果。

图 5-40　原图

图 5-41　去色效果

4. 匹配颜色

“匹配颜色”命令可以将一个图像的颜色与另一个图像的颜色相匹配。除此之外，还可以匹配多个图层或者多个选区之间的颜色。在尝试使不同照片中的颜色保持一致，或者一个图像中的某些颜色（如皮肤色调）必须与另一个图像中的颜色匹配时，“匹配颜色”命令非常有用，但此命令仅适用于 RGB 模式的图像。图 5-42 所示为“匹配颜色”对话框。

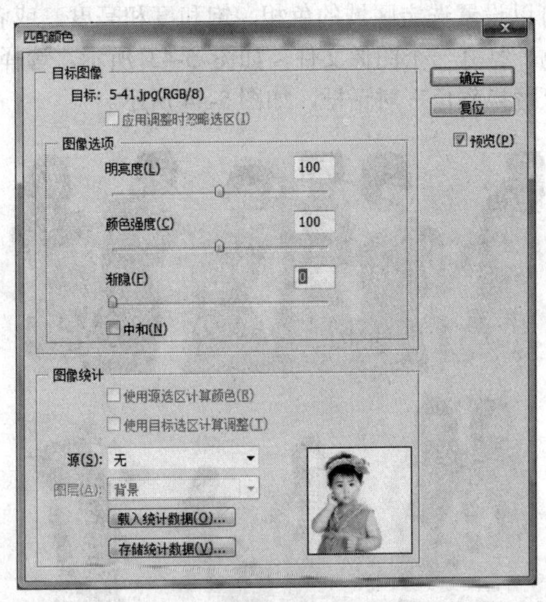

图 5-42 “匹配颜色”对话框

1）“目标图像”选项组

在“目标”选项中显示了目标图像的名称、工作图层及颜色模式。选择“应用调整时忽略选区”，可将调整应用在整幅图像，而忽略当前选区。

2）“图像选项”选项组

◆ 明亮度：拖动滑块或输入数值可增加或减小目标图像的亮度。数值越小，颜色越暗，当该值为 100 时，目标图像将具有与源图像一样的亮度。

◆ 颜色强度：用来设置目标图像的饱和度。数值越高，饱和度越高，当该值为 1 时，可生成灰度图像。

◆ 渐隐：用来设置图像调整的强度。该值越高，调整的强度越弱。

◆ 中和：选择此选项可以消除图像中的色偏。

3）“图像统计”选项组

◆ 使用源选区计算颜色：如果在源图像中创建了选区，此项被激活。选择此项，可以使用源图像选区中的颜色计算调整；如果取消选择，则使用整幅图像进行匹配。

◆ 使用目标选区计算调整：如果在源图像中创建了选区，此选项将被激活。选择此选项时，可以使用源图像选区中的颜色调整亮度和颜色强度；取消选择，则使用整幅图像进行匹配。

◆ 源：在该选项下拉列表中可以选择匹配到目标图像的源图像。如果选择“无”，则不会匹配任何图像。

◆ 图层：用来选择需要匹配颜色的图层。

◆ 载入统计数据：单击此按钮，可载入已存储的调整文件。

◆ 存储统计数据：单击此按钮，将当前的设置保存。

5. 替换颜色

使用“替换颜色”命令可以创建蒙版（临时性的蒙版），以选择图像中的特定颜色，然后替换那些颜色。可以设置选定区域的色相、饱和度和亮度。或者，可以使用“拾色器”来选择替换的颜色。打开一个图像文件，如图 5-43 所示。选择“图像/调整/替换颜色”命令，可以打开“替换颜色”对话框，如图 5-44 所示。

图 5-43 图像文件

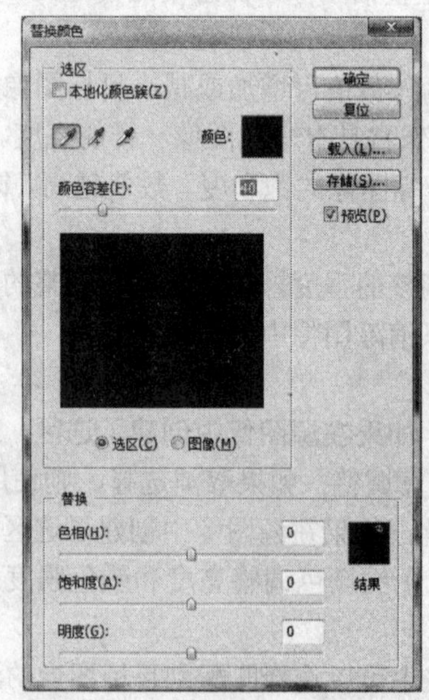

图 5-44 “替换颜色”对话框

◆ 吸管工具：使用吸管工具，在图像上单击可以选择由蒙版显示的区域；使用添加到取样工具，在图像中单击可将颜色添加到选区；使用从取样中减去工具，在图像中单击可以将颜色从选区中排除。

◆ 颜色：双击颜色框，可以在打开的“拾色器”对话框中设置要替换的目标颜色。

◆ 颜色容差：拖动滑块或输入数值可调整蒙版的容差，即控制选区中包括相关颜色的程度。数值越高，应用的范围越大。

◆ 选区/图像：选择“选区”选项，对话框的预览区域中可显示蒙版，被蒙版的区域为黑色，蒙版以外的区域为白色，灰色则为部分被蒙版的区域；选择“图像”选项，预览区域可显示图像。如果当前的屏幕空间有限或正在处理放大的图像时，可选择此选项。

◆ “替换”选项组：用来设置替换颜色的色相、饱和度和明度。也可以双击“结果”选项中的颜色框，然后在打开的“拾色器”对话框中设置替换的颜色。图 5-45 所示为设置的替换颜色，图 5-46 为替换结果。

图 5-45　设置“替换颜色”

图 5-46　替换后效果

6. 可选颜色

可选颜色校正是高端扫描仪和分色程序使用的一种技术，用于在图像中的每个主要原色成分中更改印刷色的数量。用户可以有选择地修改任何主要颜色中的印刷色数量而不会影响其他主要颜色。例如，可以使用可选颜色校正显著减少图像绿色图素中的青色，同时保留蓝色图素中的青色不变。选择“图像/调整/可选颜色”命令，可以打开“可选颜色”对话框，如图 5-47 所示。

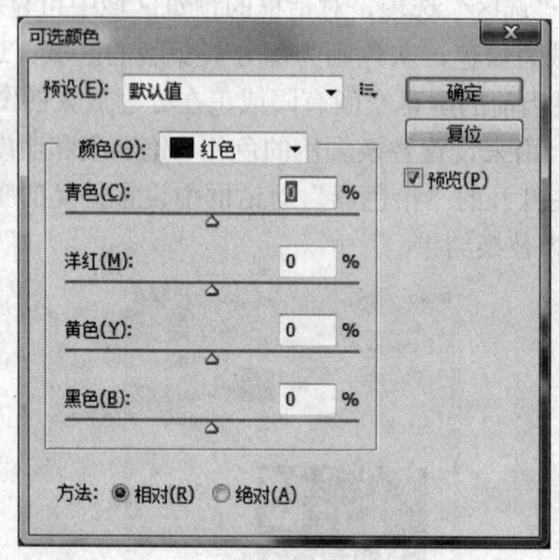

图 5-47 “可选颜色”对话框

◆ 颜色：在此选项下拉列表中可以选择要进行调整的颜色，这组颜色由加色原色和减色原色与白色、中性色和黑色组成。

◆ 滑块：拖动滑块可以增加或减少选中的颜色。图 5-48 所示为原图，按图 5-49 进行设置，效果如图 5-50 所示。

图 5-48 原图

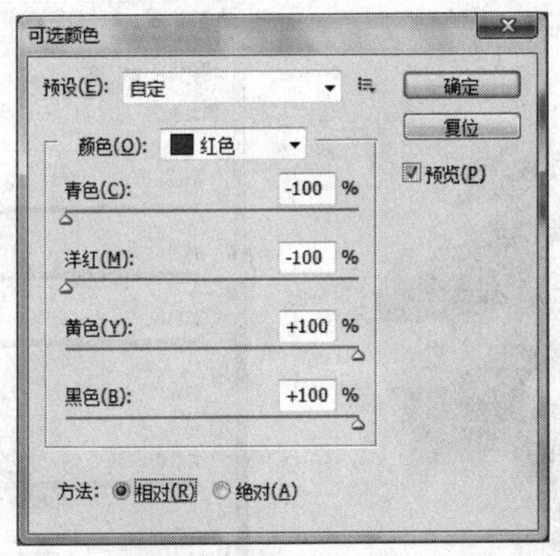

图 5-49 “可选颜色”设置

图 5-50 效果图

◆ 方法：用来设置颜色的调整方式。选择“相对”选项，可按照总量的百分比调整当前的青色、洋红、黄色或黑色的量。从 50%洋红的像素开始添加 10%，则 5%将添加到洋红，结果为 55%的洋红（50%+10%=5%）。选择“绝对”选项，则采用绝对值调整颜色。例如，如果从 50%的洋红像素开始添加 10%，结果为 60%的洋红。

7. 通道混合器

“通道混合器”对话框选项使用图像中现有（源）颜色通道的混合来修改目标（输出）颜色通道。颜色通道是代表图像（RGB 或 CMYK）中颜色分量的色调值的灰度图像。在使用“通道混合器”命令时，将通过源通道向目标通道加减灰度数据。利用此命令可以创建高品质的灰度图像、棕褐色调图像或其他色调图像，也可以对图像进行创造性的颜色调整。

打开图像文件，如图 5-51 所示，选择“图像/调整/通道混合器”命令，打开“通道混合器”对话框，如图 5-52 所示。

图 5-51 图像文件

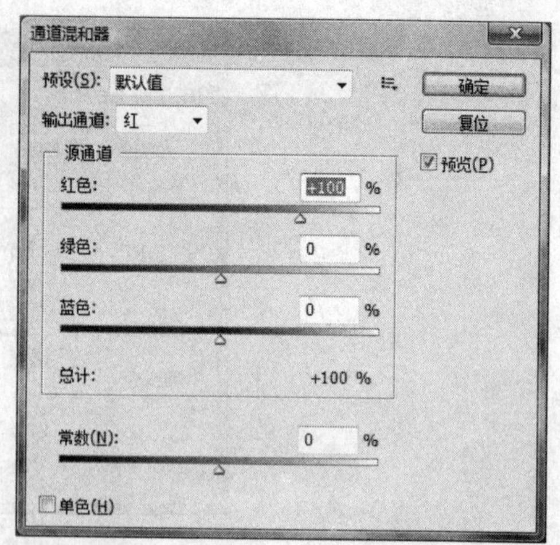

图 5-52 “通道混合器”对话框

◆ 预设：可以在此选项的下拉列表中选择使用预设的通道混合器，如图 5-53 所示。

图 5-53 预设通道混合器选择列表

◆ 输出通道：可以选择要在其中混合一个或多个现有通道的通道。

◆ “源通道”选项组：用来设置输出通道中源通道所占的百分比。将一个源通道的滑块向左拖移时，可减小该通道在输出通道中所占的百分比，如图 5-54 所示；向右拖移

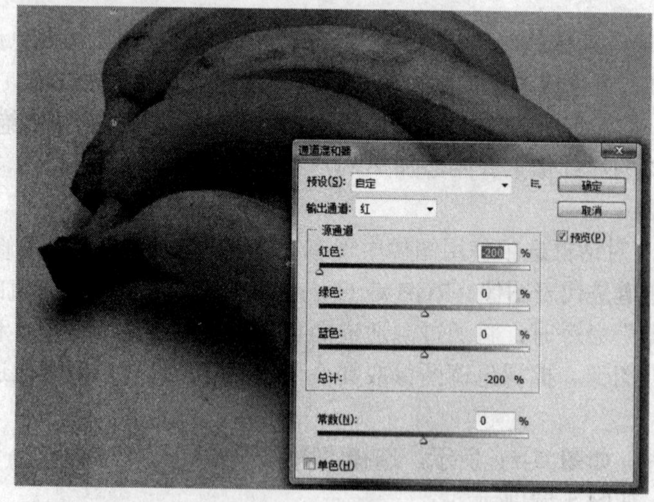

图 5-54 减少输出比

则增加百分比，如图 5-55 所示。负值可以使源通道在被添加到输出通道之前反相。“总计”显示了源通道的总计值。如果合并的通道值高于 100%，Photoshop 会在总计旁边显示一个警告图标。

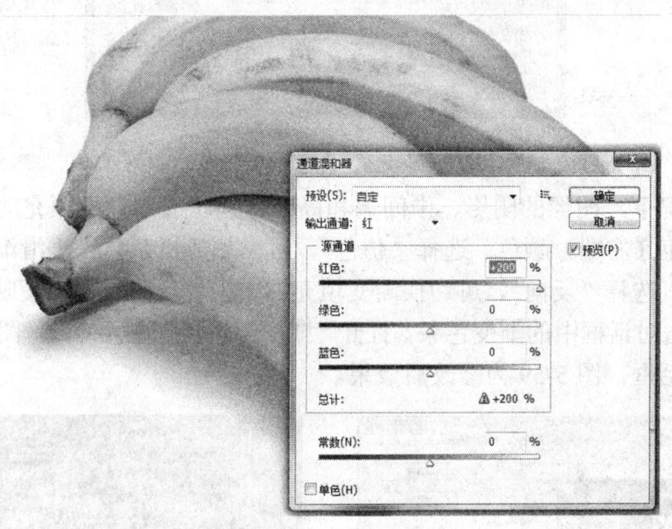

图 5-55　增加输出比

◆ 常数：用来调整输出通道的灰度值。负值增加更多的黑色，正值增加更多的白色。-200%值使输出通道成为全黑，+200%值使输出通道成为全白。

◆ 单色：选择此选项，可创建仅包含灰度值的彩色图像。

8. 渐变映射

“渐变映射”命令可以将相等的图像灰度范围映射到指定的渐变填充色。如果指定双色渐变填充，例如，图像中的阴影映射到渐变填充的一个端点颜色，高光映射到另一个端点颜色，则中间调映射到两个端点颜色之间的渐变。打开一个图像文件，如图 5-56 所示。选择“图像/调整/渐变映射”命令，可以打开“渐变映射”对话框，如图 5-57 所示。

图 5-56　图像文件

图 5-57 “渐变映射”对话框

在默认情况下，图像的阴影、中间调和高光分别映射到渐变填充的起始（左端）颜色、中点和结束（右端）颜色。选择“仿色”，可添加随机杂色以平滑渐变填充的外观并减少带宽效应。选择“反向”，可切换渐变填充的方向，从而反向渐变映射。如果要编辑渐变，可以单击对话框中的渐变色条，打开“渐变编辑器”进行修改。图 5-58 所示为“渐变编辑器”对话框，图 5-59 为修改后效果。

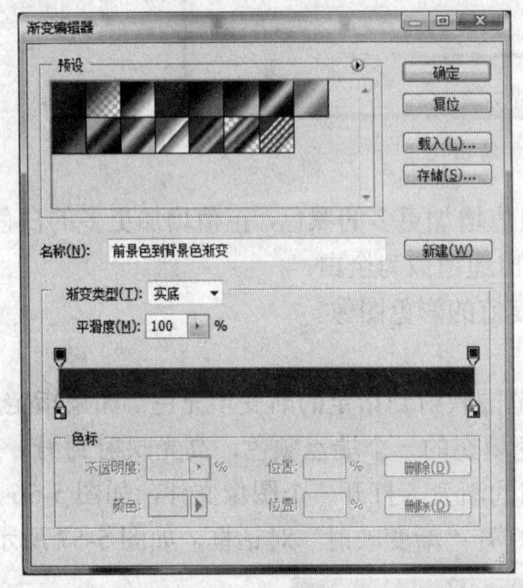

图 5-58 “渐变编辑器”对话框

图 5-59 修改后效果图

9. 照片滤镜

“照片滤镜”命令通过模仿在相机镜头前面加彩色滤镜，来调整通过镜头传输光色彩平衡和色温，或者使胶片曝光。打开一个图像文件，如图 5-60 所示。选择“图像/调整/照片滤镜”命令，可打开“照片滤镜”对话框，如图 5-61 所示。

图 5-60 图像文件

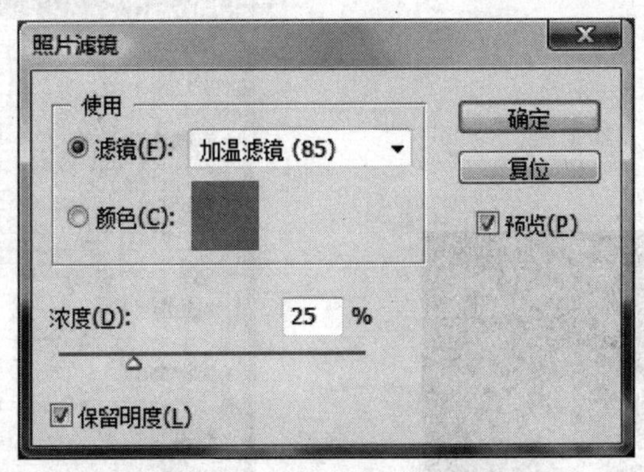

图 5-61 “照片滤镜”对话框

◆ 滤镜：在此选项的下拉列表中可以选择要使用的滤镜。加温滤镜（85 和 LBA）及冷却滤镜（80 和 LBB）用于调整图像中的白平衡的颜色转换滤镜。加温滤镜（81）和冷却滤镜（82）使用光平衡滤镜来对图像的颜色品质进行细微调整。加温滤镜（81）使图像变暖（变黄），冷却滤镜（82）使图像变冷（变蓝）。其他个别颜色的滤镜则根据所选颜色预设给图像应用色相调整。

◆ 颜色：选择此选项，然后单击右侧的颜色框，可以在打开的“拾色器”中自定义滤镜颜色。

◆ 浓度：可调整应用于图像的颜色数量。浓度越高，颜色调整的幅度就越大。

◆ 保留明度：选择此选项，可防止由于添加颜色而使图像变暗。

10. 阴影高光

“阴影/高光”命令适用于校正由强逆光而形成剪影的照片，或者校正由于太接近相机闪光灯而有些发白的焦点。在用其他方式采光的图像中，这种调整也可用于使阴影区域变亮。“阴影/高光”命令不是简单地使图像变亮或变暗，它基于阴影或高光中的周围像素（局部相邻像素）增亮或变暗。正因为如此，阴影和高光都有各自的控制选项。默认值设置为修复具有逆光问题的图像。“阴影/高光”命令还有“中间调对比度”滑块、“修剪黑色”选项和“修剪白色”选项，用于调整图像的整体对比度。

打开图像文件，如图 5-62 所示。选择“图像/调整/‘阴影/高光’”命令，打开“阴影/高光”对话框，如图 5-63 所示，按图中参数调整后效果如图 5-64 所示。

1）“阴影”选项组

“阴影”选项组中的选项用来调整图像的阴影区域。

◆ 数量：用来控制调整的强度。此值越高，阴影区域越亮。

◆ 色调宽度：可控制阴影色调的修改范围。较小的值会限制只对较暗区域进行阴影校正的调整，较大的值会增大将进一步调整为中间调的色调范围。但此值太高，则容易出现色晕。

◆ 半径：用来控制每个像素周围的局部相邻像素的大小。相邻像素用于确定像素是在阴影还是在高光中。向左移动滑块会指定较小的区域，向右移动滑块会指定较大的区域。

图 5-62　图像文件

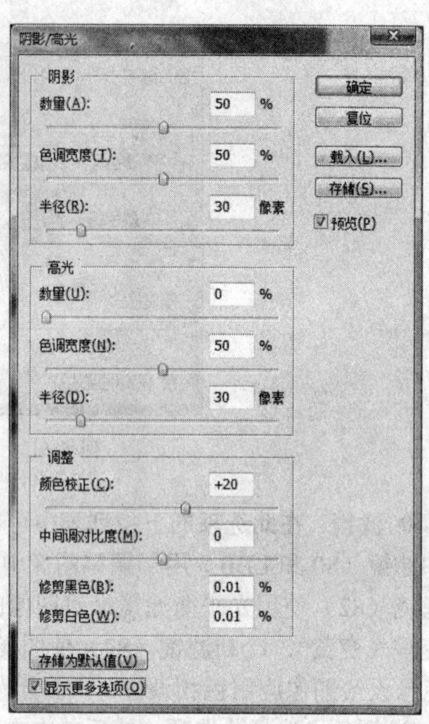

图 5-63　“阴影/高光”对话框

图 5-64　修改后效果

2）“高光”选项组

“高光”选项组中的选项用来调整图像的高光区域。

◆ 数量：用来控制调整的强度。此值越高，高光区域越暗。

◆ 色调宽度：可控制高光色调的修改范围。较小的值会限制只对较亮的区域进行校正，较大的值会影响更多的色调。

◆ 半径：用来控制每个像素周围的局部相邻像素的大小。

3）“调整”选项组

◆ 颜色校正：可以在已更改的图像区域中微调颜色。此调整仅适用于彩色图像。例如，通过增大阴影“数量”滑块的设置，可以将原图像中较暗的颜色显示出来。通常，增大这些值倾向于产生饱和度较大的颜色，而减小这些值则会产生饱和度较小的颜色。

◆ 中间调对比度：调整中间调中的对比度。向左移动滑块会降低对比度，向右移动会增加对比度。也可以在“中间调对比度”文本框中输入一个值。负值会降低对比度，正值会增加对比度。增大中间调对比度会在中间调中产生较强的对比度，同时倾向于使阴影变暗并使高光变亮。

◆ 修剪黑色/修剪白色：指在图像中会将多少阴影和高光剪切到新的极端阴影（色阶为 0）和高光（色阶为 255）颜色。值越大，生成图像的对比度越大。应小心操作，不要使剪切值太大，以免减小阴影或高光的细节（强度值会被作为纯黑或纯白色剪切并渲染）。

4）其他选项

◆ 存储为默认值：单击此按钮，可以将当前的参数设置存储到文件中。再次打开“暗部/高光”对话框时，会显示保存的参数。如果要恢复为默认的数值，可按住“Shift”键（“存储为默认值”按钮将变为“复位默认值”按钮）单击此按钮。

◆ 显示更多选项：选择此选项时，对话框中会显示其他的选项（包括“调整”选项组中的选项等），以便用户更精确地进行调整。

11. 曝光度

“曝光度”命令主要用于调整 HDR 图像的色调，但也可用于 8 位和 16 位图像。曝光度是通过在线性颜色空间（灰度系数 1.0）而不是图像的当前颜色空间执行计算而得出的。选择“图像/调整/曝光度”命令，可以打开“曝光度”对话框，如图 5-65 所示。

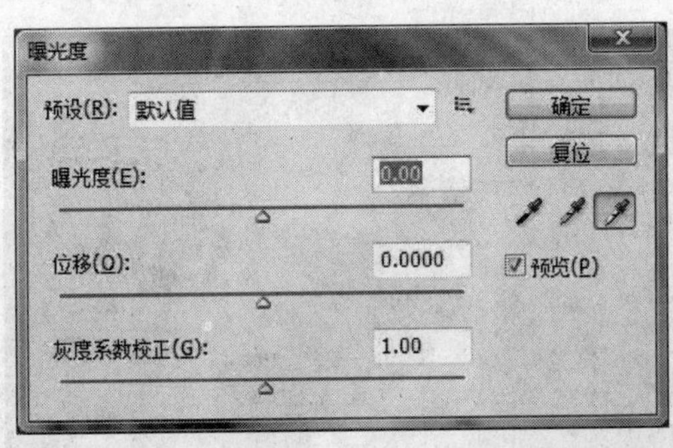

图 5-65 “曝光度”对话框

◆ 曝光度：调整色调范围的高光端，对极限阴影的影响很轻微。

◆ 位移：使阴影和中间调变暗，对高光的影响很轻微。

◆ 灰度系数校正：使用简单的乘方函数调整图像灰度系数。负值会被视为它们的相应正值（也就是说，这些值仍然保持为负，但仍然会被调整，就像它们是正值一样）。

◆ 吸管工具：调整图像的亮度值（与影响所有颜色通道的“色阶”吸管工具不同）。设置黑场吸管工具将设置“位移”，同时将单击的像素改变为零；设置白场吸管工具将设置“曝光度”，同时将单击的点改变为白色（对于 HDR 图像为 1.0）；设置灰场吸管工具将设置“曝光度”，同时将单击的值变为中度灰色。

5.1.3 其他调整命令

1. 反相

“反相”命令可以反转图像中的颜色。在对图像进行反相时，通道中每个像素的亮度值都会转换为 256 级颜色值标度上相反的值。例如，正片图像中值为 255 的像素会被转换为 0，值为 5 的像素会被转换为 250。在处理过程中，可以使用该命令创建边缘蒙版，以便向图像的选定区域应用锐化和其他调整。图 5-66 所示为原图，图 5-67 所示为执行“反相”命令后的效果。

图 5-66 原图

图 5-67 “反相”后效果

2. 色调均化

“色调均化”命令可以重新分布图像中像素的亮度值，以便它们更均匀地呈现所有范围的亮度级。此命令将重新映射复合图像中的像素值，使最亮的值呈现为白色，最暗的值呈现为黑色，而中间的值则均匀地分布在整个灰度中。当扫描的图像显得比原稿暗，如果想平衡这些值以产生较亮的图像时，可以使用“色调均化”命令处理。

打开图像文件，如图 5-68 所示，选择“图像/调整/色调均化”命令，即可进行色调均化操作。若想对部分图像区域进行色调均化，可在图像中创建需要色调均化的选区，再执行色调均化，图 5-69 所示为“色调均化”对话框。

图 5-68 图像文件

图 5-69 “色调均化”对话框

仅色调均化所选区域：仅均匀分布选区的像素，如图 5-70 所示。

图 5-70 均匀部分选区

基于所选区域色调均化整个图像：基于选区中的像素均匀地分布所有图像像素，如图 5-71 所示。

图 5-71 基于所选区域均化

3. 阈值

“阈值”命令将灰度或彩色图像转换为高对比度的黑白图像。打开一个图像文件，如图 5-72 所示，选择“图像/调整/阈值”命令，打开“阈值”对话框，如图 5-73 所示。“阈值”对话框显示当前选区中像素亮度级的直方图。拖移直方图下面的滑块，指定某个色阶作为阈值，所有比阈值亮的像素转换为白色，而所有比阈值暗的像素转换为黑色，如图 5-74 所示。

图 5-72 图像文件

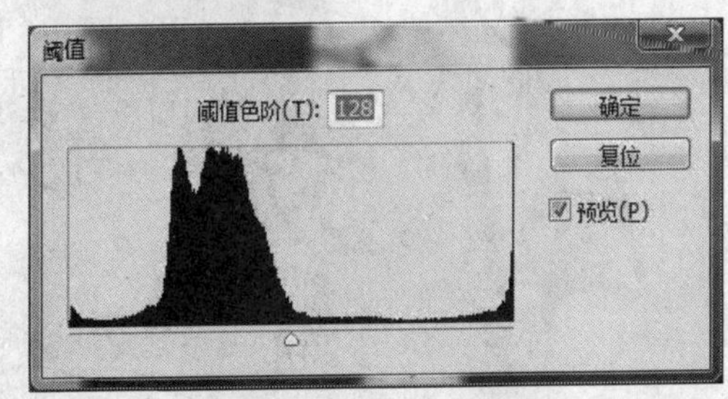

图 5-73 “阈值”对话框

图 5-74 修改后效果图

4. 色调分离

使用“色调分离”命令可以指定图像中每个通道的色调级（或亮度值）的数目，然后将像素映射为最接近的匹配级别。例如，在RGB图像中选取两个色调色阶将产生6种颜色：两种代表红色，两种代表绿色，另外两种代表蓝色。在照片中创建特殊效果，如创建大的单调区域时，此命令非常有用。当减少灰色图像中的灰阶数量时，它的效果最为明显，但它也会在彩色图像中产生有趣的效果。

打开一个图像文件，如图 5-75 所示，选择“图像/调整/色调分离”命令，可以打开“色调分离”对话框，如图 5-76 所示，输入所需色调色阶数，然后确定，即可对图像进行色调分离，如图 5-77 所示。

图 5-75　图像文件

图 5-76　“色调分离”对话框

5. 变化

“变化”命令对于不需要精确颜色调整的平均色调图像最为有用，它通过显示替代图像的缩览图，使用户可以调整图像的色彩平衡、对比度和饱和度。此命令不适用于索引颜色图像或16位/通道的图像。选择“图像/调整/变化”命令，可以打开“变化”对话框，如图 5-78 所示。

图 5-77　调整后效果图

图 5-78　“变化”对话框

◆ 对话框顶部的两个缩览图：对话框顶部的“原稿”与“当前挑选”缩览图分别代表了原图像和当前调整结果图像。打开第一次对话框时，这两个图像是一样的，随着调整的进行，“当前挑选”图像将实时显示调整结果。单击“原稿”缩览图，可将图像还原为调整前的状态。

◆ 对话框左侧的 7 个缩览图：在对话框左下角的 7 个缩览图中，“当前挑选”缩览图也是用来显示调整后的图像效果的，另外 6 个缩览图则用于调整颜色。单击其中任何一个缩览图可将相应的颜色添加到图像中，例如，要添加红色，可单击“加深红色”缩览图。如果要减去某种颜色，可单击与它相反的颜色缩览图，例如，要减去红色，可单击“加深青色”缩览图。单击缩览图的效果是累积的，例如，单击两次“加深青色”缩览图，可应用两次调整。

◆ 对话框右侧的 3 个缩览图：在对话框右侧的 3 个缩览图中，单击“较亮”，可以使图像变亮，单击“较暗”，可以使图像变暗。中间的“当前挑选”缩览图显示了调整后的图像效果。

◆ 阴影/中间色调/高光：可选择调整图像较暗的区域、中间区域或较亮的区域。

◆ 饱和度：选择此选项，对话框中会显示 3 个缩览图，单击“减少饱和度”和“增加饱和度”缩览图可以减少或增加图像的饱和度。在增加饱和度时，如果超出了最大的颜色饱和度，则颜色会被剪切。

◆ 精细/粗糙：拖移“精细/粗糙”滑块可以确定每次调整的量。滑块每移动一格可使调整量双倍增加。

◆ 显示修剪：可以显示图像中溢色的区域。

5.2 精彩案例

5.2.1 偏紫照片修复

修复前效果

修复后效果

① 打开素材“偏紫照片.jpg”文件，如图 5-79 所示，在“图层”面板中，复制“背景”图层得到新的“图层 1”图层，如图 5-80 所示。

② 为了对图像的颜色进行校正，可以执行“图像/调整/色阶”命令，如图 5-81 所示。

图 5-79　偏紫照片

图 5-80　复制图层

② 为了对图像的颜色进行校正，可以执行“图像/调整/色阶”命令，如图 5-81 所示。

③ 执行上一步操作后，打开“色阶”对话框，在该对话框中设置通道为“红”通道，然后输入色阶参数为 0、0.74、255，此时图像中的红色调被消除，如图 5-82 所示。

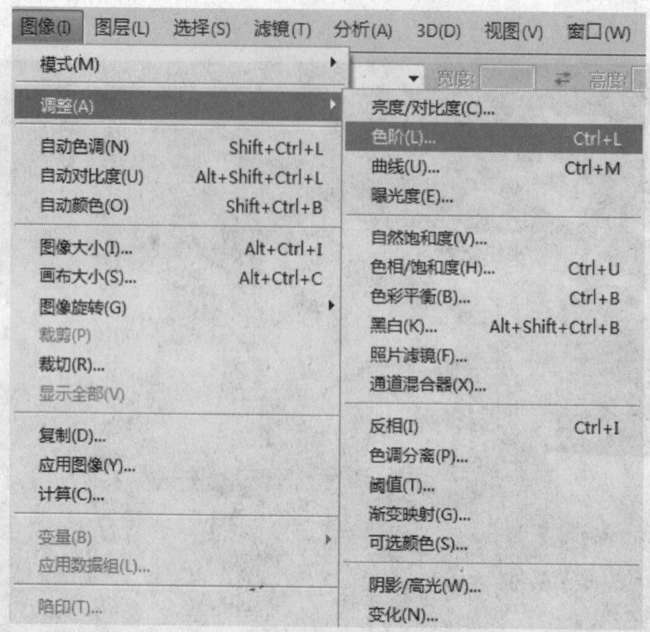

图 5-81 色阶菜单

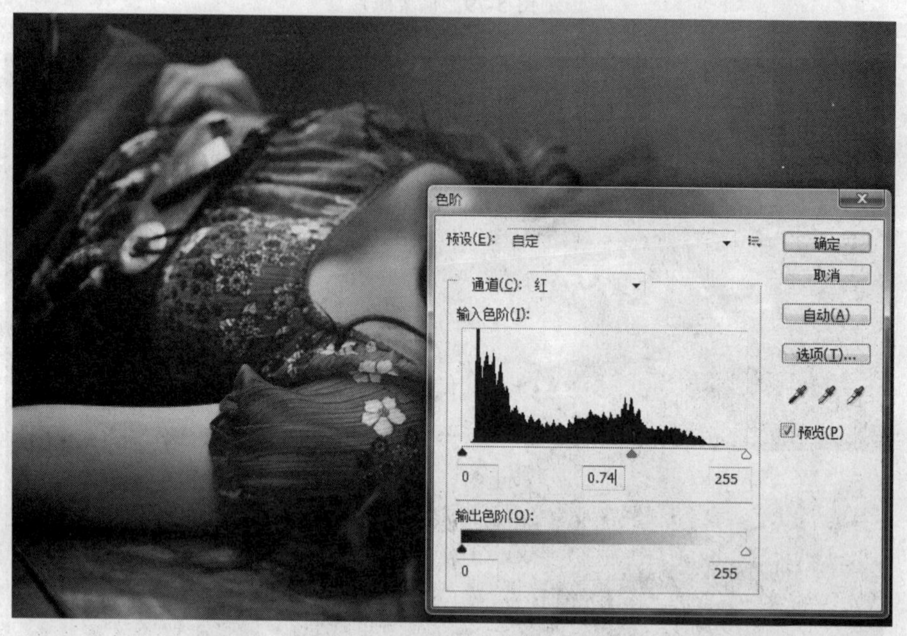

图 5-82 调整“色阶”后效果

④ 执行上一步的操作后，在“色阶”对话框中设置通道为“蓝”通道，输入色阶参数 0、0.44、255，然后即可在图像中消除蓝色调，如图 5-83 所示。

⑤ 执行上一步操作后，在“色阶”对话框中设置通道为“RGB”后，再输入色阶参数 19、1.21、255，此时图像中的 RGB 色调被消除，如图 5-84 所示，色彩渐渐恢复正常，设置完成后单击“确定”按钮。

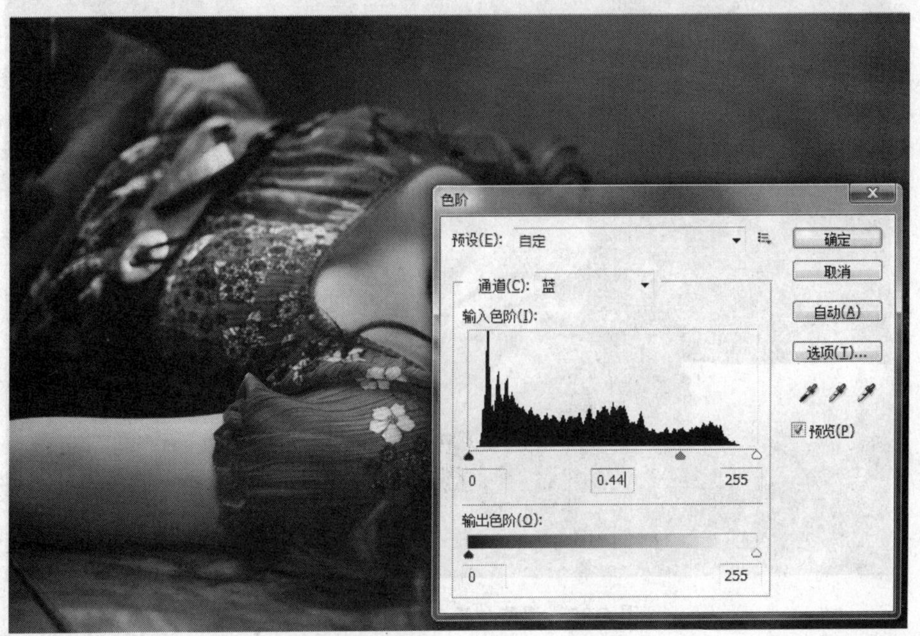

图 5-83 调整“色阶”后效果

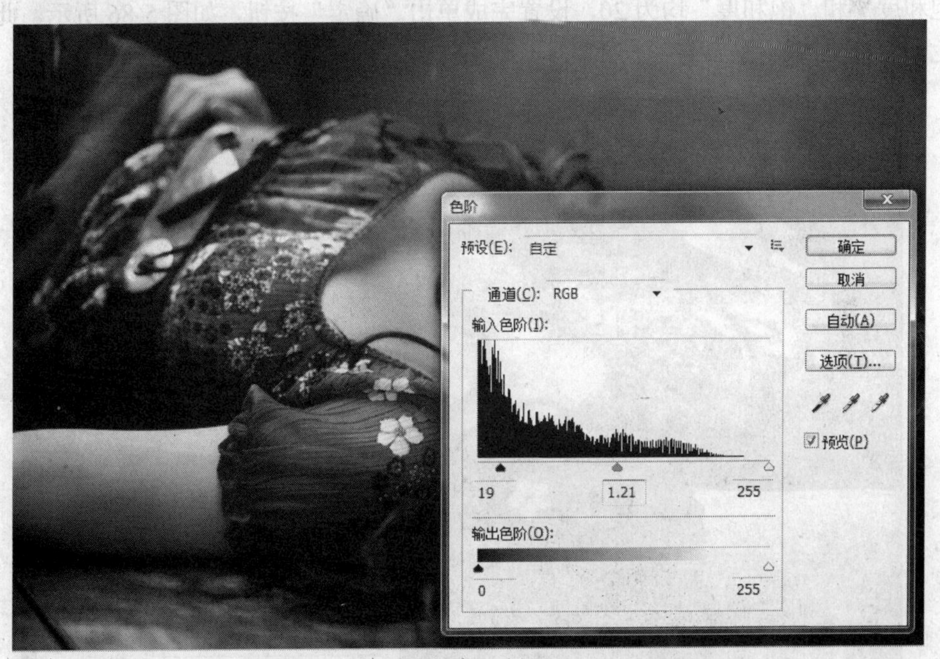

图 5-84 调整“色阶”后效果

⑥ 执行“图像/调整/‘亮度/对比度’”命令，打开“亮度/对比度”对话框，设置“亮度”为 28，“对比度”为 14，完成后单击“确定”按钮，如图 5-85 所示，在图像中可以看到，图像色彩变得更加明亮。

图 5-85　调整“亮度/对比度”后效果

⑦ 执行“图像/调整/自然饱和度”命令，打开“自然饱和度”对话框，设置参数“自然饱和度”和“饱和度”均为 20，设置完成单击“确定”按钮，如图 5-86 所示，此时图像色彩变得更加鲜艳。

图 5-86　调整“自然饱和度”后效果

⑧ 执行“图像/调整/曲线”命令，打开“曲线”对话框，将通道设置为 RGB，然后对曲线进行调整，如图 5-87 所示，设置完成后单击“确定”按钮。

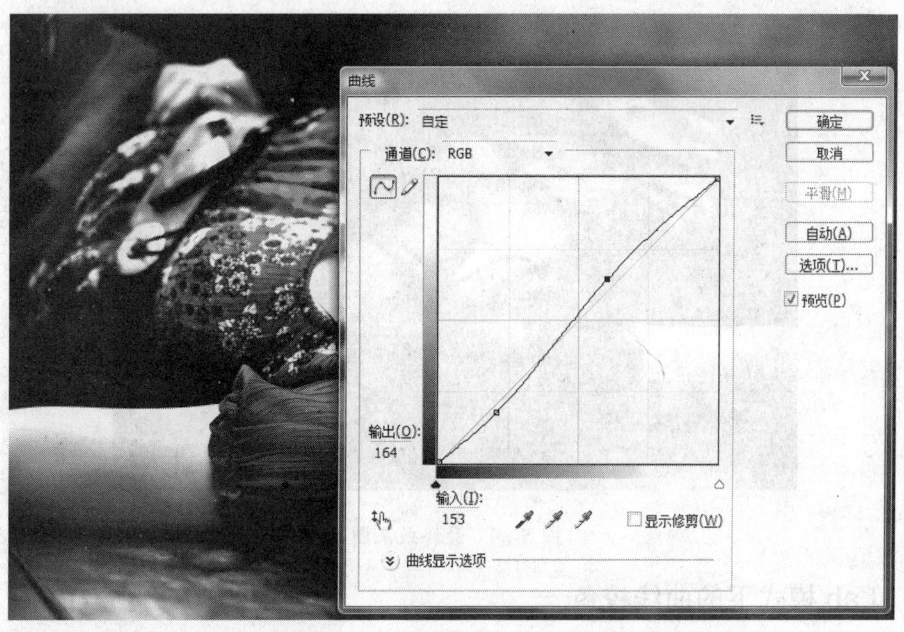

图 5-87 调整“曲线”后效果

⑨ 继续在“曲线”对话框中设置通道为“绿”，再将曲线微微向下调整，如图 5-88 所示，设置完成后单击“确定”按钮。

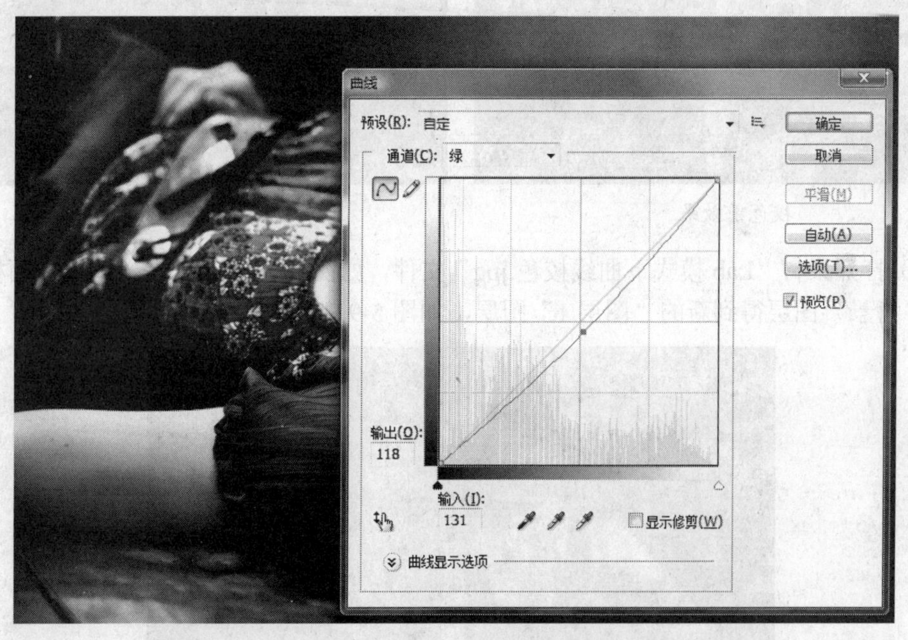

图 5-88 调整“曲线”后效果

⑩通过前两个步骤对图像的 RGB 和绿通道进行曲线设置后，在画面中可以看到图像的色彩会变得更加鲜艳和明亮，最终效果如图 5-89 所示。

图 5-89　最终效果图

5.2.2　Lab 模式下的曲线校色

校色前效果

校色后效果

① 打开素材“Lab 模式下曲线校色.jpg”文件，如图 5-90 所示，在“图层”面板中，复制“背景”图层得到新的“图层 1”图层，如图 5-91 所示。

图 5-90　待校色照片

图 5-91 复制图层

② 执行“图像/模式/Lab 颜色”命令，弹出一个警告对话框，单击“不拼合”按钮，如图 5-92 所示。

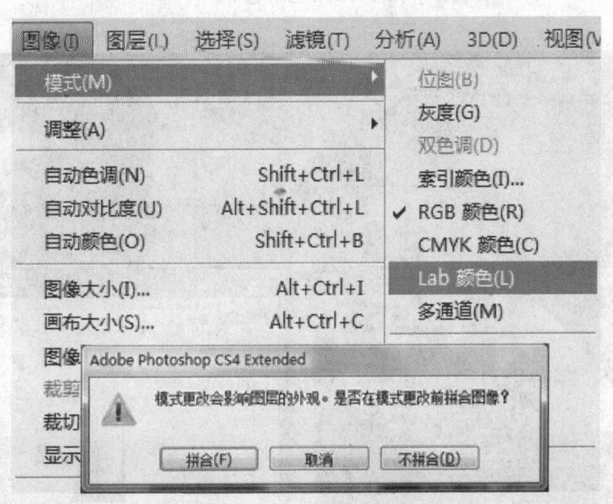

图 5-92 转换 Lab 模式

③ 执行“图像/调整/色阶”命令，打开“色阶”对话框，设置“通道”为 a 通道，并设置“输入色阶”的参数 0、1.11、255，如图 5-93 所示，设置完成后单击“确定”按钮。

④ 继续在“色阶”对话框中设置“通道”为 b 通道，然后设置“输入色阶”参数 0、0.65、255，如图 5-94 所示，设置完成后单击“确定”按钮。

⑤ 执行前两个步骤的操作后，在画面中可以看到图像的整体色调渐渐恢复正常，如图 5-95 所示。

图 5-93　色阶修改

图 5-94　色阶修改

⑥ 执行“图像/调整/照片滤镜”命令，打开“照片滤镜”对话框，设置“滤镜”为“冷却滤镜（82）”，“浓度”为 10%，如图 5-96 所示。设置完成后单击“确定”按钮。

图 5-95　修改后效果

图 5-96　“照片滤镜”设置

⑦ 执行“图像/自动色调”命令，对照片的整体色调进行自动调整，如图 5-97 所示。

⑧ 执行“图像/调整/色阶”命令，打开“色阶”对话框，设置“通道”为“明度”，然后设置“输入色阶”参数为 48、1.05、255，如图 5-98 所示。设置完成后单击“确定”按钮。

图 5-97 “自动色调”调整

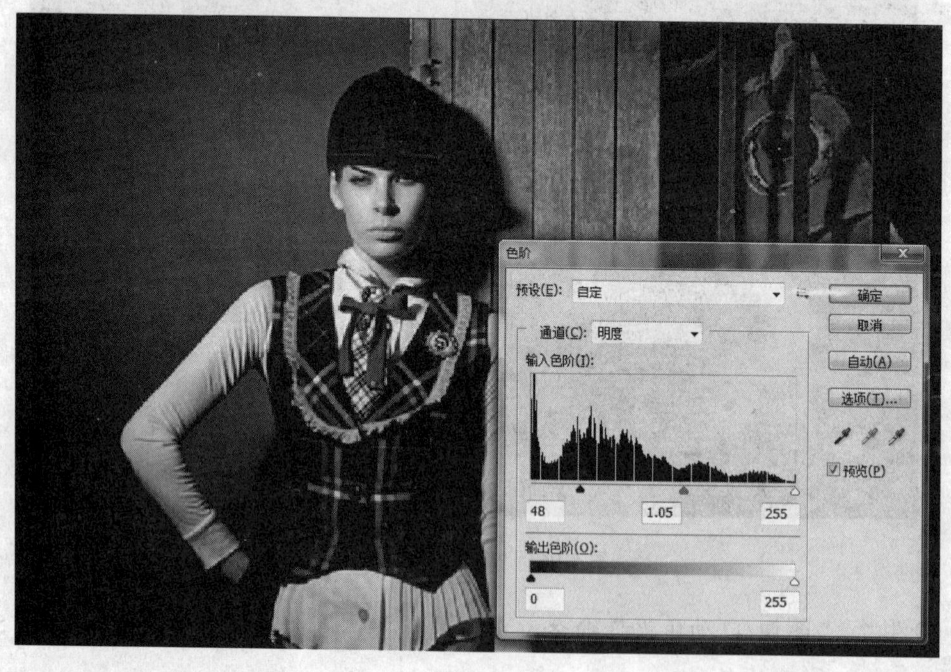

图 5-98 色阶修改

⑨ 执行上一步的设置后在画面中可以看到图像的阴影和高光对比更强烈，图像整体更具美感，最终效果如图 5-99 所示。

图 5-99　最终效果图

第 6 章　图层样式与混合模式

6.1　知 识 讲 解

6.1.1　图层的基本操作

“图层”的概念在 Photoshop 中非常重要，它是构成图像的重要组成单位，许多效果可以通过对层的直接操作而得到，用图层来实现效果是一种直观而简便的方法。

打个比方说，在一张张透明的玻璃纸上作画，透过上面的玻璃纸可以看见下面纸上的内容，但是无论在上一层上如何涂画都不会影响到下面的玻璃纸，上面一层会遮挡住下面的图像。最后将玻璃纸叠加起来，通过移动各层玻璃纸的相对位置或者添加更多的玻璃纸即可改变最后的合成效果，原理如图 6-1 所示。

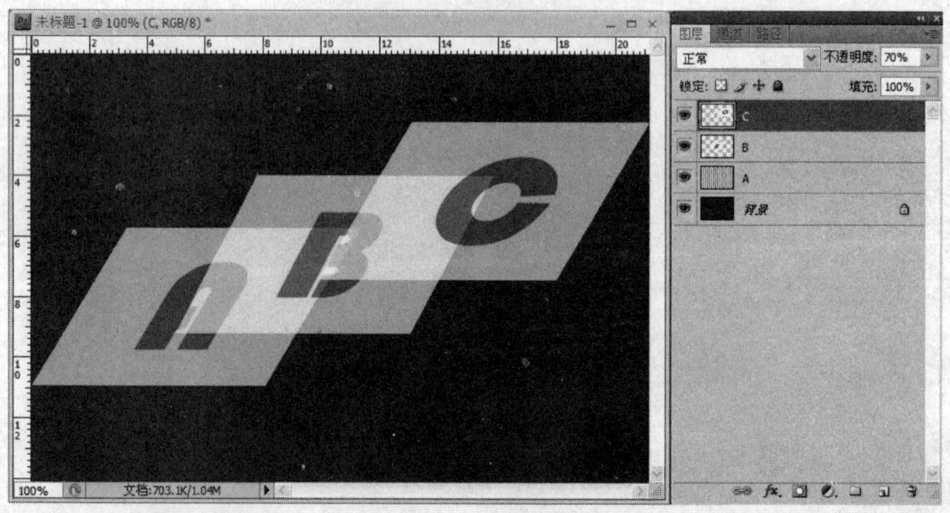

图 6-1　图层原理

每个图层均由很多像素组成，并相互叠加来组成整个图像。“图层”被存放在“图层”调板中，并分多种类型，其中包含当前图层、文字图层、背景图层、智能对象图层等。执行菜单“窗口/图层”命令即可打开“图层”调板，图层调板内容如图 6-2 所示。

调板中各按钮选项的含义如下：

◆ 混合模式：用来设置当前图层中图像与下面图层中图像的混合效果。

◆ 不透明度：用来设置当前图层的透明程度。

◆ 锁定透明像素：图层透明区域将会被锁定，此时图层中的不透明部分可以被移动并可以对其进行编辑，例如使用画笔在图层上绘制时只能在有图像的地方绘制。

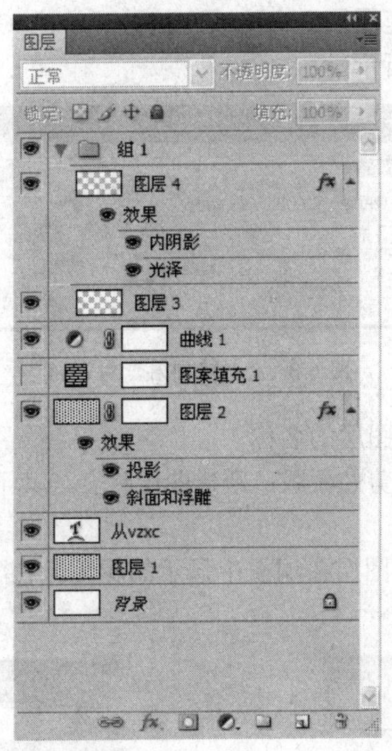

图 6-2 “图层”调板

◆ 锁定图像像素：图层内的图像可以被移动和变换，但不能对该图层进行填充、调整或应用滤镜。

◆ 锁定位置：图层内的图像可以被移动和变换，但是不能对该图层进行编辑。

◆ 锁定全部：用来锁定图层的全部编辑功能。

◆ 调板菜单：单击此按钮可弹出“图层”调板的编辑菜单，用于在图层中的编辑操作。

◆ 图层的显示与隐藏：单击即可将图层在显示与隐藏之间转换。

◆ 图层：用来显示“图层”调板中可以编辑的各种图层。

◆ 链接图层：可以将选中的多个图层进行链接。

◆ 添加图层样式：单击此按钮可弹出“图层样式”下拉列表，在其中可以选择相应的样式到图层中。

◆ 添加图层蒙版：单击此按钮可为当前图层创建一个蒙版。

◆ 新建填充或调整图层：单击此按钮在下拉列表可以选择相应的填充或调整命令，之后会在“调整”调板中进行进一步的编辑。

◆ 新建图层组：单击此按钮会在“图层”调板中新建一个用于放置图层的组。

◆ 新建图层：单击此按钮会在“图层”调板中新建一个空白图层。

◆ 删除图层：单击此按钮可以将当前图层从“图层”调板中删除。

1. 新建图层

新建图层指在原有图层或图像上新建一个可以参与编辑的空白图层，创建图层可以通过“图层”菜单或直接通过“图层”调板完成。具体方法如下：

① 执行菜单“图层/新建图层”命令或直接按“Shift+Ctrl+N”组合键，可打开“新建图层”对话框，如图 6-3 所示。

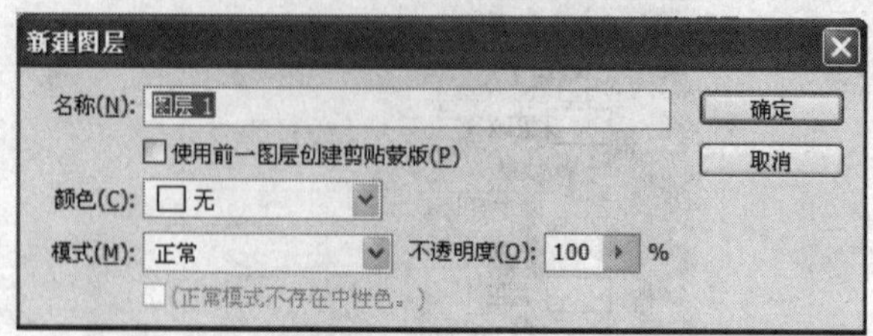

图 6-3 “新建图层”对话框

◆ 名称：用来设置新建图层的名称。

◆ 使用前一个图层创建剪贴蒙版：新建图层将会与其下面的图层创建剪贴蒙版，如图 6-4 所示。

◆ 颜色：用来设置新建图层在调板中显示的颜色，在下拉列表中选择“红色”，效果如图 6-5 所示。

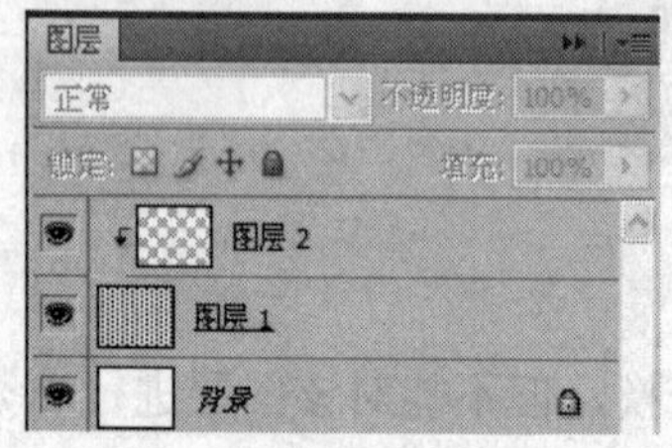

图 6-4 剪贴蒙版

图 6-5 图层显示颜色

◆ 模式：用来设置新建图层与下面图层的混合效果。

◆ 不透明度：用来设置新建图层的透明程度。

◆ 正常模式不存在中性色：该选项只有选择除“正常”以外的模式时才会被激活，并以该模式的 50%灰色填充图层，如图 6-6 所示。

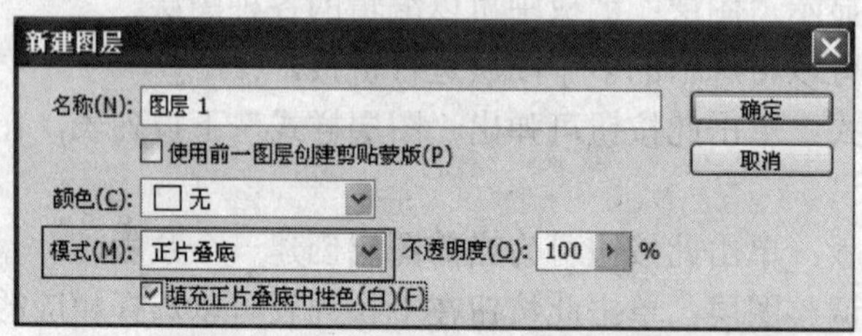

图 6-6 以 50%中性灰色填充图层

② 在“图层”调板中单击“创建新图层”按钮 ，在“图层”调板中就会新创建一个图层，如图 6-7 所示。

2. 选择图层

用鼠标在“图层”调板中的图层上单击即可选择该图层并将其变为当前工作图层。按住“Ctrl”键或“Shift”键在调板中单击不同图层可以选择多个图层。

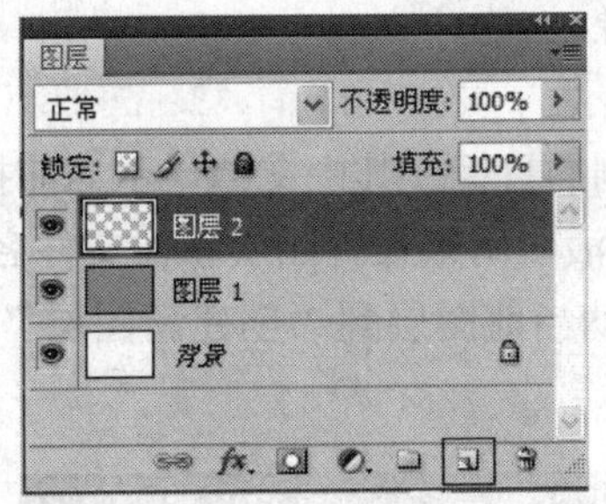

图 6-7　创建新图层

3. 链接图层

链接图层可将两个或两个以上的图层链接在一起，被链接的图层可以被一同移动或变换。链接方法是在“图层”调板中按住“Ctrl”键，在要链接的图层上单击选中后，再单击“图层”调板中的“链接图层”按钮，此时在调板中会在链接图层中出现链接符号，如图 6-8 所示。

4. 显示与隐藏

显示与隐藏图层可以将被选择图层中的图像在文档中进行显示与隐藏。方法是在“图层”调板中单击图标即可将图层在显示与隐藏之间切换，如图 6-9 所示。

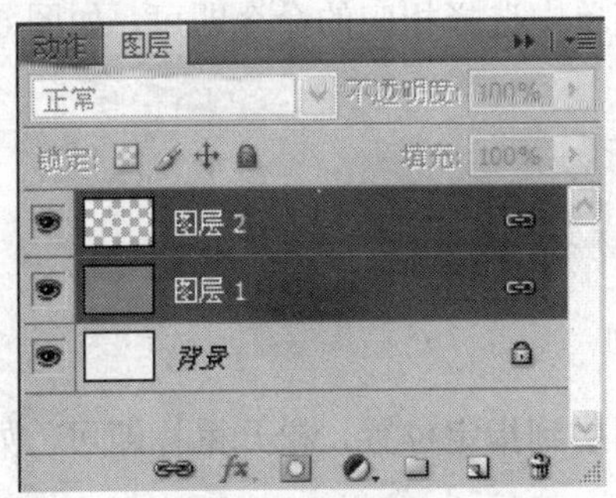

图 6-8　链接图层

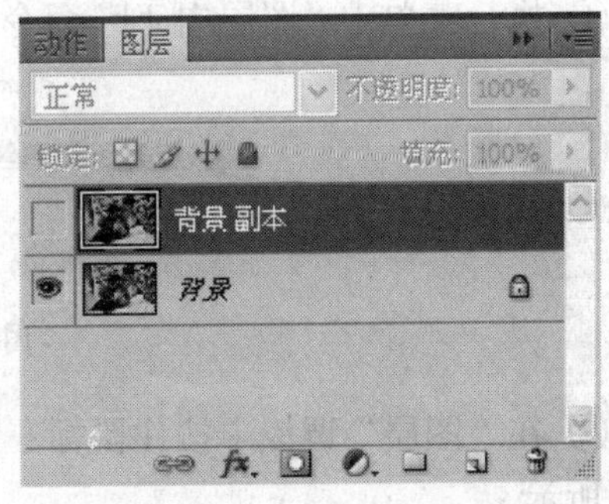

图 6-9　显示与隐藏图层

5. 复制图层

复制图层指生成一个图层副本，该操作可以在“图层”菜单中或直接在“图层”调板中完成，方法如下：

① 执行菜单中“图层/复制图层”命令，打开如图 6-10 所示的“复制图层”对话框。

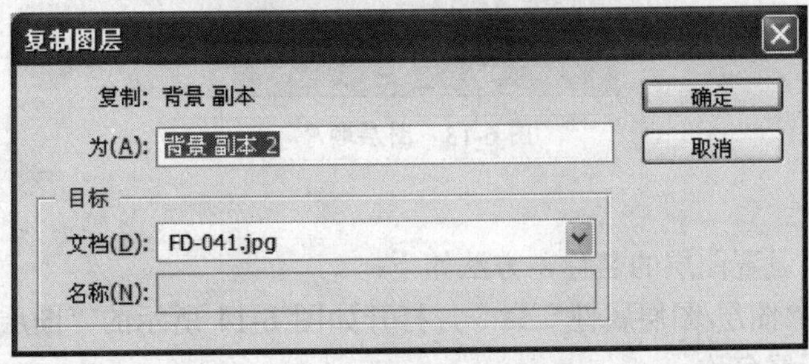

图 6-10　“复制图层”对话框

◆ 复制：被复制的源图像。

◆ 为：副本图像的名称。

◆ 目标：用来设置被复制的目标。其中文档显示当前打开文件名称，名称则当文档下拉列表为“新建”时才被激活，用来设置图层新建文件名称。

② 在“图层”调板中拖动当前图层到“创建新图层”按钮上，即可得到该图层的副本，如图 6-11 所示。

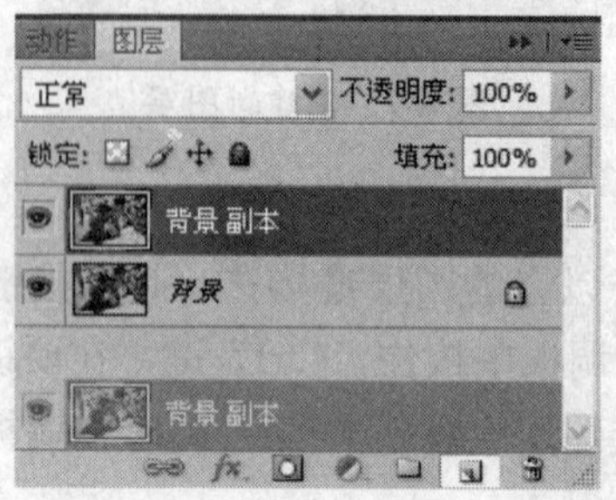

图 6-11　复制图层

6. 图层顺序

更改指定图层在“图层”调板中的顺序，方法如下：

① 执行菜单中“图层/排列”命令，在弹出子菜单中选择相应的命令即可，如图 6-12 所示。

图 6-12　图层排列

② 在“图层”调板中按住鼠标左键拖动当前图层到指定位置，松开鼠标即可，如图 6-13 所示。

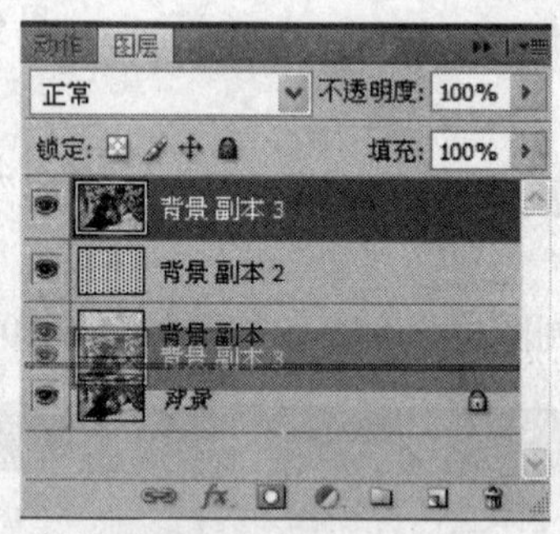

图 6-13　图层顺序

7. 图层命名

为图层命名即设置图层的名称，方法如下：

① 执行菜单“图层/图层属性”命令，打开如图 6-14 所示的“图层属性”对话框，在对话框内设置图层名称。

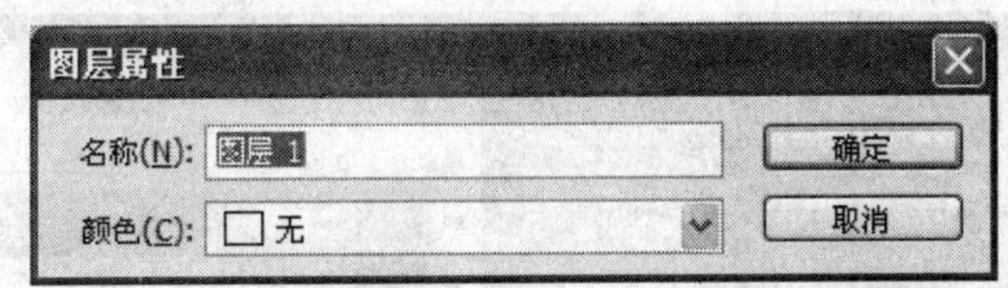

图 6-14 “图层属性”对话框

② 在“图层”调板中选择要命名的图层，用鼠标双击图层名称，激活名称文本框，输入名称，按“Enter”键完成命名，如图 6-15 所示。

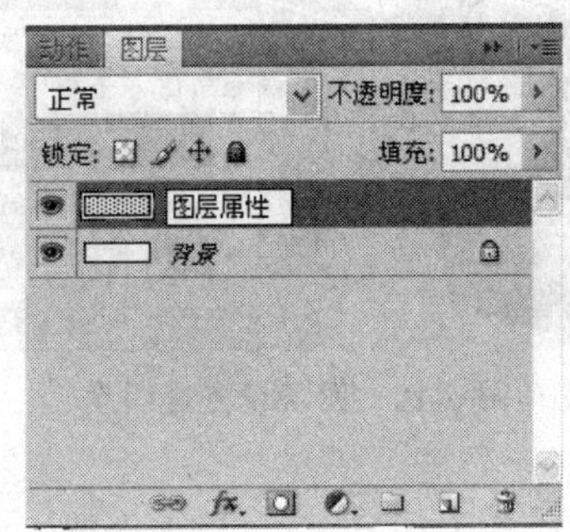

图 6-15 图层命名

8. 删除图层

删除图层即从“图层”调板中清除，方法如下：

① 执行菜单“图层/删除/图层”命令，可以打开如图 6-16 所示警告对话框，单击“是”按钮即可删除图层。

② 在“图层”调板中拖动选择的图层到“删除”按钮上，即可删除图层，如图 6-17 所示。

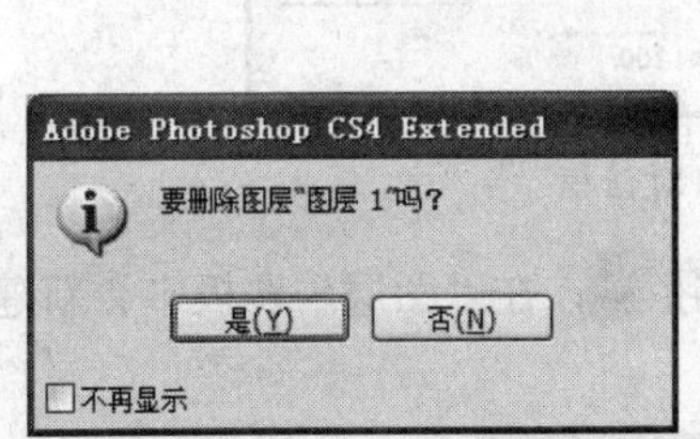

图 6-16 警告对话框

图 6-17 删除图层

9. 图层透明度

图层不透明度是指当前图层中图像的透明程度，调整方法是在文本框中输入百分比或控制滑块，数值越小图像越透明，取值范围为 0%～100%，如图 6-18 所示。

10. 图层填充透明度

填充不透明度是指图层中实际图像的透明程度，图层中的图层样式不受影响。调整方法与图层透明度相同，如图 6-19 所示。

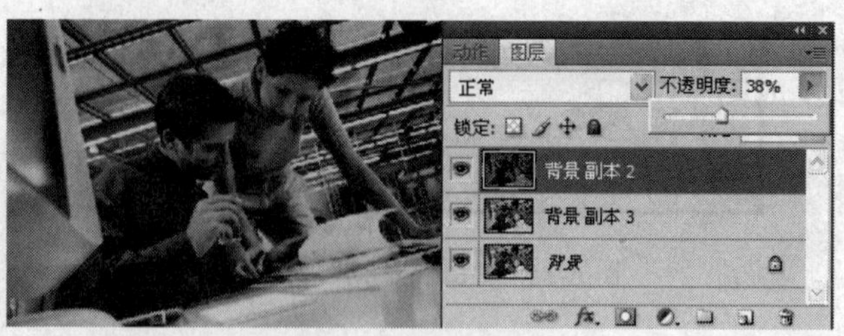

图 6-18 图层透明度

图 6-19 图层填充透明度

6.1.2 图层组与合并

图层组与合并是对图层进行管理的方式，图层组可以将关联的图层整合在一起，并实现同步操作，而合并图层可以减少图层数量，避免不必要的编辑冗余，节省磁盘空间。

1. 新建图层组

新建图层组指在“图层”调板中建立一个用于存放图层的图层组，创建方法如下：

① 执行菜单“图层/新建/组”命令，可以打开“新建组”对话框，设置完毕后单击“确定”按钮即可建立一个新的图层组，如图 6-20 所示。

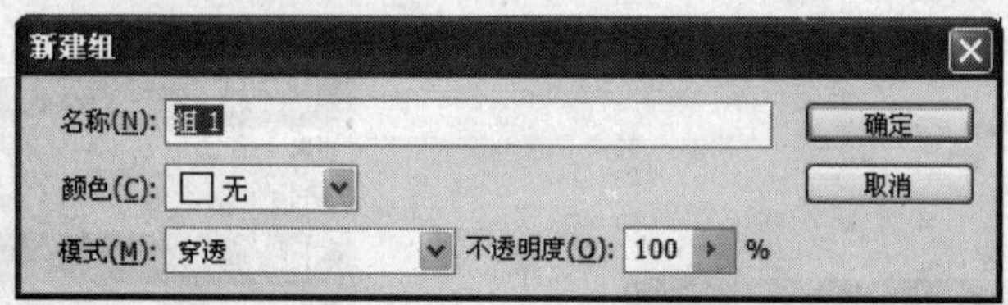

图 6-20 “新建组”对话框

② 在“图层”调板中单击“新建图层组”按钮，在“图层”调板中会新建一个图层组，如图 6-21 所示。

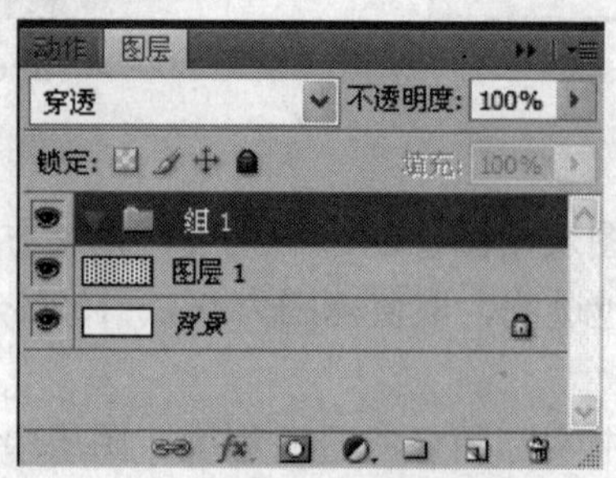

图 6-21 新建图层组

2. 复制图层组

复制图层组即生成图层组的副本，方法如下：

① 执行菜单“图层/复制组”命令，可以打开“复制组”对话框，设置好参数后确定即可实现，如图 6-22 所示。

② 在“图层”调板中拖动当前图层组到“创建新图层”按钮上，即可得到图层组副本，如图 6-23 所示。

图 6-22 “复制组”对话框

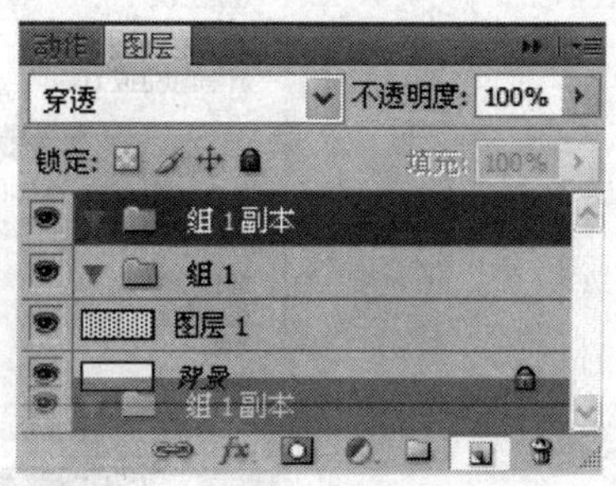

图 6-23 复制图层组

3. 删除图层组

删除图层组的方法与删除图层的方法相同，执行菜单“图层/删除/组”命令或拖动组到“删除”按钮上，即可删除图层组。注意：如果图层组中包含图层则将一并被删除。

4. 图层组中图层的移入与移出

移入图层组的方法：在“图层”调板中拖动图层到图层组上，松开鼠标即可，如图 6-24 所示。

移出图层组的方法：在“图层”调板中拖动图层到图层组外侧，松开鼠标即可，如图 6-25 所示。

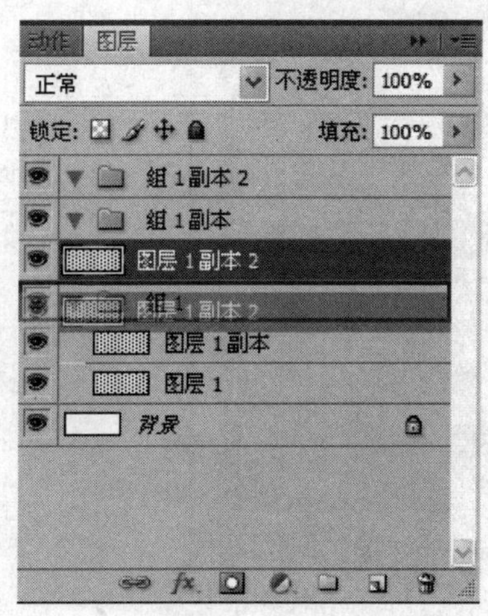

图 6-24 移入图层到图层组

图 6-25 从图层组移出图层

5. 创建图层编组

创建图层编组是指在“图层”调板中选择图层放入新建的组中，创建方法是在“图层”调板中选择要编组的图层，执行菜单“图层/图层编组”命令，即可将选择的图层放置到一个图层组中，如图 6-26 所示。

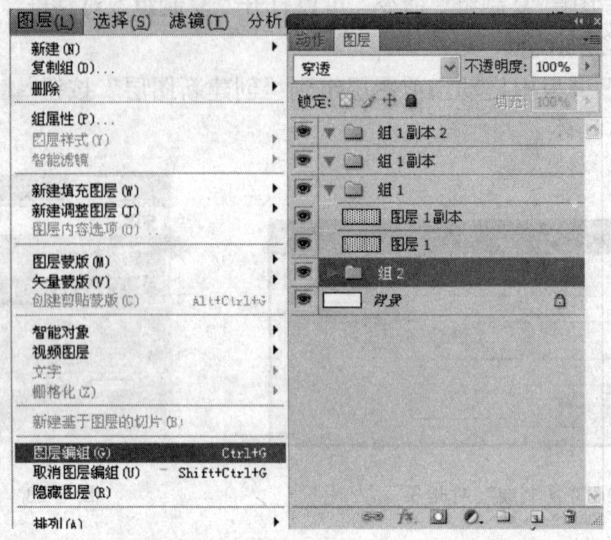

图 6-26 创建图层编组

6. 取消图层编组

取消图层编组是指将图层编组中的图层都释放到图层调板中，解散分组，取消图层编组的方法是在“图层”调板中选择组后，执行菜单“图层/取消图层编组”命令，即可将当前编组取消，如图 6-27 所示。

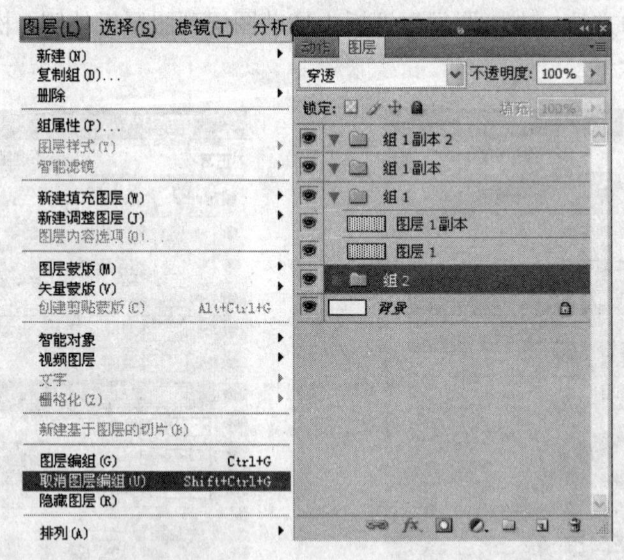

图 6-27 取消图层编组

7. 拼合图像

拼合图层可以将多个可见的图层图像合并为一个图层，被隐藏的图层将会被删除，执行菜单“图层/拼合图像”命令即可完成拼合。

8. 向下合并图像

向下合并图层可以将当前图层与下面的一个图层合并，执行菜单“图层/合并图层”命令或按“Ctrl+E”组合键，即可完成向下合并图像。注意：只能合并可见图层。

9. 合并可见图层

合并可见图层可以将图层调板中显示的图层合并为一个图层，隐藏图层不会被合并，执行菜单“图层/合并可见图层”命令或按“Shift+Ctrl+E”组合键即可实现合并。

10. 合并选择图层

合并选择图层可以将调板中被选择的图层合并为一个图层，选择两个或两个以上的图层，执行菜单“图层/合并图层”命令或按“Ctrl+E”组合键即可实现合并。

11. 盖印图层

盖印图层可以将调板中显示的图层合并到一个新图层中，原来的图层还存在。按“Ctrl+Shift+Alt+E”组合键即可实现盖印。

12. 合并图层组

合并图层组可以将整个图层组中的图像合并为一个图层，在调板中选择图层组后，执行菜单“图层/合并组”命令，即可实现合并图层组。

6.1.3 图层混合模式

图层混合模式在图像处理及效果制作中被广泛应用，特别是在多个图像合成方面更有其独特的作用。图层混合模式通过将图层中的像素与下面图像中的像素相混合从而产生奇幻效果，挡“图层”调板中存在两个以上图层时，在上面图层设置“混合模式”后，会在“工作窗口”中看到设置后的效果。

1. 色彩概念

◆ 基色：指图像中原有色彩，即运用混合模式时，两个图层中下面的图层。

◆ 混合色：指通过绘制或编辑工具应用的颜色，即运用混合模式时，两个图层中上面的图层。

◆ 结果色：指应用混合模式后的色彩。

2. 混合模式

以两个图层图像图 6-28 和图 6-29 为例，进行图层混合模式设置操作，在图层调板中点击混合模式下拉列表，如图 6-30 所示。

图 6-28　上面图层

图 6-29　下面图层

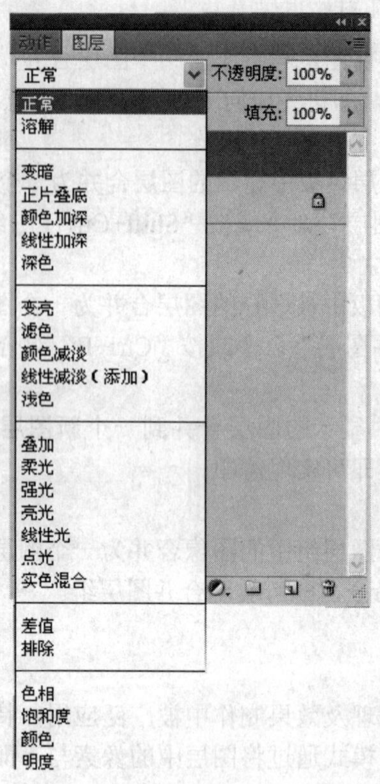

图 6-30 混合模式下拉列表

◆ 正常：系统默认的混合模式，“混合色”的显示与不透明度的设置有关系。当“不透明度”为 100%，上面图层中图像区域会覆盖下面图层中该部位的区域。只有“不透明度”小于 100%时才能实现简单的图层混合，图 6-31 所示效果为不透明度为 60%的情况。

◆ 溶解：当不透明度为 100%时该项不起作用，只有透明度小于 100%时，“结果色”由“基色”或“混合色”的像素随机替换，效果如图 6-32 所示。

◆ 变暗：选择“基色”或“混合色”中较暗的色彩作为“结果色”。比“混合色”亮的像素被替换，比“混合色”暗的像素保持不变。“变暗”模式将导致比背景颜色淡的颜色从“结果色”中被丢去，效果如图 6-33 所示。

◆ 正片叠底：将“基色”或“混合色”复合。“结果色”总是较暗的颜色。任何颜色与黑色相复合都产生黑色。任何颜色与白色相复合都保持不变，效果如图 6-34 所示。

图 6-31 正常模式

图 6-32 溶解模式

图 6-33 变暗模式

图 6-34 正片叠底

◆ 颜色加深：通过增加对比度使基色变暗以反映“混合色”，若与白色混合不会有变化。“颜色加深”模式创建的效果同“正片叠底”模式比较类似，如图 6-35 所示。

◆ 线性加深：通过减小亮度使“基色”变暗以反映“混合色”。如果“混合色”与“基色”中白色相混合，将不会有变化，如图 6-36 所示。

◆ 深色：两个图层混合后，通过“混合色”中较亮区域被“基色”替换来显示“结果色”，如图 6-37 所示。

◆ 变亮：选择“基色”或“混合色”中较亮的颜色作为“结果色”。比“混合色”暗的像素被替换，比“混合色”亮的像素保持不变。变亮模式下，较淡的颜色区域在“结果色”中占大部分。较暗区域并不出现在“结果色”中，如图 6-38 所示。

图 6-35 颜色加深

图 6-36 线性加深

图 6-37 深色模式

图 6-38 变亮模式

◆ 滤色：“滤色”模式与“正片叠底”正好相反，它将图像的“基色”颜色与“混合色”颜色结合起来产生比两种颜色都浅的第三种颜色，如图 6-39 所示。

◆ 颜色减淡：通过降低对比度使“基色”变亮以反映“混合色”。与黑色混合没有变化，此模式的应用将使“基色”上的暗区消失，如图 6-40 所示。

◆ 线性减淡：通过提高亮度使“基色”变亮以反映“混合色”。与黑色混合没有变化，如图 6-41 所示。

◆ 浅色：两个图层混合后，通过“混合色”中较暗的区域被“基色”替换来显示“结果色”，效果与“变亮”模式类似，如图 6-42 所示。

图 6-39 滤色模式

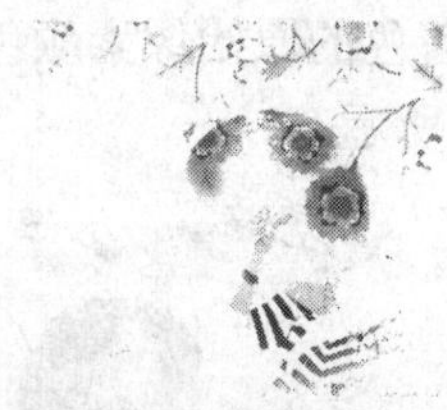

图 6-40 颜色减淡

图 6-41 线性减淡

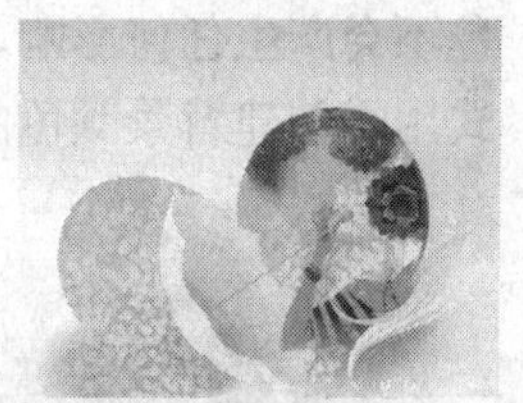

图 6-42 浅色模式

◆ 叠加：把图像的“基色”与“混合色”相混合产生一种中间色。“基色”比“混合色”暗的颜色会加深，比“混合色”亮的颜色将被遮盖，而图像内的高光部分和阴影部分保持不变，因此，对黑色或白色像素着色时，“叠加”模式不起作用，如图 6-43 所示。

◆ 柔光：可以产生一种柔光照射的效果。如果“混合色”比“基色”的像素更亮一些，那么“结果色”颜色将更亮；如果“混合色”比“基色”的像素更暗一些，那么“结果色”颜色将更暗，使图像的亮度反差增大，如图 6-44 所示。

◆ 强光：可以产生一种强光照射的效果。如果“混合色”比“基色”的像素更亮一些，那么“结果色”颜色将更亮；如果“混合色”比“基色”的像素更暗一些，那么“结果色”颜色将更暗。除了根据背景中的颜色而使背景色变为多重的或屏蔽的之外，这种模式实质上同“柔光”模式是一样的。它的效果要比“柔光”模式更强烈一些，如图 6-45 所示。

◆ 亮光：通过增加或减小对比度来加深或减淡颜色，具体取决于“混合色”。如果“混合色”（光源）比 50%灰色亮，则通过减小对比度使图像变亮。如果“混合色”比 50%灰色暗，则通过增加对比度使图像变暗，如图 6-46 所示。

图 6-43　叠加模式

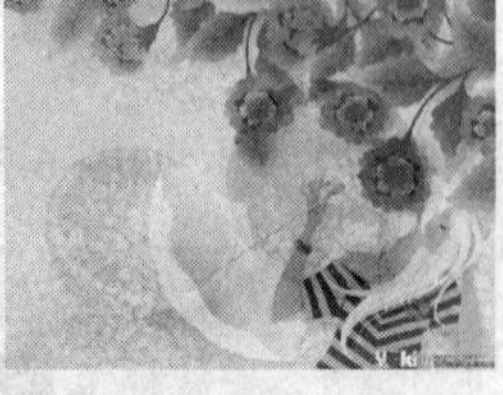
图 6-44　柔光模式

图 6-45　强光模式

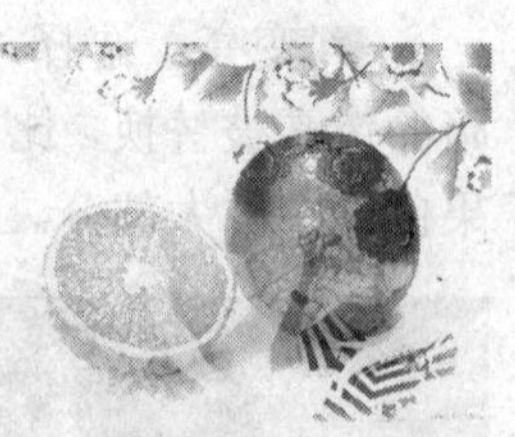
图 6-46　亮光模式

◆ 线性光：通过减小或增加亮度来加深或减淡颜色，具体取决于“混合色”。如果“混合色”（光源）比 50%灰色亮，则通过增加亮度使图像变亮。如果“混合色”比 50%灰色暗，则通过减小亮度使图像变暗，如图 6-47 所示。

◆ 点光：主要就是替换颜色，其具体取决于“混合色”。如果“混合色”比 50%灰色亮，则替换比“混合色”暗的像素，而不改变比“混合色”亮的像素。如果“混合色”比 50%灰色暗，则替换比“混合色”亮的像素，而不改变比“混合色”暗的像素。这对于向图像添加特殊效果非常有用，如图 6-48 所示。

◆ 实色混合：根据“基色”与“混合色”相加产生混合后的“结果色”，该模式能够产生颜色较少、边缘较硬的图像效果，如图 6-49 所示。

◆ 差值：将从图像中“基色”的亮度值减去“混合色”的亮度值，如果结果为负，则取正值，产生反相效果。由于黑色的亮度值为 0，白色的亮度值为 255，因此用黑色着色不会产生任何影响，用白色着色则产生与着色的原始像素颜色的反相效果。“差值”模式用于创建背景颜色的相反色彩，如图 6-50 所示。

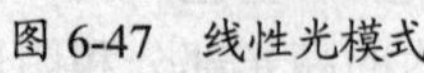
图 6-47　线性光模式

图 6-48　点光模式

图 6-49　实色混合

图 6-50　差值模式

◆ 排除：“排除”模式与“差值”模式相似，但是具有高对比度和低饱和度的特点。比用“差值”模式获得的颜色更柔和、更明亮一些，其中与白色混合将反转“基色”值，而与黑色混合则不发生变化，如图 6-51 所示。

◆ 色相：用“混合色”的色相值进行着色，而使饱和度和亮度值保持不变。当“基色”与“混合色”的色相值不同时，才能使用描绘颜色进行着色，如图 6-52 所示。

◆ 饱和度：“饱和度”模式的作用方式与“色相”模式相似，它只用“混合色”的饱和度值进行着色，而使色相值和亮度值保持不变。当“基色”与“混合色”的饱和度值不同时，才能使用描绘颜色进行着色处理，如图 6-53 所示。

图 6-51 排除模式

图 6-52 色相模式

图 6-53 饱和度模式

◆ 颜色：使用“混合色”的饱和度值和色相值同时进行着色，可使“基色”的亮度值保持不变。“颜色”模式可以看成是使用“饱和度”模式和“色相”模式的综合效果。该模式能够使灰色图像的阴影或轮廓透过着色的颜色显示出来，产生某种色彩化的效果。这样可以保留图像中的灰阶，并且对于给单色图像上色和给彩色图像着色都会非常有用，如图 6-54 所示。

◆ 明度：使用“混合色”的亮度值进行着色，而保持“基色”的饱和度和色相数值不变。其实就是用“基色”中的色相和饱和度以及“混合色”的亮度创建“结果色”。此模式创建的效果与“颜色”模式创建的效果相反，如图 6-55 所示。

图 6-54 颜色模式

图 6-55 明度模式

6.1.4 图层样式

图层样式指的是在图层中添加样式效果，从而使图层具有投影、外发光、内发光斜面与浮雕等特殊效果。各个图层样式的使用方法与设置过程大体相同。

1. 投影

使用“投影”命令可以为当前图层中的图像添加阴影效果，执行菜单中的“图层/图层样式/投影”命令，即可打开如图 6-56 所示的“图层样式”对话框。

对话框中的各选项含义如下：

◆ 混合模式：用来设置在图层中的添加投影混合效果。

◆ 颜色：用来设置投影的颜色。

◆ 不透明度：设置投影的透明程度。

◆ 角度：用来设置光源照射下投影的方向，可以在文本框中输入文字或直接拖动角度控制杆。

◆ 使用全局光：勾选该复选框后，在图层中的所有样式都使用一个方向的光源。

◆ 距离：用来设置投影与图像之间的距离。

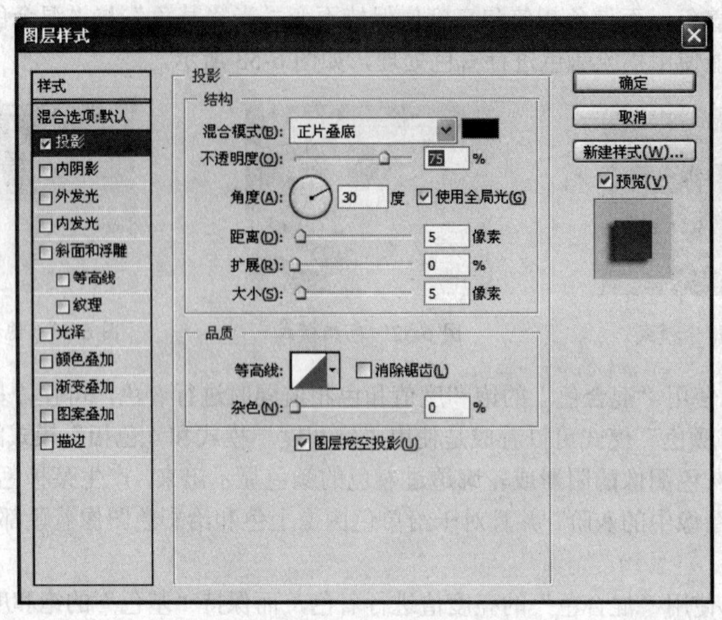

图 6-56 图层样式“投影”选项

◆ 扩展：用来设置阴影边缘的细节，数值越大，投影越清晰；数值越小，投影越模糊。

◆ 大小：用来设置阴影的模糊范围，数值越大，投影越模糊；数值越小，投影越清晰。

◆ 等高线：用来控制投影的外观现状。单击等高线图标右面的倒三角形会弹出“等高线”下拉列表，在其中可以选择相应投影外光，如图 6-57 所示。在“等高线”图标上双击可以打开“等高线编辑器”对话框，从中可以自定义等高线形状，如图 6-58 所示。

◆ 消除锯齿：勾选此复选框，可以消除投影的锯齿，增加投影效果的平滑度。

◆ 杂色：用来添加投影杂色，数值越大，杂色越多。

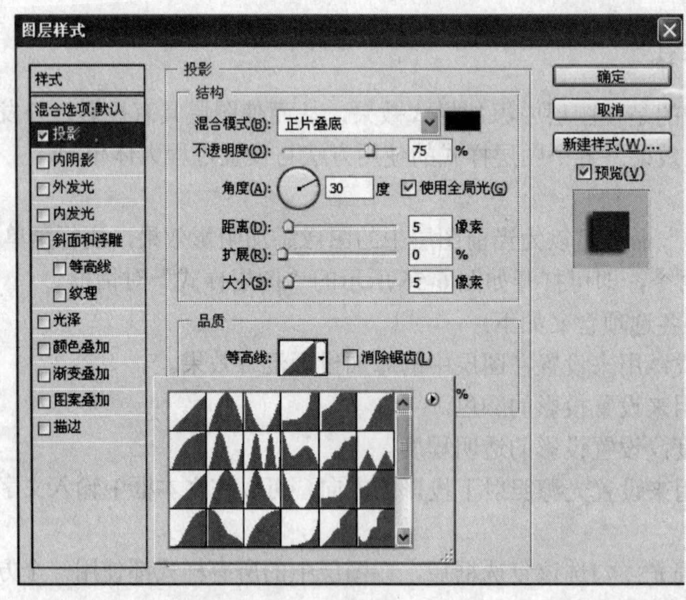

图 6-57 “等高线”列表

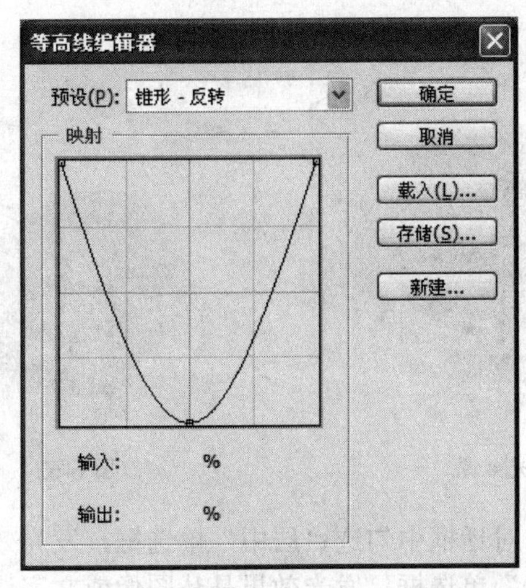

图 6-58 “等高线编辑器”对话框

设置相应的参数后，单击“确定”按钮，即可为图层添加投影效果，如图 6-59 所示。

2. 内阴影

使用“内阴影”命令可以使图层中的图像产生凹陷到背景中的感觉，执行菜单中的“图层/图层样式/内阴影”命令，设置相应参数后，单击“确定”按钮，即可得到如图 6-60 所示的效果。

图 6-59 添加投影效果

图 6-60 内阴影效果

3. 外发光

使用“外发光”命令可以在图层中的图像边缘产生向外发光的效果，执行菜单中的“图层/图层样式/外发光”命令，设置相应参数后，单击“确定”按钮，即可得到如图 6-61 所示的效果。

4. 内发光

使用“内发光”命令可以从图层中的图像边缘向内或从图像中心向外产生扩散发光效果，执行菜单中的“图层/图层样式/内发光”命令，设置相应参数后，单击“确定”按钮，即可得到如图 6-62 所示的效果。

图 6-61　外发光效果

图 6-62　内发光效果

注意：在“内发光”对话框中勾选“居中”单选框，发光效果是从图像或文字中心向边缘扩散；勾选“边缘”单选框，发光效果是从图像或文字边缘向图像或文字的中心扩散。

5. 斜面和浮雕

使用“斜面和浮雕”命令可以为图层中的图像添加立体浮雕效果及图案纹理，执行菜单中的“图层/图层样式/斜面和浮雕”命令，设置相应参数后，单击“确定”按钮，即可得到如图 6-63 所示的效果。

提示：在“斜面和浮雕”对话框中的“样式”下拉列表中可以选择添加浮雕的样式，其中包括外斜面、内斜面、浮雕效果、枕状浮雕和描边浮雕 5 项。

6. 光泽

使用“光泽”命令可以为图层中的图像添加光源照射的光泽效果，执行菜单中的“图层/图层样式/光泽”命令，设置相应参数后，单击“确定”按钮，即可得到如图 6-64 所示的效果。

图 6-63　斜面和浮雕

图 6-64　光泽效果

7. 颜色叠加

使用“颜色叠加”命令可以为图层中的图像叠加一种自定义颜色，执行菜单中的“图层/图层样式/颜色叠加”命令，设置相应参数后，单击“确定”按钮，即可得到如图 6-65 所示的效果。

8. 渐变叠加

使用“渐变叠加”命令可以为图层中的图像叠加一种自定义或预设的渐变颜色，执行菜单中的“图层/图层样式/渐变叠加”命令，设置相应参数后，单击“确定”按钮，即可得到如图 6-66 所示的效果。

图 6-65 颜色叠加效果

图 6-66 渐变叠加效果

9. 图案叠加

使用“图案叠加”命令可以为图层中的图像叠加一种自定义或预设的图案，执行菜单中的“图层/图层样式/图案叠加”命令，设置相应参数后，单击“确定”按钮，即可得到如图 6-67 所示的效果。

10. 描边

使用“描边”命令可以为图层中的图像添加内部、居中或外部的单色、渐变或图案效果，执行菜单中的“图层/图层样式/描边”命令，设置相应参数后，单击“确定”按钮，即可得到如图 6-68 所示的效果。

图 6-67 图案叠加效果

图 6-68 描边效果

6.1.5 图层蒙版

图层蒙版可以理解为在当前图层上面覆盖一层玻璃片，这种玻璃片有透明和黑色不透明两种，前者显示全部，后者隐藏部分。然后用各种绘图工具在蒙版上（即玻璃片上）涂色（只能涂黑、白、灰色），涂黑色的地方蒙版变为不透明，看不见当前图层的图像，涂白色则使涂色部分变为透明可看到当前图层上的图像，涂灰色使蒙版变为半透明，透明的程度由涂色的深浅决定。

图层蒙版可以用来在图层与图层之间创建无缝的合成图像，并且不对图层中的图像进行破坏。

1. 创建图层蒙版

在实际应用中往往需要在图像中创建不同的蒙版，在创建蒙版的过程中不同的样式会创建不同的图层蒙版。创建的图层蒙版可以分为整体蒙版和选区蒙版。下面介绍一下各种蒙版的创建方法。

1）整体图层蒙版

整体图层蒙版指的是创建一个将当前图层进行覆盖遮片效果的蒙版，具体的创建方法如下：

（1）执行菜单中的“图层/蒙版/显示全部”命令，此时在图层调板的该图层上便会出现一个白色蒙版缩略图；在“图层”调板中单击“添加图层蒙版”按钮，可以快速创建一个白色蒙版缩略图，如图 6-69 所示，此时蒙版为透明效果。

图 6-69　添加透明蒙版

（2）执行菜单中的“图层/蒙版/隐藏全部”命令，此时在图层调板的该图层上便会出现一个黑色蒙版缩略图；在“图层”调板中按住“Alt”键单击“添加图层蒙版”按钮，可以快速创建一个黑色蒙版缩略图，如图 6-70 所示，此时蒙版为不透明效果。

图 6-70　添加不透明蒙版

2）选区蒙版

（1）如果图层中存在选区。执行菜单中的“图层/蒙版/显示选区”命令，或在“图层”调板中单击“添加图层蒙版”按钮，此时选区内的图像会被显示，选区外的图像会被隐藏，如图 6-71 所示。

图 6-71　为选区添加透明蒙版

（2）如果图层中存在选区。执行菜单中的“图层/蒙版/隐藏选区”命令，或在“图层”调板中按住“Alt”键并单击“添加图层蒙版”按钮，此时选区内的图像会被隐藏，选区外的图像会被显示，如图 6-72 所示。

图 6-72　为选区添加不透明蒙版

2. 显示与隐藏图层蒙版

创建蒙版后，执行菜单“图层/蒙版/停用”命令，或在蒙版缩略图上单击右键，在弹出的菜单中选择“停用图层蒙版”命令，此时在蒙版缩略图上会出现一个红色交叉，即已停用该蒙版，如图 6-73 所示。若要重新启用图层蒙版则执行菜单“图层/蒙版/启用”命令，或在蒙版缩略图上单击右键，在弹出的菜单中选择“启用图层蒙版”命令，即可重新启用蒙版效果。

图 6-73 显示与隐藏图层蒙版

3. 删除图层蒙版

创建蒙版后，执行菜单“图层/蒙版/删除”命令，即可将当前应用的蒙版效果从图层中删除，图像恢复原来效果；执行菜单“图层/蒙版/应用”命令，可以将当前应用的蒙版效果直接与图像合并，如图 6-74 所示。

图 6-74 删除图层蒙版

4. 链接图层蒙版

创建蒙版后，在默认状态下蒙版与当前图层中的图像处于链接状态，在图层缩略图与蒙版缩略图之间会出现一个链接图标🔗。此时移动图像时蒙版会跟随移动，执行菜单中的“图层/蒙版/取消链接”命令，会将图像与蒙版之间取消链接，此时🔗图标会隐藏，移动图像时蒙版不跟随移动，如图 6-75 所示。

5.“蒙版”调板

“蒙版”调板是 Photoshop CS4 新增的一个功能，通过该调板可以对创建的蒙版进行更细致的调整，使图像合成更加细腻，处理更加方便。创建蒙版后，执行菜单中的“窗口/蒙版”命令即可打开如图 6-76 所示的“蒙版”调板。

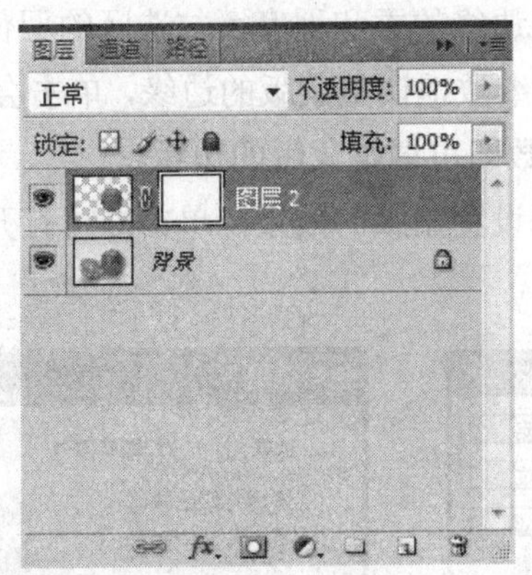

图 6-75　链接图层蒙版

调版中的各选项含义如下（与之前功能相似的选项这里就不多讲了）。

◆ 创建蒙版：用来为图像创建蒙版或在蒙版与图像之间选择。

◆ 创建矢量蒙版：用来为图像创建矢量蒙版或在矢量蒙版与图像之间选择。图像中不存在矢量蒙版时，只要单击该按钮，即可在该图层中新建一个矢量蒙版，如图 6-77 所示。

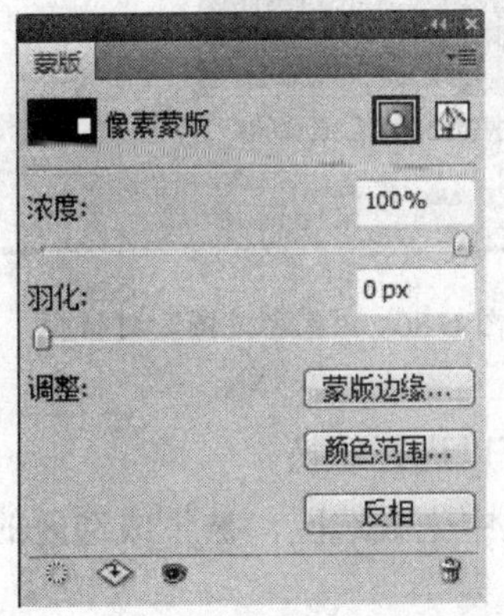

图 6-76　“蒙版”调板

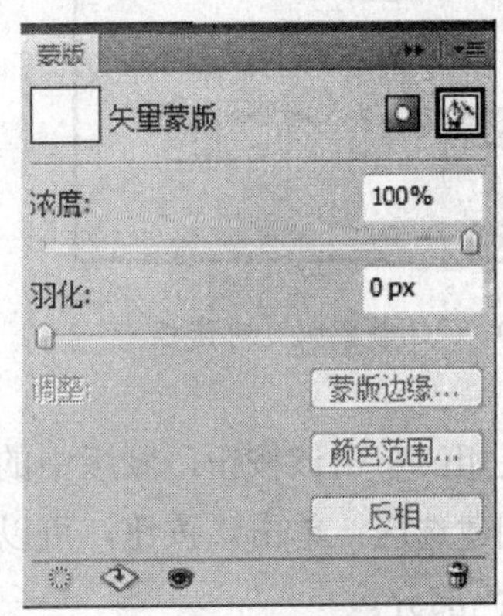

图 6-77　创建矢量蒙版

◆ 浓度：用来设置蒙版中黑色区域的透明程度，数值越大，蒙版越透明，如图 6-78 所示。

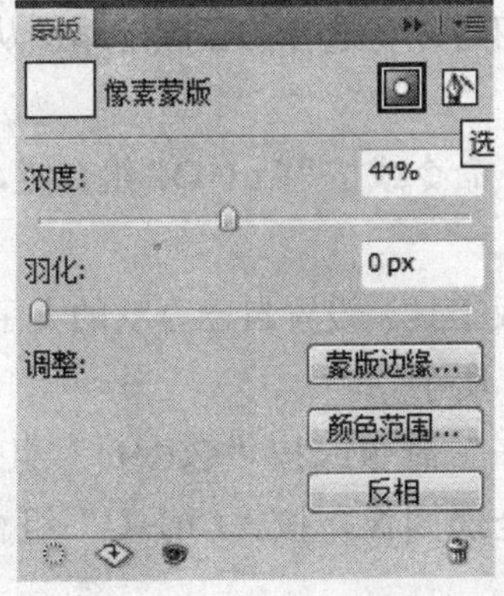

图 6-78　蒙版浓度调整

◆ 羽化：用来设置蒙版边缘的柔和程度，与选区的羽化相类似。

◆ 蒙版边缘：可以更加细致地调整蒙版的边缘，单击会打开如图 6-79 所示的“调整蒙版”对话框，设置各项参数即可调整蒙版的边缘。

◆ 颜色范围：用来重新设置蒙版的效果，单击即可打开“色彩范围”对话框，如图 6-80 所示。

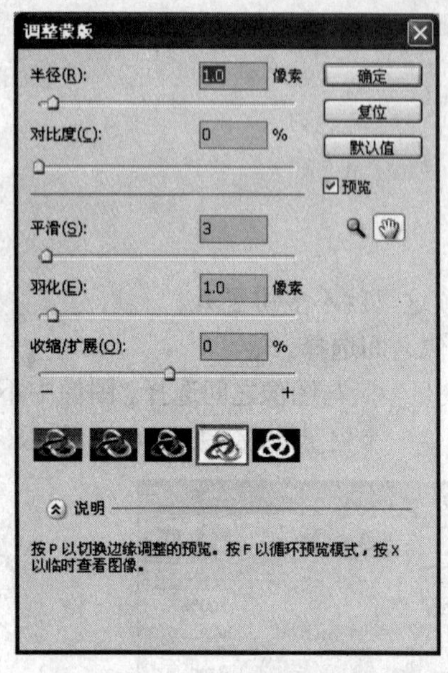

图 6-79 “调整蒙版”对话框

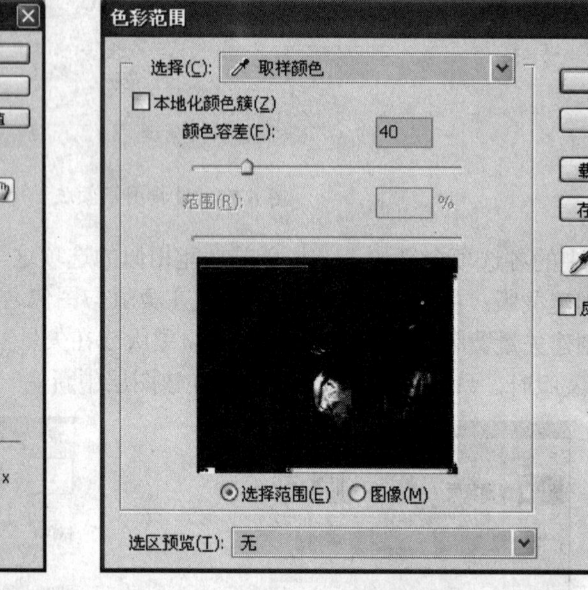

图 6-80 “色彩范围”对话框

◆ 反相：单击该按钮，蒙版中的黑色与白色可以进行对换。

◆ 创建选区：单击该按钮，可以从创建的蒙版中生成选区，被生成选区的部分是蒙版中的白色部分。

◆ 应用蒙版：单击该按钮，可以将蒙版与图像合并，效果与执行菜单中的“图层/图层蒙版/应用蒙版”命令一致。

◆ 启用与停用蒙版：单击该按钮可以将蒙版在显示与隐藏之间转换。

◆ 删除蒙版：单击该按钮可以将选择的蒙版缩略图从“图层”调板中删除。

6. 创建“粘贴”蒙版

① 执行菜单“文件/打开”命令或按“Ctrl+O”组合键，打开“素材文件/6/背景图.jpg”素材，如图 6-81 所示。

② 使用 T（横排文字蒙版工具）设置自己喜欢的文字字体和文字大小，在页面中输入文字后得到选区，如图 6-82 所示。

③ 执行菜单“文件/打开”命令或按“Ctrl+O”组合键，打开“素材/6/花.jpg”素材，按“Ctrl+A”组合键全选图像，按“Ctrl+C”组合键复制选区内容，如图 6-83 所示。

图 6-81　背景图

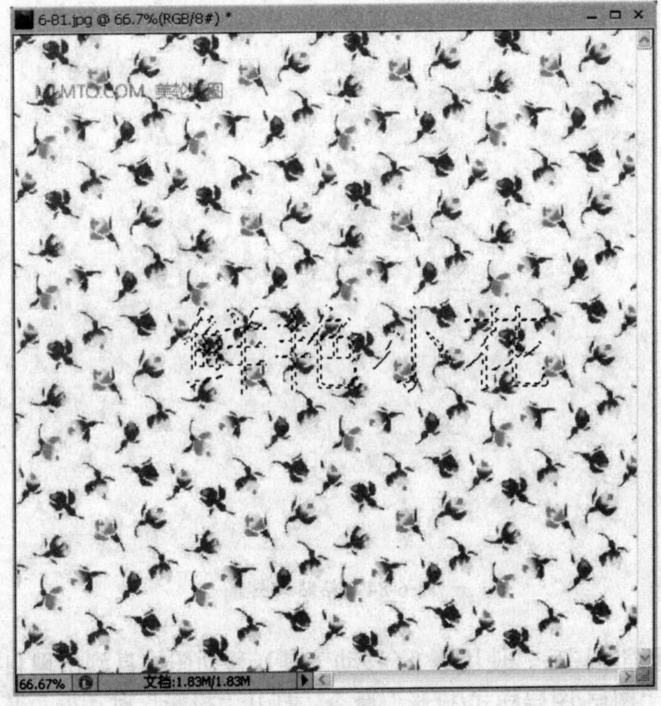

图 6-82　创建选区

图 6-83　花

④ 选择“背景图”文件，执行菜单中的“编辑/粘贴入”命令，会将复制的图像粘贴到选区内并创建蒙版，如图 6-84 所示。

图 6-84　粘贴入图像

⑤ 选择图像缩略图后，使用 （移动工具）移动图像直到出现自己喜欢的部位后停止，执行菜单“图层/图层样式/投影”命令，打开“投影”对话框，其中的参数值设置如图 6-85 所示。

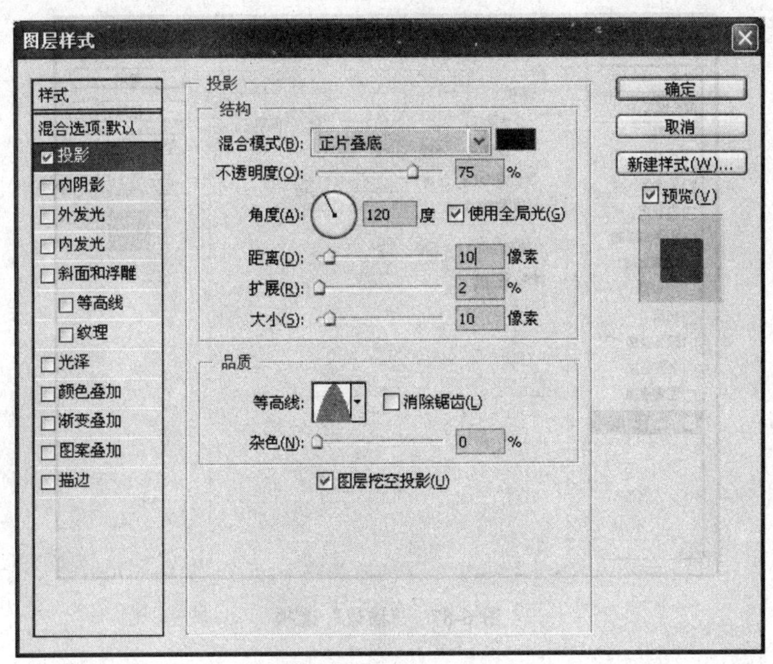

图 6-85 “投影”选项

⑥ 在“投影”对话框的左面，单击“斜面和浮雕”选项命令，打开“斜面和浮雕”选项设置面板，其中的参数值设置如图 6-86 所示。

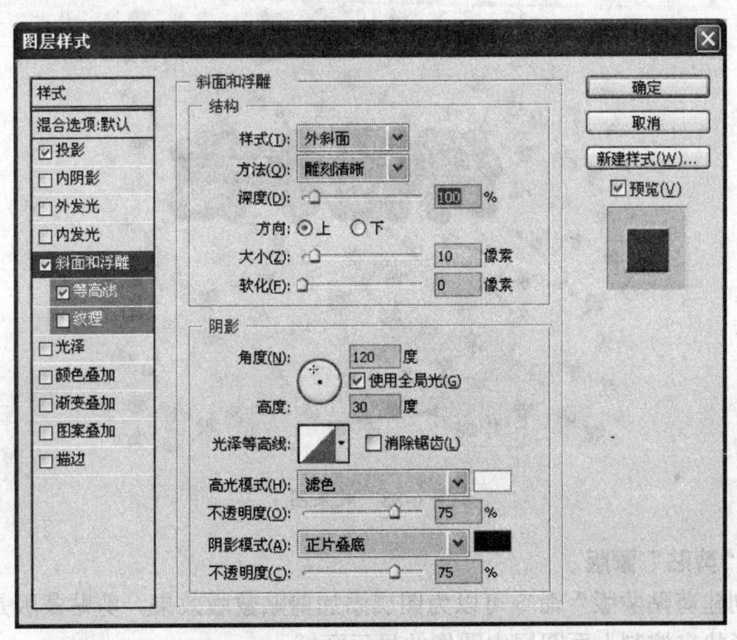

图 6-86 “斜面和浮雕”选项

⑦ 在“斜面和浮雕”对话框的左面，单击“描边”选项命令，打开“描边”选项设置面板，其中的参数值设置如图 6-87 所示。

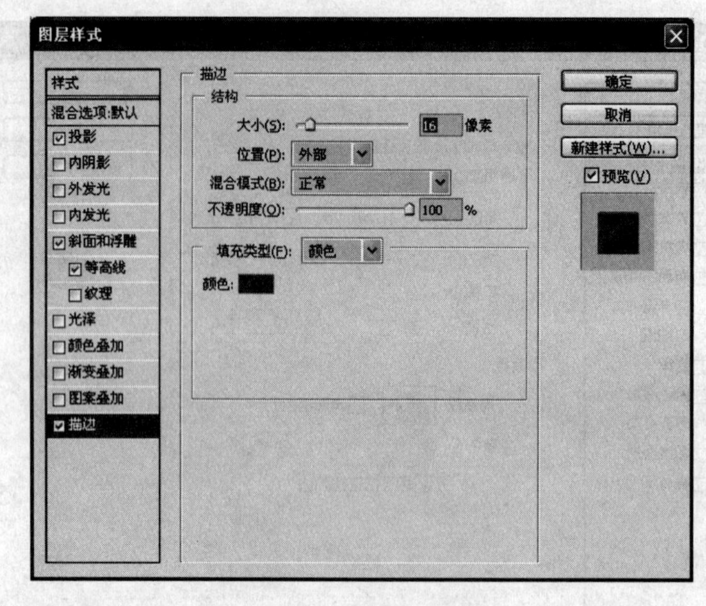

图 6-87 “描边”选项

⑧ 设置完毕后单击“确定”按钮，至此本例制作完成，效果如图 6-88 所示。

图 6-88 效果图

7. 创建“剪贴”蒙版

使用“创建剪贴蒙版”命令可以为图层添加剪贴蒙版效果。剪贴蒙版是使用基底图层中图像的形状来控制上面图层中图像的显示区域。

① 执行菜单“文件/打开”命令或按“Ctrl+O”组合键，打开 “素材/6/背景图 2.jpg”和“人物.psd”素材，如图 6-89 和图 6-90 所示。使用 （移动工具）拖动“多人模特”素材中的图像到“背景图 2”素材中，此时会在调板中新建一个“图层 1”，如图 6-91 所示。

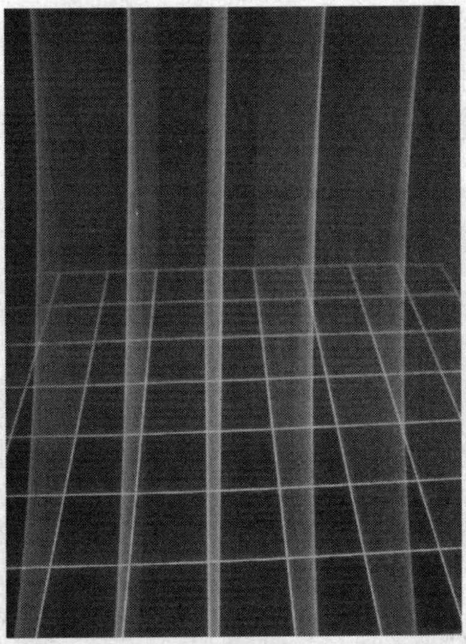

图 6-89　背景 2

图 6-90　人物

图 6-91　移动图像

② 执行菜单中的“文件/打开”命令或按“Ctrl+O”组合键，打开“素材/6/树叶.jpg”素材，如图 6-92 所示。使用（移动工具）拖动“树叶”素材中的图像到“背景图 2”素材中，此时会在调板中新建一个“图层 2”，如图 6-93 所示。

图 6-92 树叶

图 6-93 移动素材

③ 按“Ctrl+T”组合键打开自由变换框，拖动控制点将图像缩小，如图 6-94 所示。执行菜单中的“图层/创建剪贴蒙版”命令，为图层添加剪贴蒙版，效果如图 6-95 所示。

图 6-94 自由变换

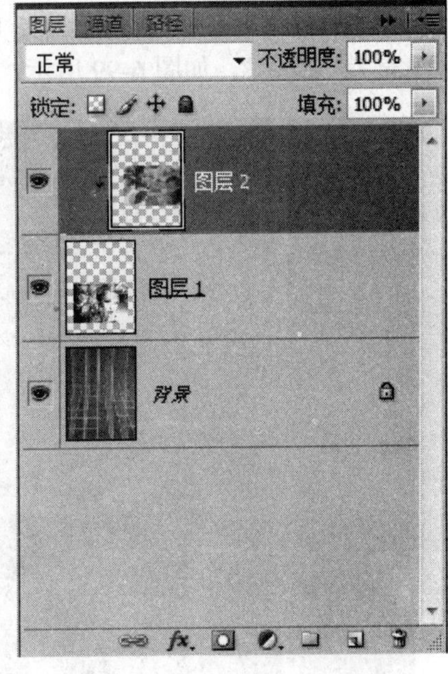

图 6-95 剪贴蒙版

④ 在“图层”调板中复制“图层 2”得到“图层 2 副本”图层，使用（移动工具）向右拖动图层中的图像，如图 6-96 所示。

⑤ 在“图层”调板中单击“添加图层蒙版”按钮，此时会在该图层上创建一个空白蒙版，如图 6-97 所示。

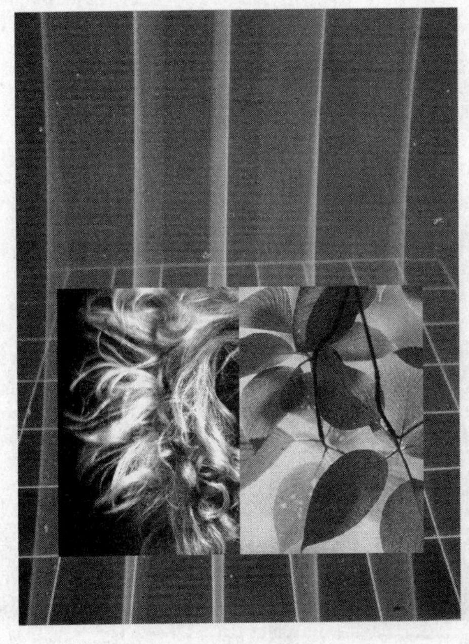

图 6-96 复制蒙版

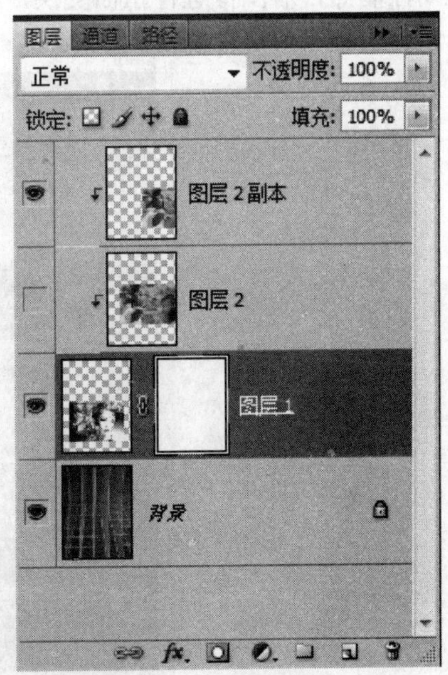

图 6-97 新建蒙版

⑥ 选择（渐变工具），设置“渐变样式”为“线性渐变”、“渐变类型”为“从黑色到白色”，使用（渐变工具）在图像中水平向右拖动，为图层添加渐变蒙版，如图 6-98 所示。

⑦ 按住“Ctrl”键单击“图层 1”图层的缩略图，调出选区，新建“图层 3”，将选区填充为“蓝色”，如图 6-99 所示。

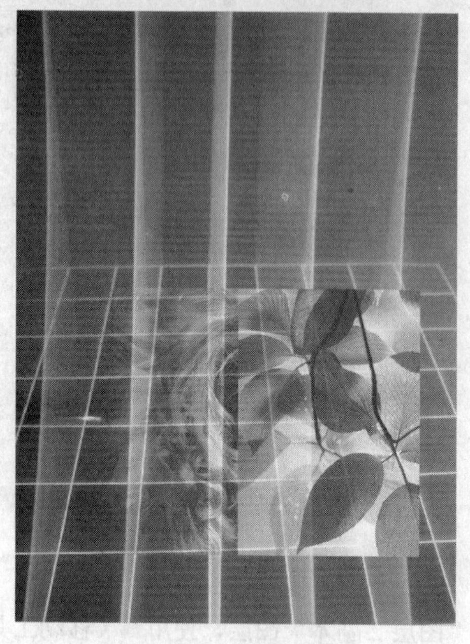

图 6-98 填充渐变蒙版

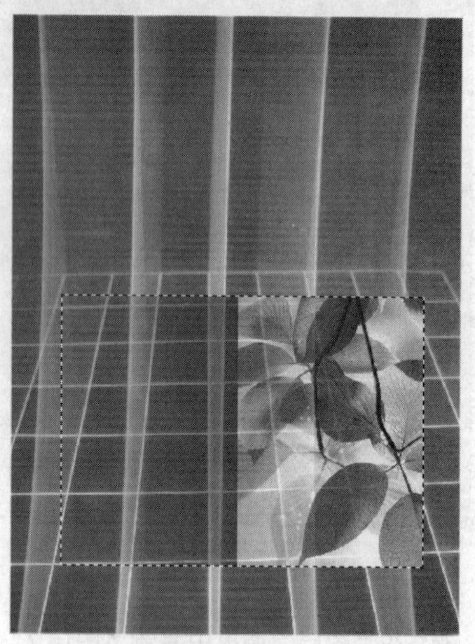

图 6-99 调出选区

⑧ 设置“不透明度”为“26%”，按“Ctrl+T”组合键调出变换框，再按住“Ctrl”键拖动控制点，对图像进行扭曲变换，如图 6-100 所示。

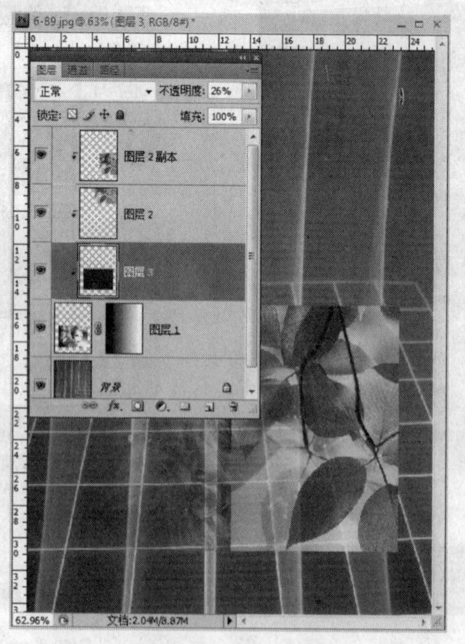

图 6-100 变换选区

⑨ 将图层 1 水平翻转， 合并所有图层，并使用裁切工具裁切，最终效果如图 6-101 所示。

图 6-101　最终效果

6.2 精彩案例

6.2.1 滴滴雨露

① 执行菜单“文件/打开”命令或按“Ctrl+O”组合键，打开“素材/6/露珠.jpg”文件，如图 6-102 所示。新建“图层 1”，按“D”键设置默认颜色，此时前景色将变成黑色，接着使用画笔工具，绘制初始水滴形状，如图 6-103 所示。

图 6-102　露珠素材

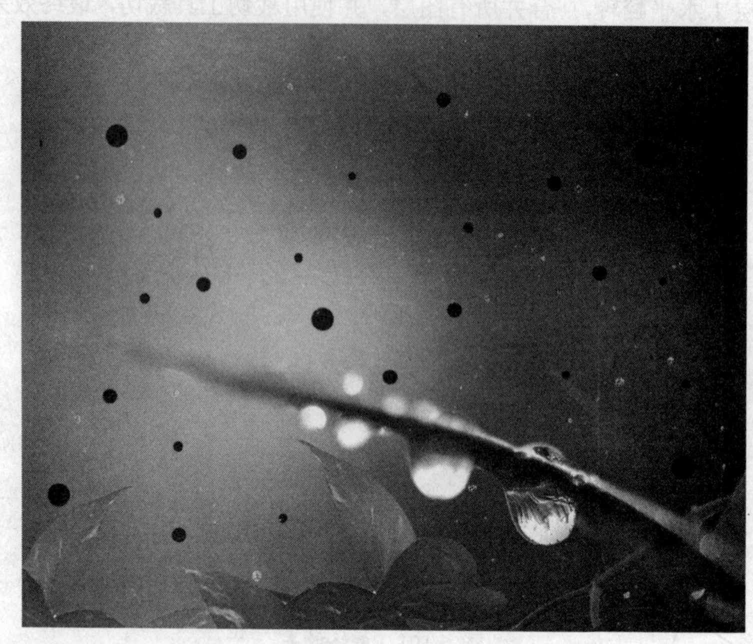

图 6-103　绘制水滴

② 选择“图层 1”并双击图层，打开“图层样式”对话框。在对话框左侧选择“混合选项：自定”选项，在右侧的“高级混合”选项组将“填充不透明度”设置为 2%，这样减少填充像素的不透明度，但保持图层中所绘制的形状，其他参数设置如图 6-104 所示，设置后效果如图 6-105 所示。

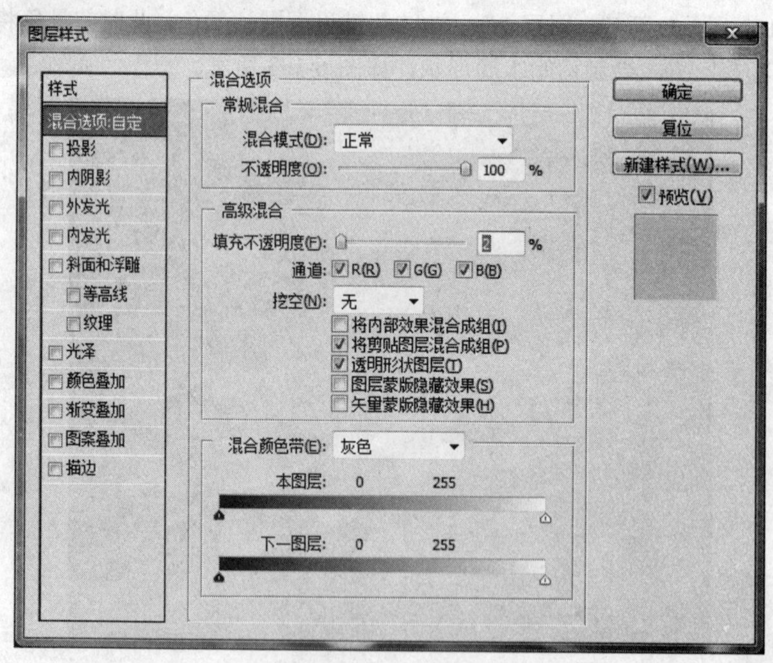

图 6-104　图层样式设置

图 6-105　设置后效果

③ 在“图层样式”对话框左侧选择“投影”选项，在右侧的“投影”选项组设置“不透明度”为 100%，将距离更改为 1pixel，“扩展”为 5%，“大小”更改为 6pixel。在“品质”选项组单击“等高线”曲线缩览图右侧的下三角按钮并选择“高斯分布”曲线，如图 6-106 所示，设置后效果如图 6-107 所示。

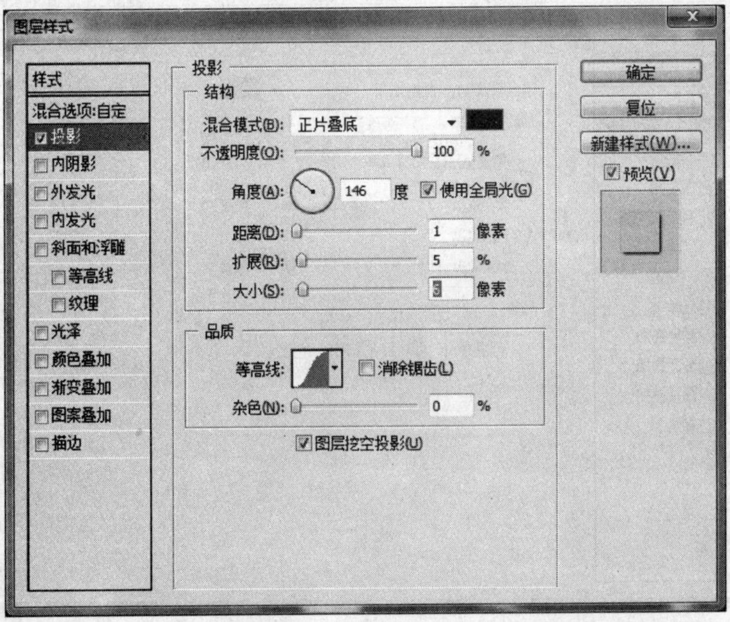

图 6-106　图层样式设置

图 6-107　设置后效果

④ 在对话框左侧的效果列表中单击“内阴影”选项，在“结构”选项组将“混合模式”设置为“颜色加深”，“不透明度”设置为 22%，“大小”设置为 32 像素，其他参数设置如图 6-108 所示，设置后效果如图 6-109 所示。

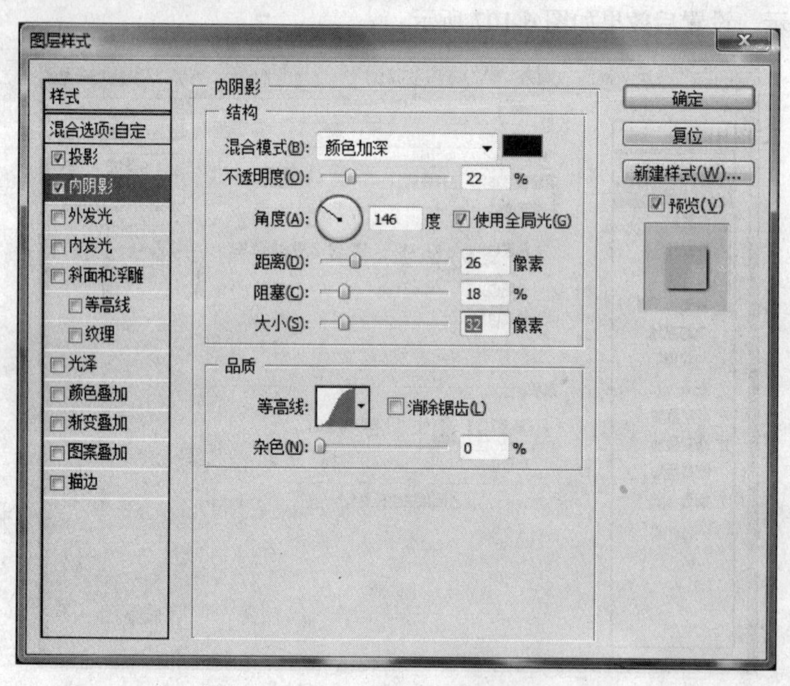

图 6-108　图层样式设置

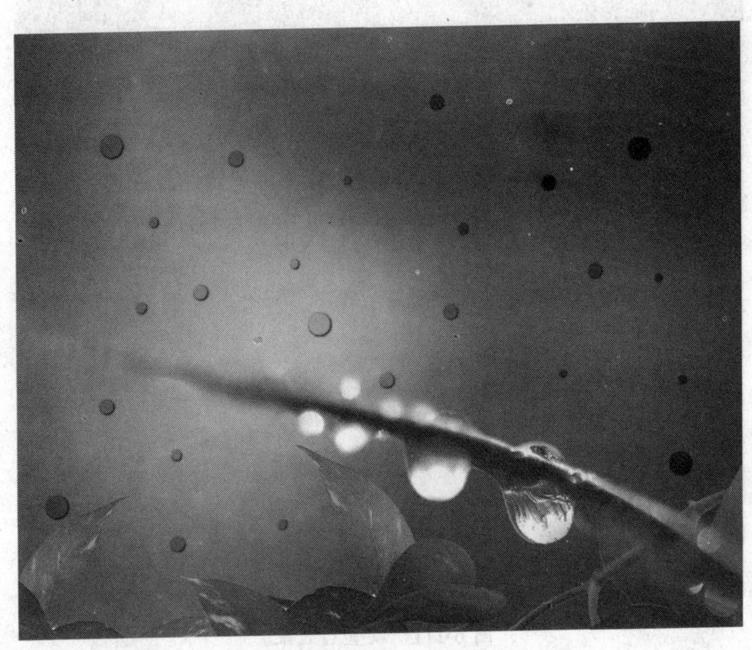

图 6-109　设置后效果

⑤ 在对话框左侧单击“内发光”选项，在“结构”选项组将“混合模式”设置为“叠加”，“不透明度”设置为 45%，颜色设置为黑色，其他参数设置如图 6-110 所示，设置后效果如图 6-111 所示。

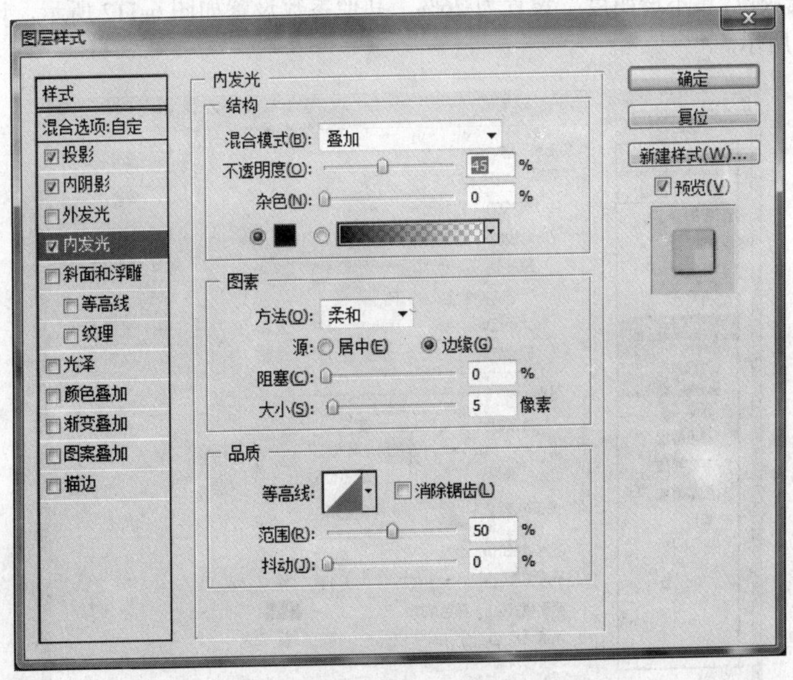

图 6-110　图层样式设置

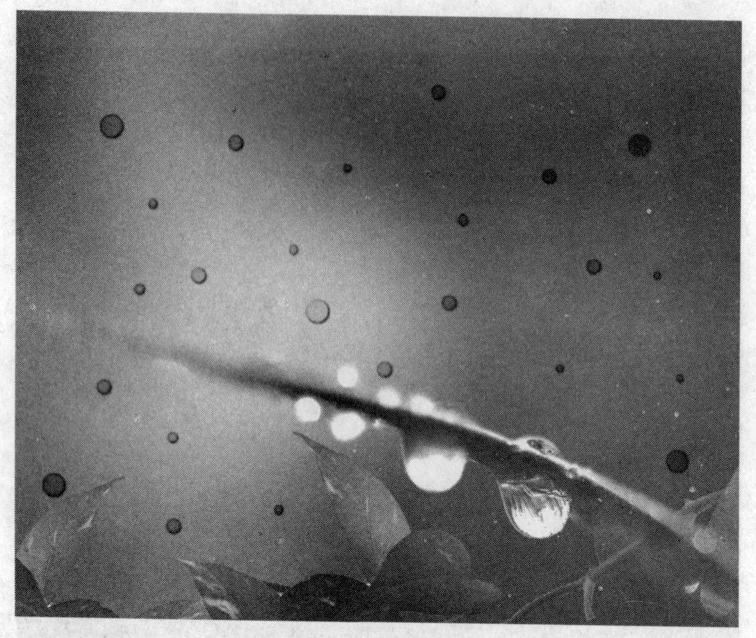

图 6-111　设置后效果

⑥选择“斜面和浮雕”选项，在“结构”选项组中将“方法”设置为“雕刻清晰”，“深度”设置为419%，“大小”设置为24像素，“软化”设置为16像素；在“阴影”选项组中将“角度”设置为146度，“高度”设置为11度，“不透明度”设置为100%；将“高光”设置为“点光”模式，其颜色为白色；然后将“阴影模式”设置为“颜色渐淡”，其颜色为浅灰色，“不透明度”设置为26%，其他参数设置如图6-112所示，设置后效果如图6-113所示。

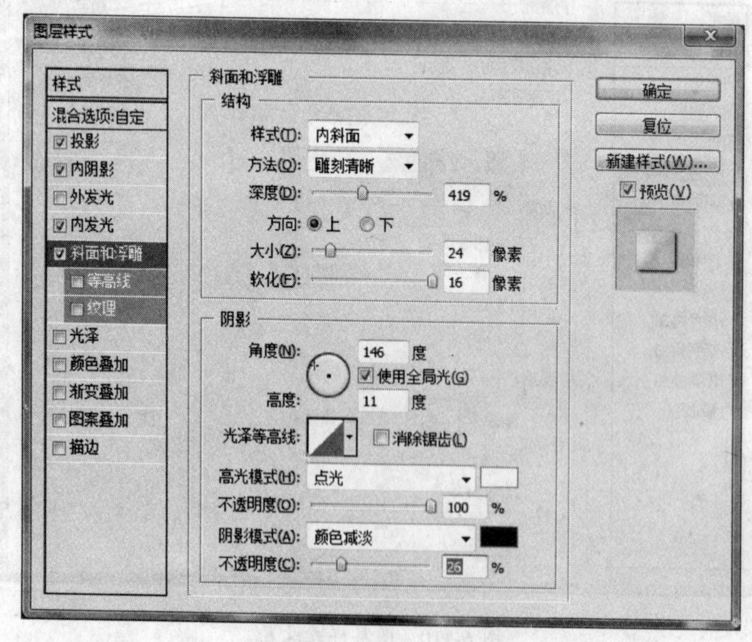

图 6-112　图层样式设置

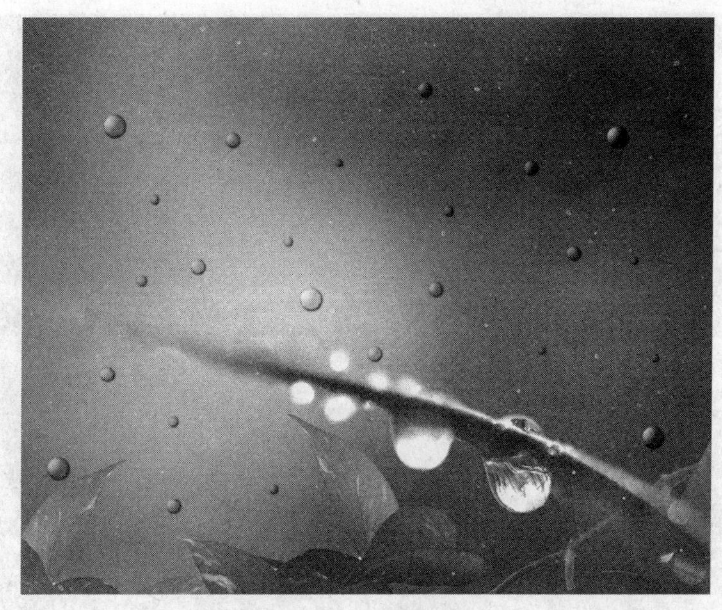

图 6-113 设置后效果

⑦ 单击“确定”按钮，复制“图层 1”为“图层 1 副本”，然后使用画笔工具在图层中修改水珠形状随机化，效果如图 6-114 所示。

图 6-114 修改水珠后效果

⑧ 选择“文字工具”，输入文字“滴滴雨露”，选择一个比较活泼的字体，字号设置为 150，颜色为白色，如图 6-115 所示。在“图层”面板中选择“图层 1”并单击鼠标右键，在弹出的快捷菜单中选择“拷贝图层样式”命令，然后选择文字图层并单击鼠标右键，在弹出的快捷菜单中选择“粘贴图层样式”命令，最终效果如图 6-116 所示。

图 6-115　文字效果

图 6-116　最终效果

6.2.2　艺术海报

① 执行“文件/打开”命令，打开“背景纹理”和“插花”图片素材文件，如图 6-117 和图 6-118 所示。使用“魔棒工具”在“花”图像中白色部分区域单击鼠标左键，再按“Ctrl+Shift+I”组合键反选，然后使用“移动工具”将其移至“背景纹理”编辑窗口中，如图 6-119 所示。

图 6-117　背景纹理

图 6-118　插花

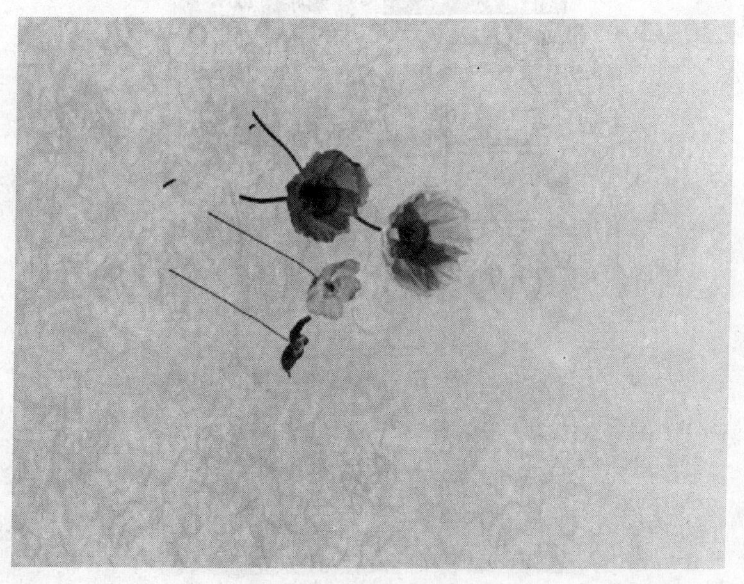
图 6-119　组合图像效果

② 执行“编辑”菜单栏的“自由变换”命令或按“Ctrl+T”组合键，将“花”图像进行缩放，如图 6-120 所示。然后移动到合适位置，将其命名为“花”图层并将其图层混合模式设置为“线性加深”，如图 6-121 所示，设置后效果如图 6-122 所示。

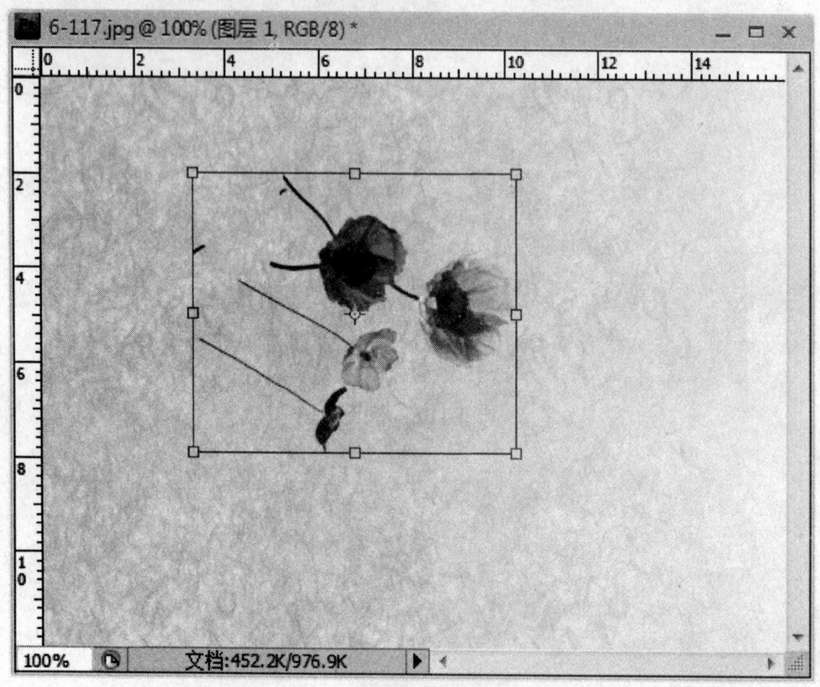

图 6-120　自由变换

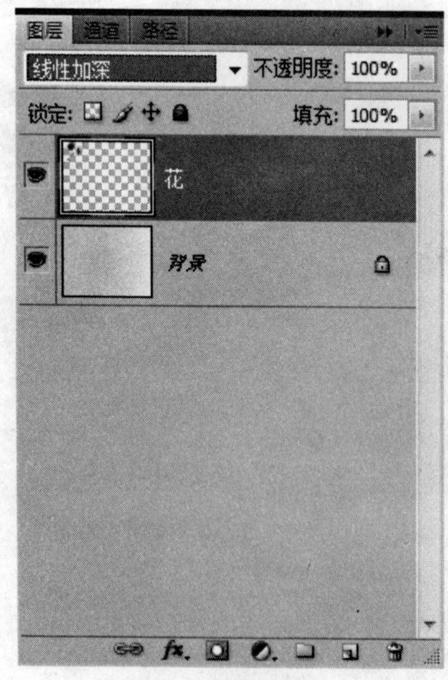

图 6-121　图层模式

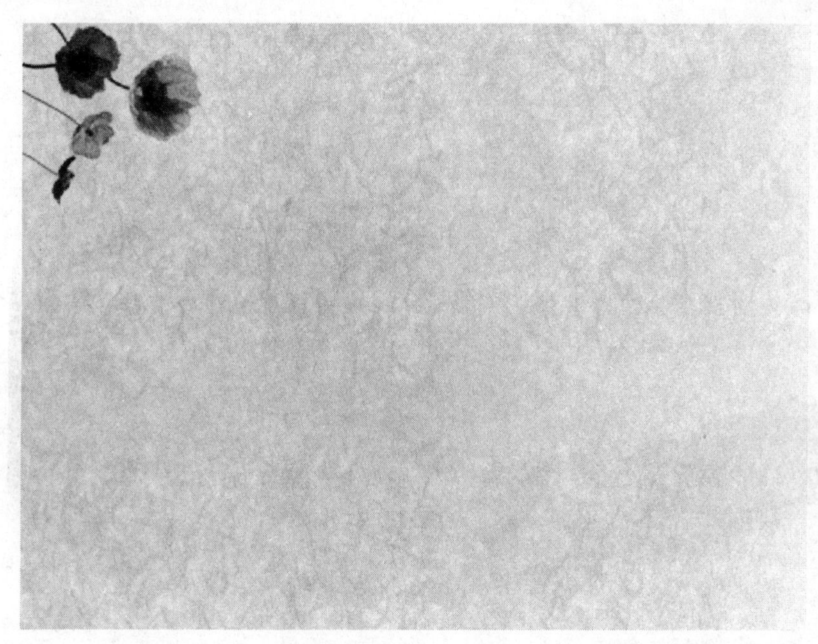

图 6-122　设置后效果

③ 新建“图层 1”，使用“画笔工具”在其属性栏中选择如图 6-123 所示的笔尖，设置画笔模式为“正片叠底”，然后在“图层 1”上绘制图形，绘制时分别使用色彩#610062 和#2E056B，注意笔尖大小分别为 80pixel 和 60pixel，流量分别设置为 100%、10%、30% 和 14%进行多次绘制，如图 6-123 和图 6-124 所示。

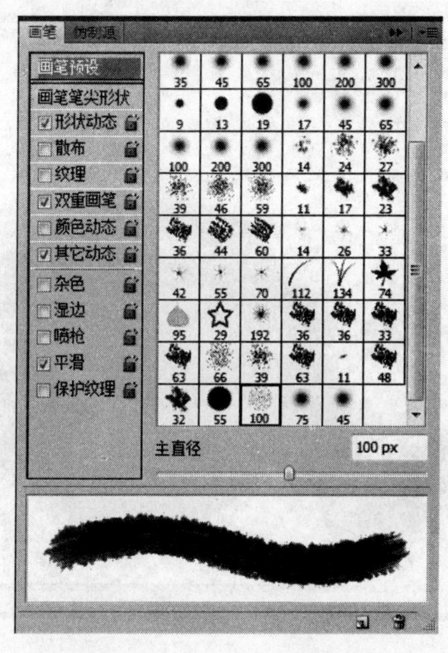

图 6-123　笔尖设置

图 6-124　绘制后效果

④ 执行“滤镜/液化”命令，打开“液化”对话框，使用工具在图像中拖移鼠标，将图像变形成如图 6-125 所示效果。单击“确定”按钮后，将“图层 1”的混合模式设置为“线性光”模式，如图 6-126 所示，修改后效果如图 6-127 所示。

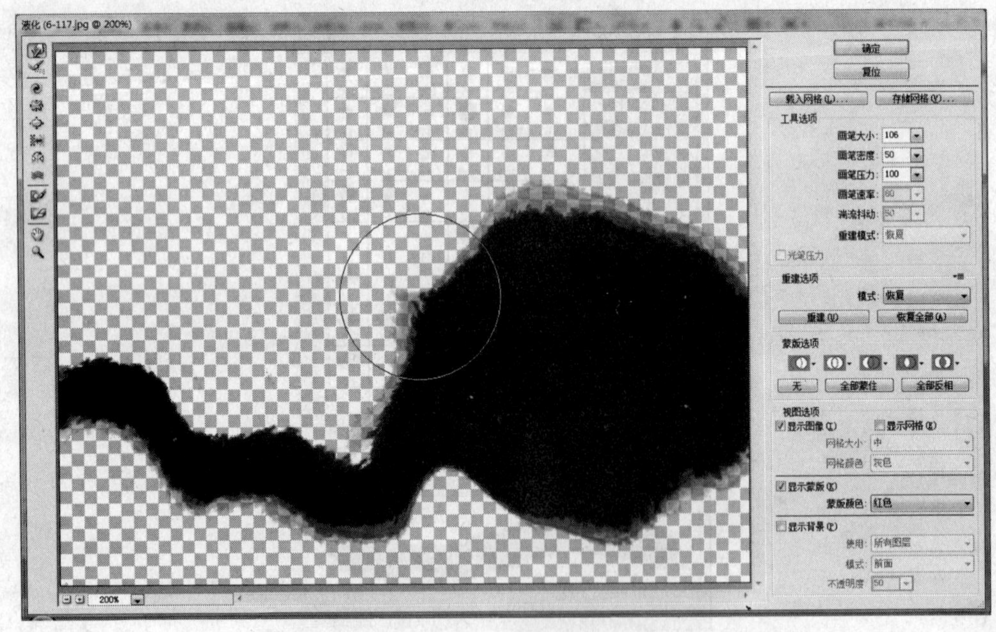

图 6-125　液化设置

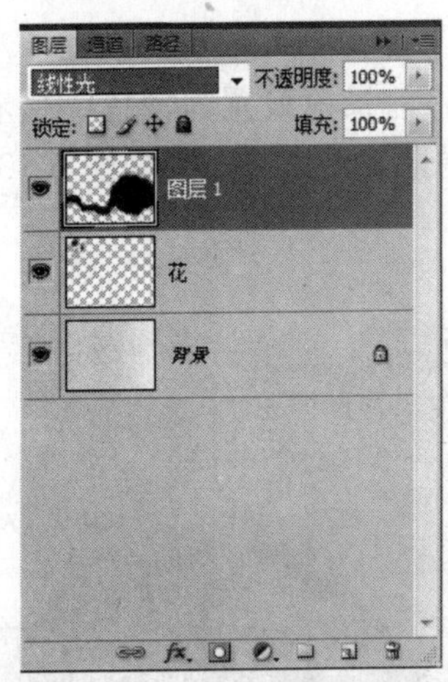

图 6-126　图层模式设置

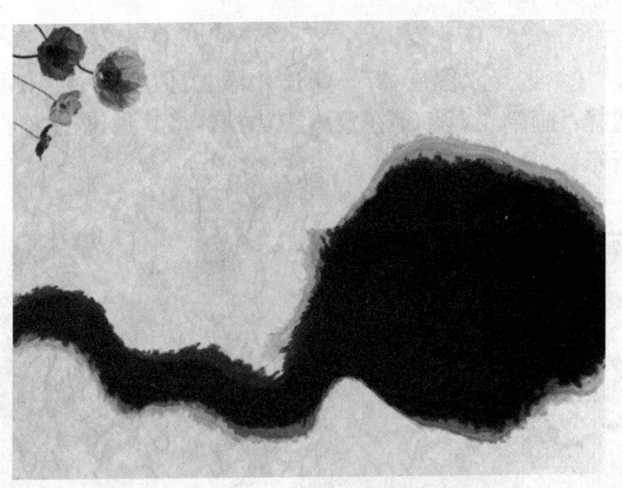

图 6-127　更改后效果图

⑤ 执行“文件/打开”命令，打开“中国结”素材文件，如图 6-128 所示，使用“移动工具”移至编辑窗口并调整好位置及大小，如图 6-129 所示。

图 6-128　中国结素材

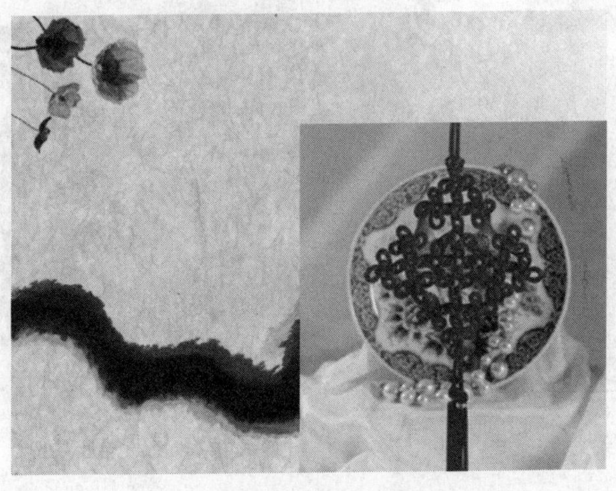

图 6-129　移入背景

⑥ 选择“图层 2”，单击“添加图层蒙版”按钮，将前景色设置为黑色，接着选择“画笔工具”在蒙版中涂抹，将其周围的背景图像隐藏，如图 6-130 和图 6-131 所示。

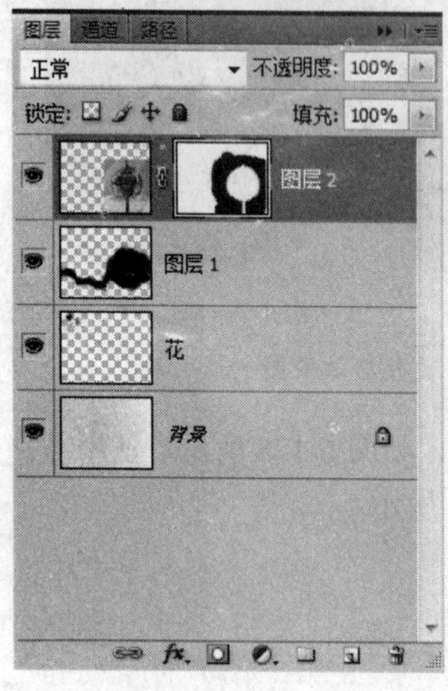

图 6-130　添加蒙版

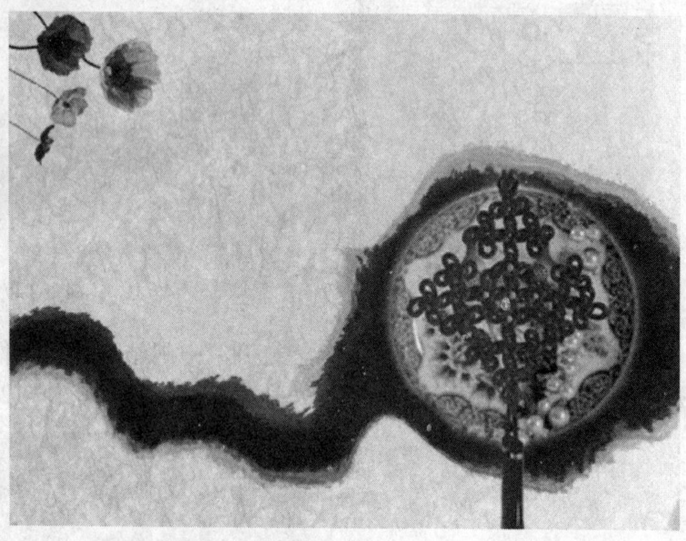

图 6-131　涂抹后效果图

⑦ 将“图层 2”的混合模式设置为“线性光”模式，如图 6-132 和图 6-133 所示。

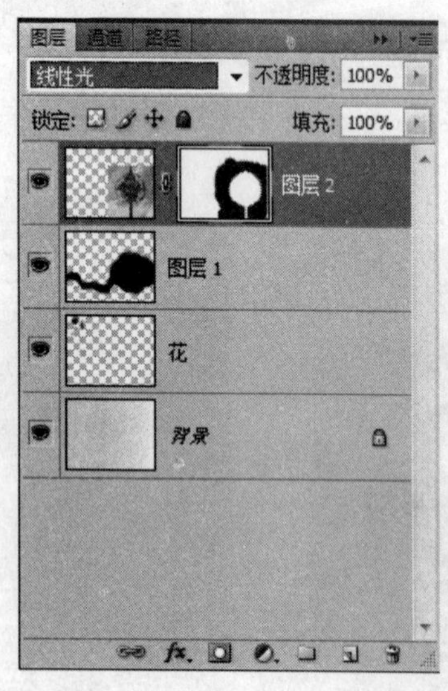

图 6-132　图层模式更改

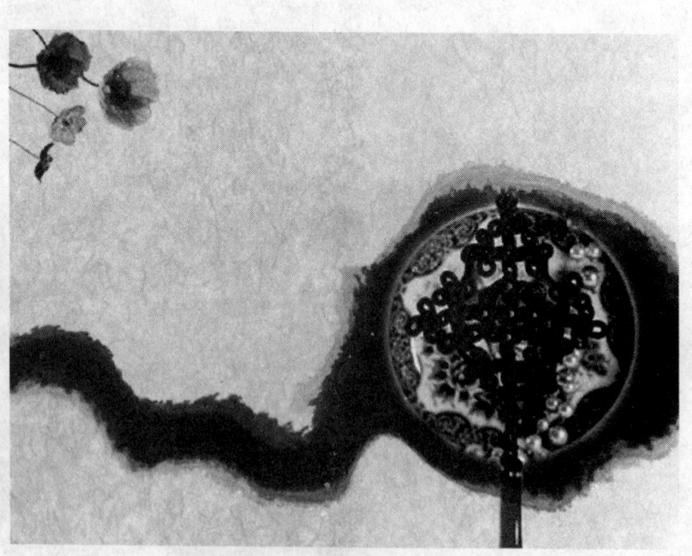

图 6-133　更改后效果图

⑧ 输入文字并调整图像效果，最终效果如图 6-134 所示。

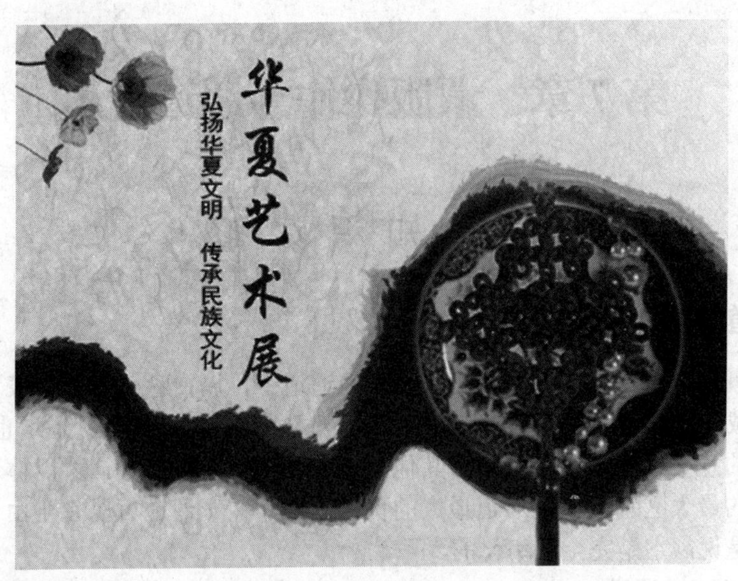

图 6-134 最终效果图

第7章 蒙版操作与通道运用

7.1 知识讲解

7.1.1 通道的基本操作

通道的概念，便是由遮板演变而来的。在通道中，以白色代替透明表示要处理的部分（选择区域）；以黑色表示不需处理的部分（非选择区域）。因此，通道也与遮板一样，没有其独立的意义，而只有在依附于其他图像（或模型）存在时，才能体现其功用。而通道与遮板的最大区别，也是通道最大的优越之处，在于通道可以完全由计算机来进行处理，也就是说，它是完全数字化的。

1. 新建 Alpha 通道

Alpha 通道是为保存选择区域而专门设计的通道。在生成一个图像文件时，并不必须产生 Alpha 通道。通常它是由人们在图像处理过程中人为生成，并从中读取选择区域信息的。因此在输出制版时，Alpha 通道会因为与最终生成的图像无关而被删除。但也有时，如在三维软件最终渲染输出时，会附带生成一张 Alpha 通道，用以在平面处理软件中作后期合成。

① 在“通道”调板中单击“创建新通道”按钮，此时就会在“通道”调板中新建一个黑色 Alpha 通道，如图 7-1 所示。

② 在弹出菜单中选择“新建通道”命令，打开“新建通道”对话框，如图 7-2 所示。在其中可以设置新建 Alpha 通道的选项，单击“确定”按钮即可新建一个 Alpha 通道。

图 7-1 新建通道

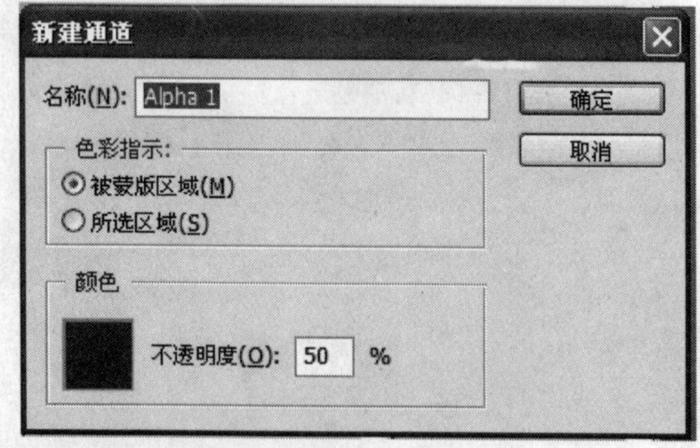

图 7-2 “新建通道”对话框

2. 复制与删除通道

在“通道”调板中拖动选择的通道到“创建新通道”按钮上，即可得到一个该通道的副本，如图 7-3 所示。

在“通道”调板中拖动选择的通道到“删除通道”按钮上，即可将当前通道从“通道”调板中删除，如图 7-4 所示。

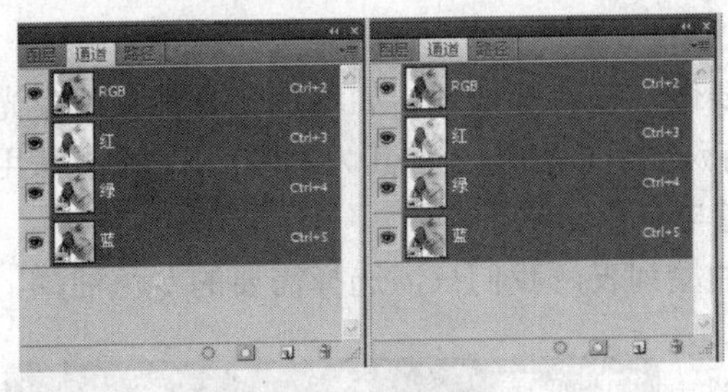

图 7-3 复制通道

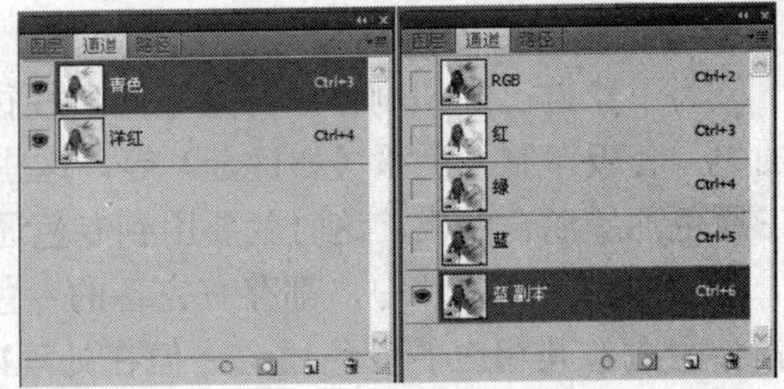

图 7-4 删除通道

3. 编辑 Alpha 通道

创建 Alpha 通道后，可以通过相应的工具或命令对创建的 Alpha 通道进行进一步的编辑，在“通道”调板中将 Alpha 通道前面的小眼睛显示出来，可以更加直观地编辑通道，此时的编辑方法与编辑快速蒙版相类似。默认状态下，通道中黑色部分为保护区域，白色区域为可编辑位置，如图 7-5 所示。

图 7-5 编辑 Alpha 通道

4. 通道载入选区

在“通道”调板中选择要载入选区的通道后，单击“将通道作为选区载入”按钮，此时就会将通道中的浅色区域作为通道载入，如图 7-6 所示。

图 7-6 载入通道选区

5. 创建专色通道

为了让自己的印刷作品与众不同，往往要做一些特殊处理。如增加荧光油墨或夜光油墨，套版印制无色系（如烫金）等，这些特殊颜色的油墨（称其为“专色”）都无法用三原色油墨混合而成，这时就要用到专色通道与专色印刷了。

在图像处理软件中，都存有完备的专色油墨列表。我们只需选择需要的专色油墨，就会生成与其相应的专色通道。但在处理时，专色通道与原色通道恰好相反，用黑色代表选取（即喷绘油墨），用白色代表不选取（不喷绘油墨）。这一点是需要特别注意的。

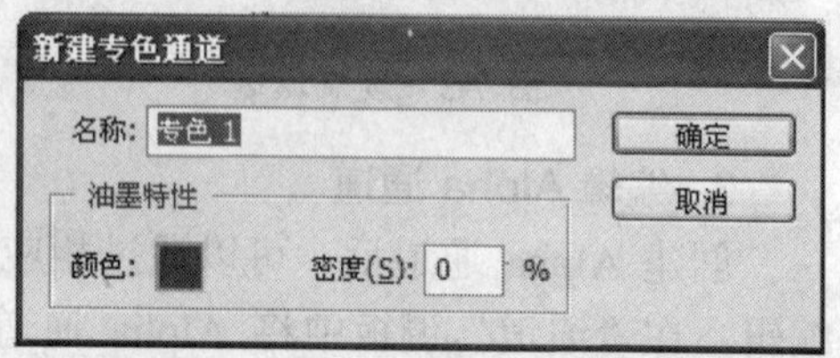

图 7-7 “新建专色通道”对话框

在“通道”调板的弹出菜单中选择“新建专色通道”命令，可以打开“新建专色通道”对话框，如图 7-7 所示，设置“油墨特性”的“颜色”和“密度”后，单击“确定”按钮，即可在调板中新建一个“专色”通道，如图 7-8 所示。

如果在图像中存在选区，创建专色通道的方法与无选区相同，只是在“专色”通道中可以看到选区内的专色，如图 7-9 所示。

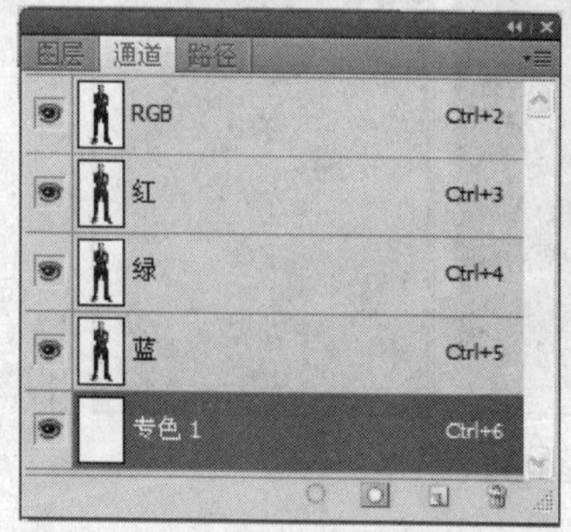

图 7-8 “通道”调板

图 7-9 图像带选区的新建专色通道

如果通道中存在 Alpha 通道，只要使用鼠标双击 Alpha 通道的缩略图，即可打开“通道选项”对话框，在对话框中只要选择“专色”单选框，单击“确定”按钮，此时就会发现 Alpha 通道已经转换成了专色通道，如图 7-10 所示。

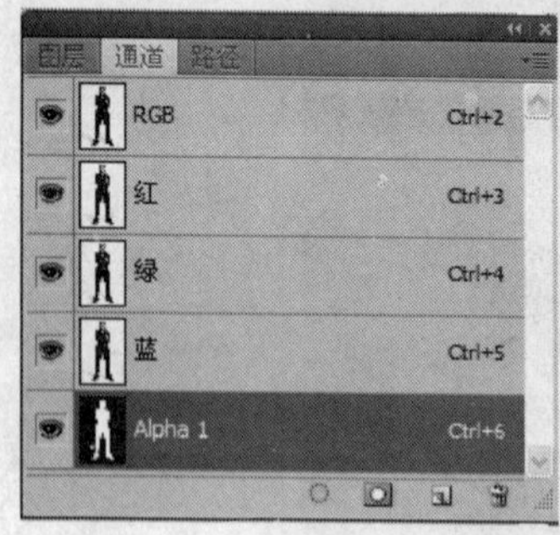

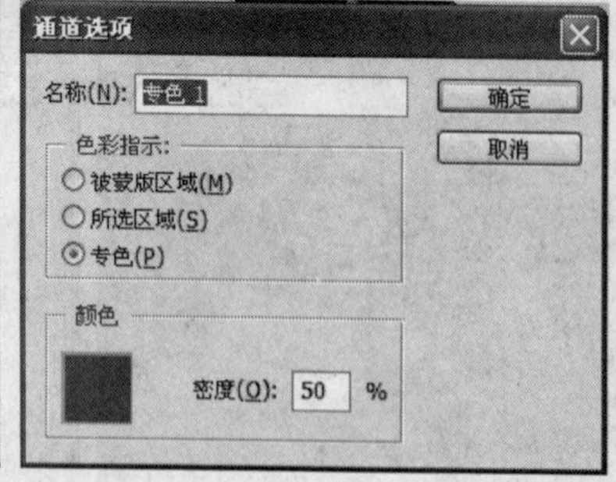

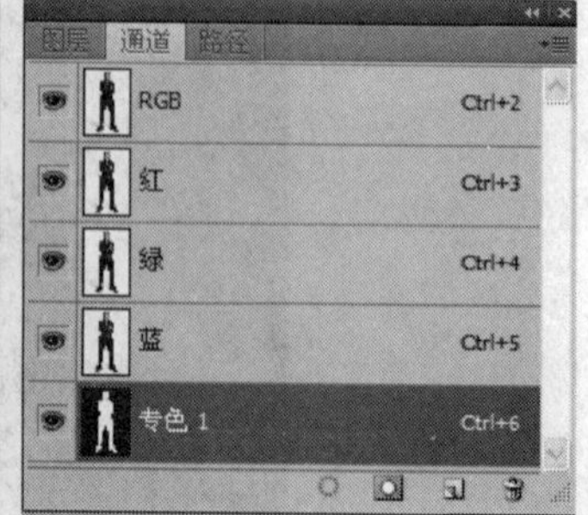

图 7-10 转换 Alpha 通道为专色通道

6. 编辑专色通道

创建专色通道后，可以使用画笔、橡皮擦或滤镜命令对其进行相应的编辑。

将背景色设置为“黑色”，使用 （橡皮擦工具）在图像中进行涂抹，此时会将专色进行扩展，如图 7-11 所示。

将背景色设置为“白色”，使用 （橡皮擦工具）在图像中进行涂抹，此时会将专色进行收缩，如图 7-12 所示。

图 7-11 扩展专色

图 7-12 收缩专色

7.1.2 通道的分离与合并

在 Photoshop CS4 的“通道”调板中存在的通道是可以进行重新拆分和拼合的，拆分后可以得到不同通道下的图像显示的灰度效果，将分离并单独调整后的图像通过“合并通道”命令，可以还原为彩色，只是在设置的通道图像不同时会产生颜色差异。

1. 分离通道

分离通道可以将图像从彩色图像中拆分出来，从而显示原本的灰度图像，具体操作方法是在“通道”调板的弹出菜单中选择“分离通道”命令，即可将图像拆分为组成彩色图像的灰度图像，如图 7-13 所示的效果为分离前后的显示图像效果对比。

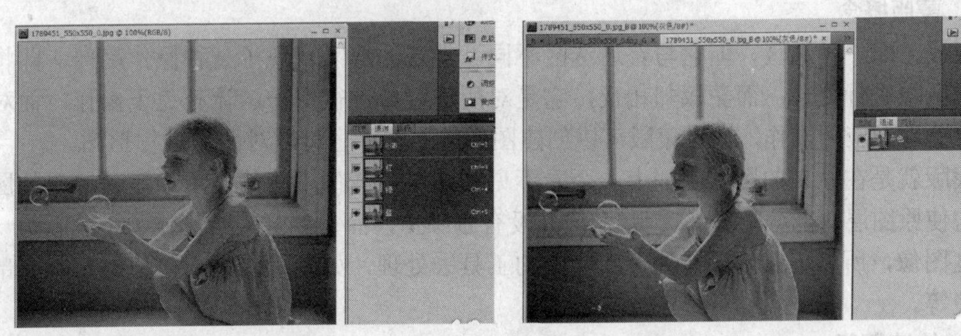

图 7-13 分离通道效果对比

2. 合并通道

合并通道可以将分离后并调整完毕的图像合并。单击“通道”调板下拉菜单中的“合并通道”命令，系统会弹出如图 7-14 所示的“合并通道”对话框。在“模式”下拉列表中选择“RGB 颜色”，在“通道”文本框中输入数量为“3”。

调整完成后，单击“确定”按钮，会弹出“合并 RGB 通道”对话框，在“指定通道”选项中指定合并后的通道，如图 7-15 所示。

图 7-14 “合并通道”对话框

图 7-15 “合并 RGB 通道”对话框

设置完毕后单击“确定”按钮，完成合并效果如图 7-16 所示。

图 7-16 合并通道效果

7.1.3 蒙版的基本操作

蒙版一词本身即来自生活应用，也就是“蒙在上面的板子”的含义。蒙版选框的外部（选框的内部就是选区）用来保护选区的外部。由于蒙版所蒙住的地方是编辑选区时不受影响的地方，需要完整地留下来，因此，在图层上需要显示出来，Photoshop CS4 蒙版是将不同灰度色值转化为不同的透明度，并作用到它所在的图层，使图层不同部位透明度产生相应的变化。黑色为完全透明，白色为完全不透明。

1. 蒙版概念

蒙板，即一种选区，但它与普通选区不同。常规的选区表现了一种操作趋向，即将对所选区域进行处理；而蒙板却相反，它是对所选区域进行保护，让其免于操作，而对非掩盖的地方应用操作，通过蒙版可以创建图像的选区，也可以对图像进行抠图。

蒙版就是在原来的图层上加上一个看不见的图层，其作用就是显示和遮盖原来的图层。它使原图层的部分消失（透明），但并没有删除掉，而是被蒙版给遮住了。蒙版是一个灰度图像，所以可以用所有处理灰度图的工具去处理，如画笔工具、橡皮擦工具、部分滤镜等。

2. 快速蒙版

快速蒙版指的是在当前图像上创建一个半透明的图像，快速蒙版模式使你可以将任何选区作为蒙版进行编辑，而不必使用“通道”调板，在查看图像时也可如此。将选区作为蒙版来编辑的优点是：几乎可以使用任何 Photoshop CS4 工具或滤镜修改蒙版。比如创建一个选区后，进入快速蒙版模式后，可以使用画笔扩展或收缩选区、使用滤镜设置选区边缘、使用选区工具，因为快速蒙版不是选区。

当在快速蒙版模式下操作时，“通道”调板中出现一个临时快速蒙版通道。但是，所有的蒙版编辑是在图像窗口中完成的。

3. 创建快速蒙版

在工具箱中直接单击“以快速蒙版模式编辑”按钮，就可以进入快速蒙版编辑状态。当图像中存在选区时，单击“以快速蒙版模式编辑”按钮后，默认状态下，选区内的图像为可编辑区域，选区外的内容为受保护区域，如图 7-17 所示。

图 7-17　为选区创建快速蒙版

4. 更改蒙版颜色

蒙版颜色指的是覆盖在图像中保护图像某区域的透明颜色，默认状态下为“红色”，“透明度”为 50%。在工具箱中的“以快速蒙版模式编辑”按钮上双击，即可弹出如图 7-18 所示的“快速蒙版选项”对话框。

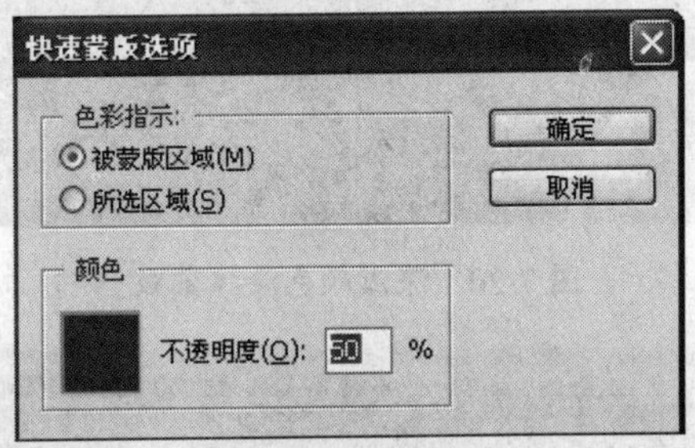

图 7-18　“快速蒙版选项”对话框

对话框中的各选项含义如下：

◆ 色彩提示：用来设置在快速蒙版状态时遮罩显示位置。被蒙版区域：快速蒙版中有颜色的区域代表被蒙版的范围，没有颜色的区域则是选区范围。所选区域：快速蒙版中有颜色的区域代表选区范围，没有颜色的区域则是被蒙版的范围。

◆ 颜色：用来设置当前快速蒙版的颜色和透明程度，默认状态下“不透明度”为 50%的“红色”，单击颜色图标即可弹出“选择快速蒙版颜色”对话框，选择的颜色即为快速蒙版状态下的蒙版颜色，如图 7-19 所示的图像是蒙版为“绿色”的快速蒙版状态。

图 7-19 “快速蒙版”颜色更改为绿色

5. 编辑快速蒙版

进入快速蒙版模式编辑状态时，使用相应的工具可以对创建的快速蒙版重新编辑。在默认状态下，使用深色在可编辑区域填充时，即可将其转换为保护区域的蒙版；使用浅色在蒙版区域填充时，即可将其转换为可编辑状态，如图 7-20 所示。按“Ctrl+T”组合键调出变换框，此时可编辑区域的变换效果与对选区内的图像变换效果一致，如图 7-21 所示。

图 7-20 深浅颜色涂抹蒙版

图 7-21 蒙版变换

6. 退出快速蒙版

在快速蒙版状态下编辑完毕后，单击工具箱中的“以标准版模式编辑”按钮，即可退出快速蒙版，此时被编辑的区域会以选区显示，如图 7-22 所示。

图 7-22　转换为标准模式

7.1.4　图层的对齐与混合

在 Photoshop CS4 中，运用“自动对齐图层”与“混合图层”命令可以为多幅拍摄照片自动创建出全景照片效果或混合效果。

1. 运用“自动对齐图层”命令制作全景照片

① 打开“素材/7/7 全景 1.jpg～7-全景 4.jpg”素材，如图 7-23～图 7-26 所示。

图 7-23　全景 1

图 7-24　全景 2

图 7-25　全景 3

图 7-26　全景 4

② 使用移动工具将“全景 2”、“全景 3”、“全景 4”中的图像拖动到“全景 1”图像中，按住“Ctrl”键在调板中的图层上单击将所有图层选取，如图 7-27 所示。

③ 执行菜单中的“编辑/自动对齐图层”命令，打开“自动对齐图层”对话框，选择“自动”单选框，如图 7-28 所示。

④ 设置完毕后单击“确定”按钮，系统会自动将图像处理为全景效果，如图 7-29 所示。

⑤ 使用裁剪工具在图像中拖动创建裁剪框，如图 7-30 所示。

⑥ 按“Enter”键去掉裁剪框以外的图像，在“调整”调板中选择“通道混合器”图标，打开“通道混合器”调整调板，其中的各项参数设置如图 7-31 所示。

图 7-27　选取图层

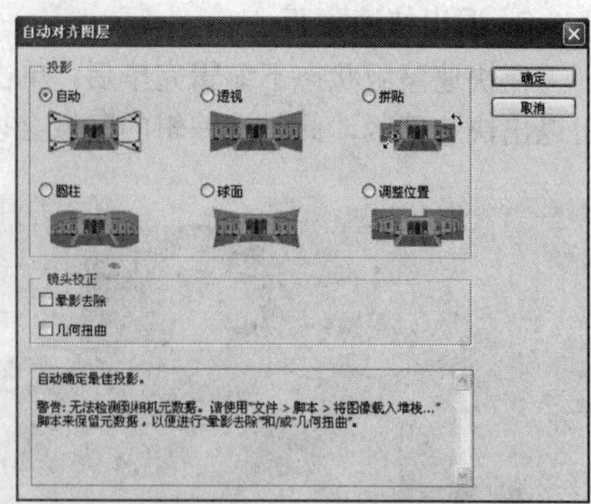

图 7-28　“自动对齐图层”对话框

图 7-29　全景效果图

图 7-30　裁切图像

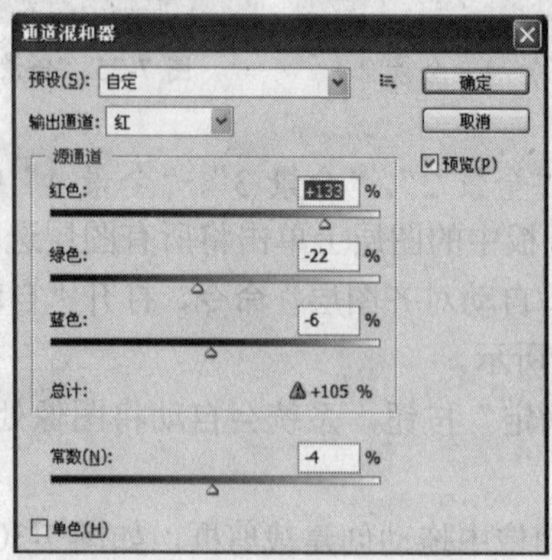

图 7-31　“通道混合器”调整调板

⑦ 调整完毕后，本例制作完毕，效果如图 7-32 所示。

图 7-32　最终全景效果

2. 运用“自动混合图层”命令制作合成图像

① 打开“素材/7/7 模特．jpg”素材，如图 7-33 所示。

② 复制背景图层，执行菜单中的“编辑/变换/水平翻转”命令，将“背景副本”图层水平翻转，如图 7-34 所示。

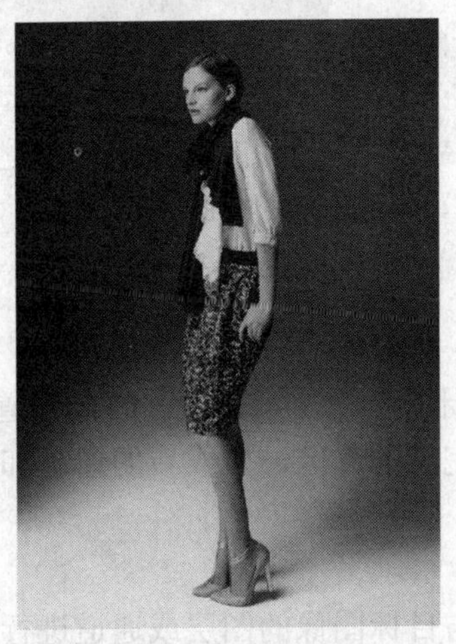

图 7-33　模特素材

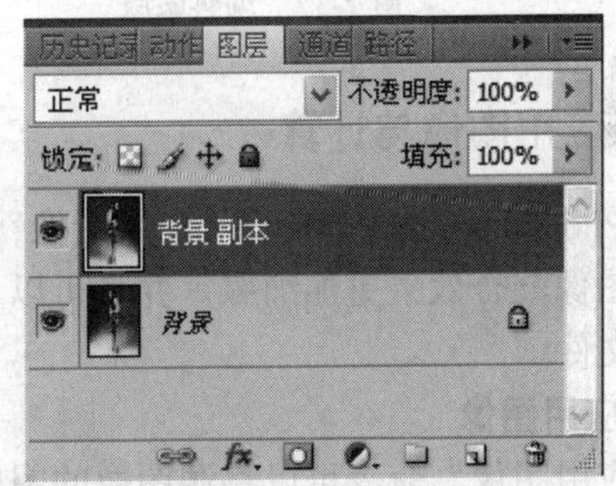

图 7-34　水平翻转图层副本

③ 按住“Ctrl”键在调板中的图层上单击将所有图层选取，执行菜单中的“编辑/自动混合图层”命令，打开“自动混合图层”对话框，选择“全景”单选框，如图 7-35 所示。

④ 单击“确定”按钮，效果如图 7-36 所示。

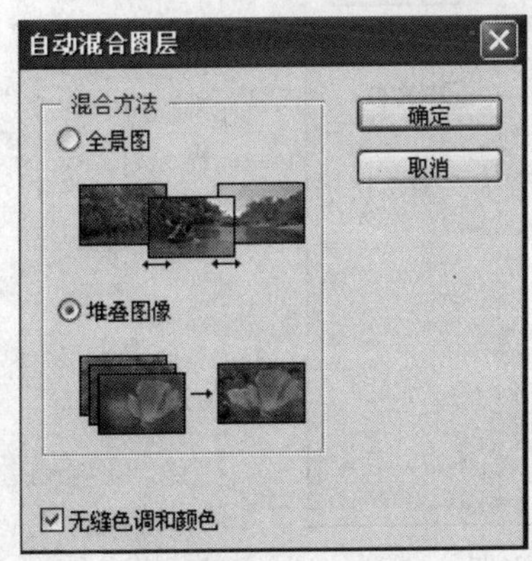

图 7-35　“自动混合图层”对话框

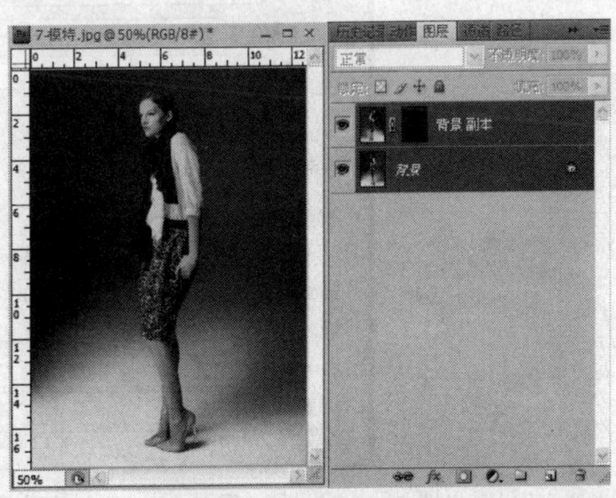

图 7-36　自动混合图层后效果

⑤ 选择“背景副本”图层的蒙版缩略图，将前景色设置为“白色”，使用画笔工具，设置相应的画笔大小，在图像的左侧进行涂抹，效果如图 7-37 所示。

⑥ 随着涂抹位置的更改，调整画笔工具的“主直径”大小，将左侧的人物从黑色蒙版中显示出来，最终效果如图 7-38 所示。

图 7-37　编辑蒙版

图 7-38　最终效果图

7.1.5 应用图像与计算

在 Photoshop CS4 中使用“应用图像”命令或“计算”命令可以通过结合通道、蒙版来使得图像混合效果更加细腻，并且可以调出更加完美的选区，生成新的通道和创建新的图像文件。

1. 应用图像

“应用图像”命令可以将源图像的图层或通道与目标图像的图层或通道进行混合，从而创建出特殊的混合效果。执行菜单中的“图像/应用图像”命令，即可打开“应用图像”对话框，如图 7-39 所示。

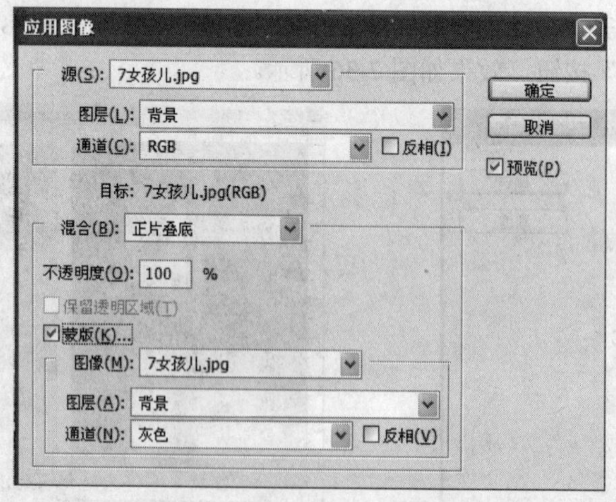

图 7-39　“应用图像”设置对话框

对话框中的各选项含义如下：

（1）源：用来选择与目标图像相混合的源图像文件。

（2）图层：如果源文件是多图层文件，则可以选择源图像中相应的图层作为混合对象。

（3）通道：用来指定源文件参与混合的通道。

（4）反相：勾选该复选框可以在混合图像时使用通道内容的负片。

（5）目标：当前工作的文件图像。

（6）混合：设置图像的混合模式。

（7）不透明度：设置图像混合效果的强度。

（8）保留透明区域：勾选该复选框，可以将效果只应用于目标图层的不透明区域而保留原来的透明区域。如果该图像只存在背景图层中那么该选项将不可用。

（9）蒙板：可以使用图像的蒙板进行混合，勾选该复选框，可以弹出蒙板设置。

◆ 图像：在下拉菜单中选择包含蒙版的图像。

◆ 图层：在下拉菜单中选择包含蒙版的图层。

◆ 通道：在下拉菜单中选择作为蒙版的通道。

◆ 反相：勾选该复选框，可以在计算时使用蒙版通道内容的负片。

通过“应用图像”命令制作图像混合效果：

① 打开“素材/7/7 女孩儿.jpg”和“7 花园.jpg”素材，如图 7-40 和图 7-41 所示。

图 7-40　女孩儿素材

图 7-41　花园素材

② 选择“女孩儿”素材，执行菜单“图像/应用图像”命令，打开“应用图像”对话框，在“源”下拉菜单中选择“花园”，在“通道”下拉菜单中选择“红”，设置“混合”为“柔光”，如图 7-42 所示。

③ 设置完成后单击“确定”按钮，“应用图像”命令后的混合图像效果如图 7-43 所示。

2. 计算

使用“计算”命令可以混合两个来自一个或多个源图像的单个通道，从而得到新图像、新通道或当前图像的选区。执行菜单中的“图像/计算”命令，即可打开“计算”对话框，如图 7-44 所示。

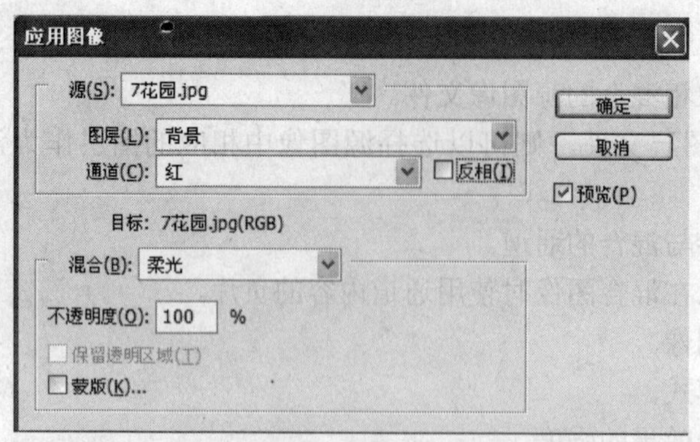

图 7-42 “应用图像”设置对话框

图 7-43 最终图像混合效果

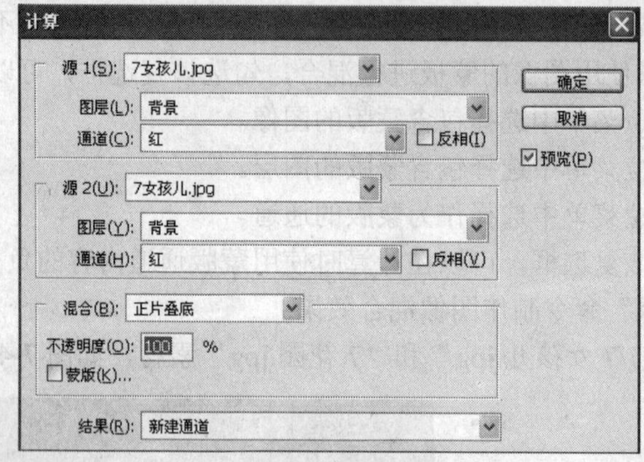

图 7-44 “计算”设置对话框

对话框中的各选项含义如下：

（1）通道：用来指定源文件参与计算的通道，在“计算”对话框中的“通道”下拉菜单中不存在复合通道。

（2）结果：用来指定计算后出现的结果，包括新建文档、新建通道和选区。

◆ 新建文档：选择该项后，系统会自动生成一个多通道文档。

◆ 新建通道：选择该项后，在当前文件中新建 Alpha 通道。

◆ 选区：选择该项后，在当前文件中生成选区。

通过“计算”命令制作图像混合效果：

① 打开“素材/7/7 女孩儿.jpg”和“7 花园 jpg”素材。

② 选择“7 女孩儿”素材，执行菜单中的“图像/计算”命令，打开“计算”对话框，在“源 1”部分设置“源”为“7 女孩儿”、“通道”为“绿”，在“源 2”部分设置“源”为“7 花园”、“通道”为“绿”，设置“混合”为“正片叠底”，设置“结果”为“选区”，其他参数为默认值，如图 7-45 所示。

③ 设置完毕单击“确定”按钮，会发现在选择的“7 女孩儿”文档中生成了图像计算的选区，将选区填充为白色，效果如图 7-46 所示。

④ 打开“计算”对话框后，在“源 1”部分设置“源”为“7 女孩儿”、“通道”为“绿”；在“源 2”部分设置“源”为“7 花园”、“通道”为“绿”，设置“混合”为“正片叠底”，设置“结果”为“新建通道”，其他参数为默认值，如图 7-47 所示。

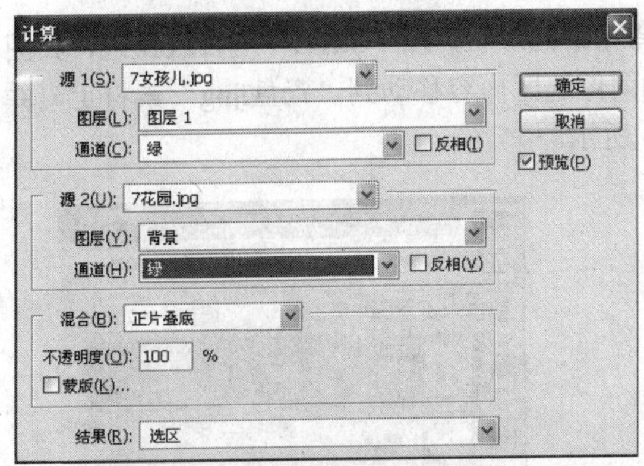

图 7-45 “计算”设置对话框

图 7-46 对选区填充白色

⑤ 设置完毕单击“确定”按钮，此时在原来图像的“通道”调板中会出现新建的Alpha 通道，如图 7-48 所示。

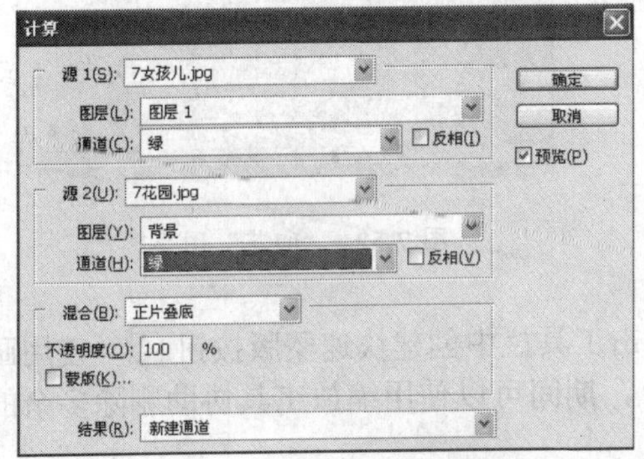

图 7-47 “计算”设置对话框

图 7-48 新建通道

7.2 精彩案例

7.2.1 印花瓷盘

① 打开素材文件夹下的“瓷盘.jpg”和“花朵.jpg”素材文件，如图 7-49 和图 7-50 所示。

图 7-49 瓷盘

图 7-50 花朵

② 在“花朵.jpg”上使用魔棒工具选择花朵的形状，按“Ctrl+I”组合键反选，如图7-51 所示。使用移动工具，将选择的花朵图像选区内容移动到“瓷盘.jpg”素材上，并命名为“印花”图层，如图 7-52 和图 7-53 所示。

图 7-51 选择印花图案

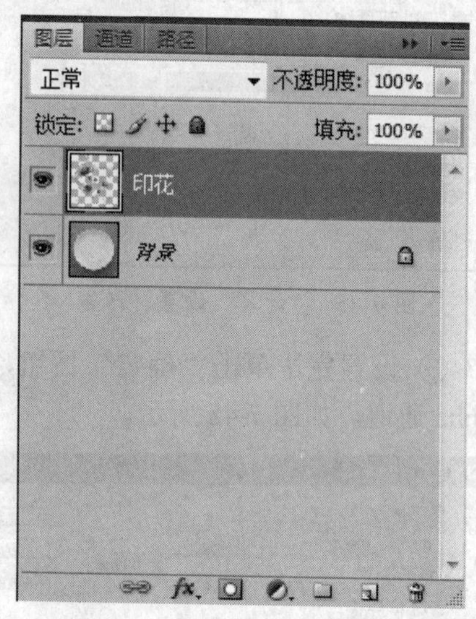

图 7-52 “印花”图层

③ 此时看到很多杂质在印花图层上，单击工具栏中创建快速蒙版按钮，使用画笔工具并配合“Delete”键删除掉多余的部分，期间可以使用缩放工具协助删除多余的杂质，最后效果如图 7-54 所示。

图 7-53 移动印花到瓷盘图像中

图 7-54 修饰后效果

④ 按“Ctrl+T”组合键对印花图层进行自由变换，将“印花”缩放到合适大小和位置，效果如图 7-55 和图 7-56 所示。

图 7-55　自由变换“印花”

图 7-56　变换后效果

⑤ 对图层“印花”使用“滤镜/液化”效果，并设置“画笔大小”为 450，使用膨胀工具对“印花”进行膨胀处理，以便适应瓷盘内边向内凹陷的效果，如图 7-57 所示。

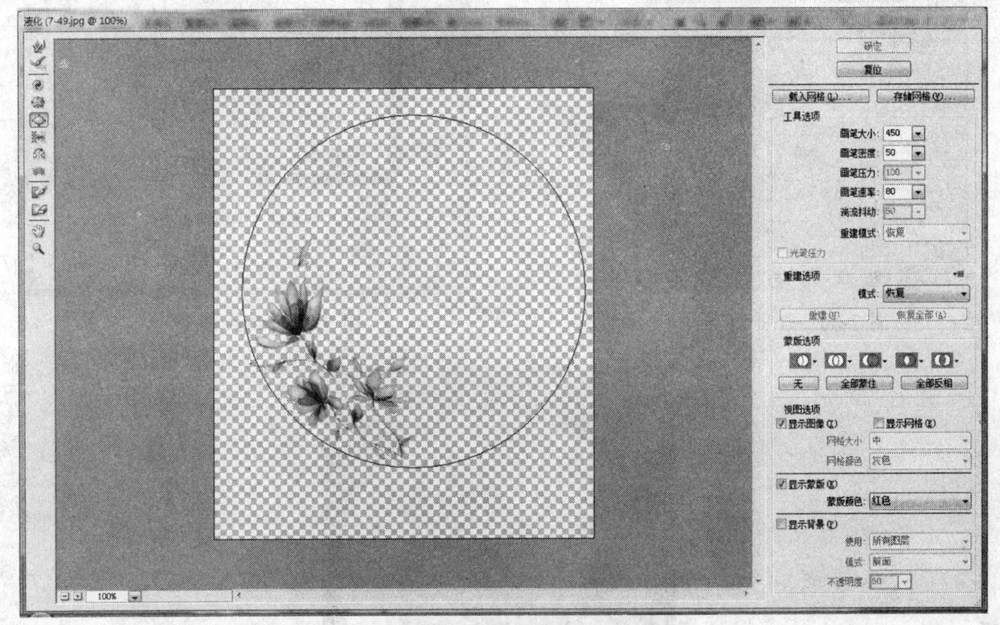

图 7-57　膨胀效果

⑥ 按“Alt”键，将印花图层拖动到新建按钮，生成图层“印花副本”，如图 7-58 所示，再按“Ctrl+T”组合键进行自由变换，将旋转轴移动到瓷盘的中心位置，并进行 180 度旋转，按“Enter”键确认变换，最终效果如图 7-59 所示。

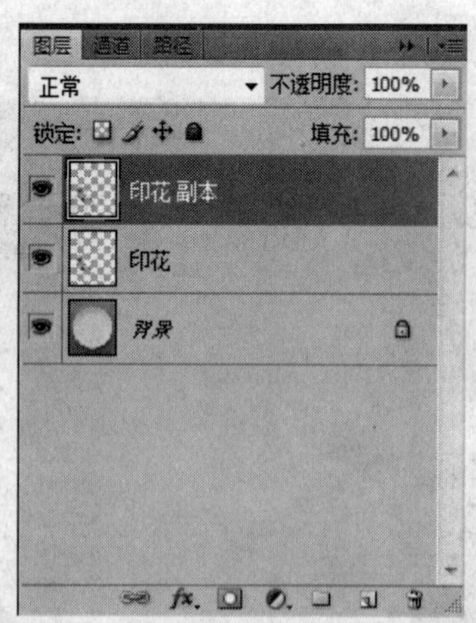

图 7-58　复制“印花”图层

图 7-59　旋转“印花副本”图层

⑦ 选中“印花”和“印花副本”，按“Ctrl+E”组合键，合并图层，如图 7-60 所示。按“Ctrl+M”组合键调出曲线命令，对“印花副本”图层进行色彩修正，如图 7-61 所示，最终效果如图 7-62 所示。

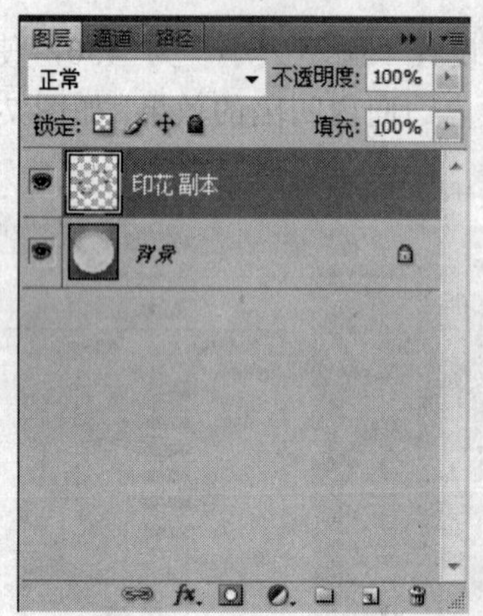

图 7-60　合并图层

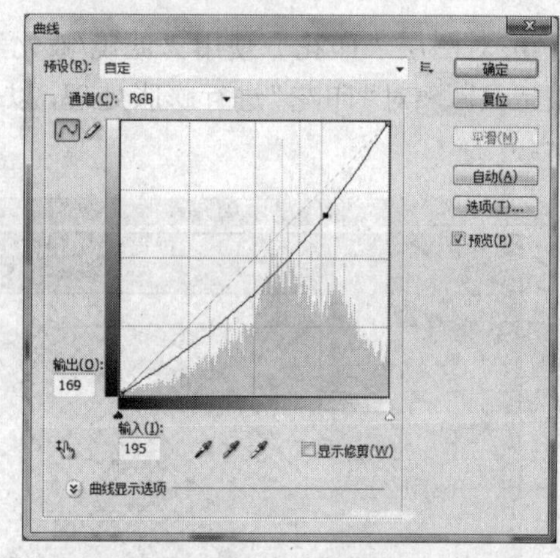

图 7-61　曲线调整

图 7-62　最终效果

7.2.2 泼墨山水

① 打开素材文件夹下的“枫叶.jpg”文件，如图 7-63 所示，打开“通道”面板，单击面板底部的新建按钮新建“Alpha1”通道，如图 7-64 所示。

图 7-63 “枫叶”原图

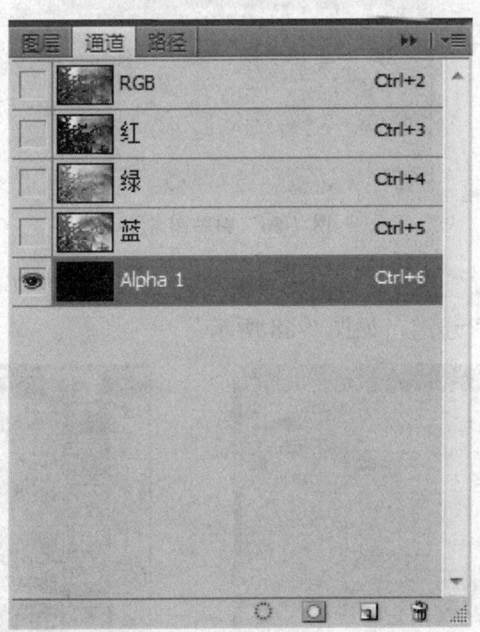

图 7-64 新建“Alpha1”通道

② 打开素材文件夹下的“风景.jpg”文件，如图 7-65 所示，按“Ctrl+A”组合键选择图片，然后按“Ctrl+C”组合键复制，选择枫叶图像编辑窗口的“Alpha1”通道，按“Ctrl+V”组合键粘贴，如图 7-66 所示。

图 7-65 “风景”原图

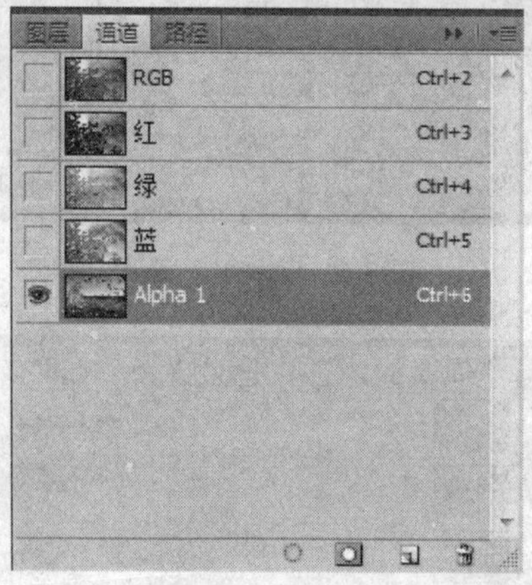

图 7-66 粘贴图片

③ 执行“图像/计算”命令，打开“计算”对话框，按图 7-67 设置参数后单击“确定”按钮新增“Alpha2”通道，如图 7-68 所示。

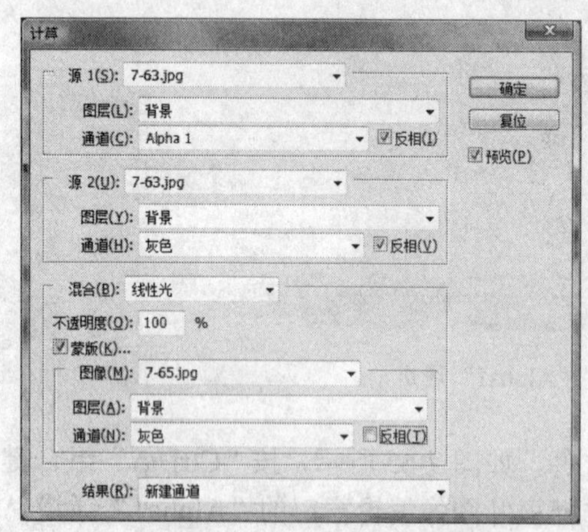

图 7-67 “计算”设置对话框

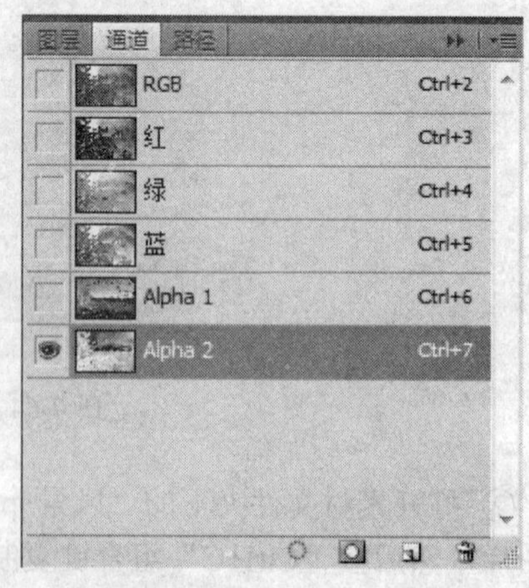

图 7-68 新增“Alpha2”通道

④ 执行“图像/计算”命令，打开“计算”对话框，按图 7-69 设置参数后单击“确定”按钮新增“Alpha3”通道，如图 7-70 所示。

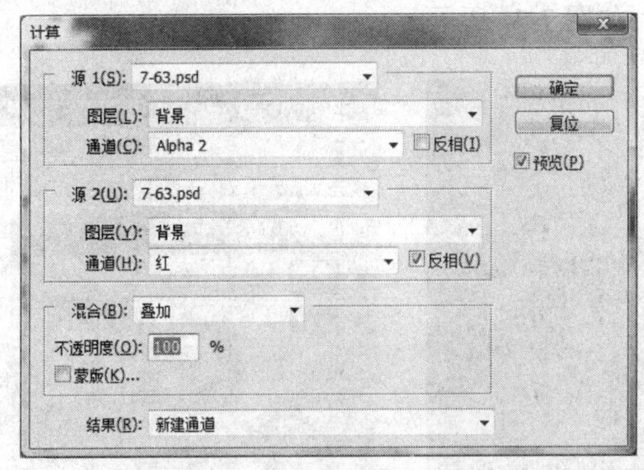

图 7-69 “计算”设置对话框

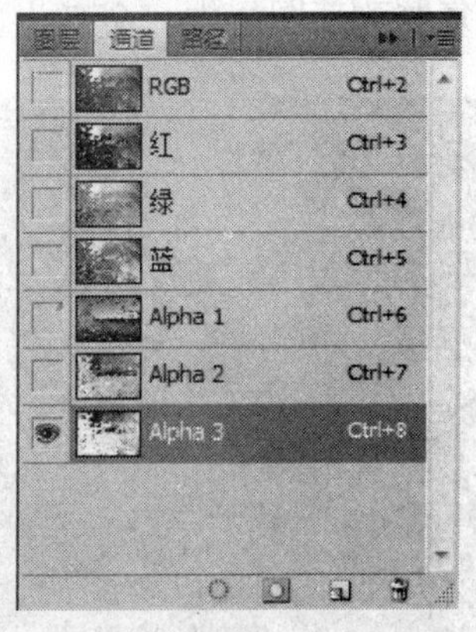

图 7-70 新增“Alpha3”通道

⑤ 按住“Ctrl”键单击“Alpha2”通道的缩览图，载入选区，在“图层”面板中选中背景图层，按“Ctrl+J”组合键将选区的图像复制到新图层中，命名为“图层 1”，如图 7-71 和图 7-72 所示。

图 7-71 载入选区

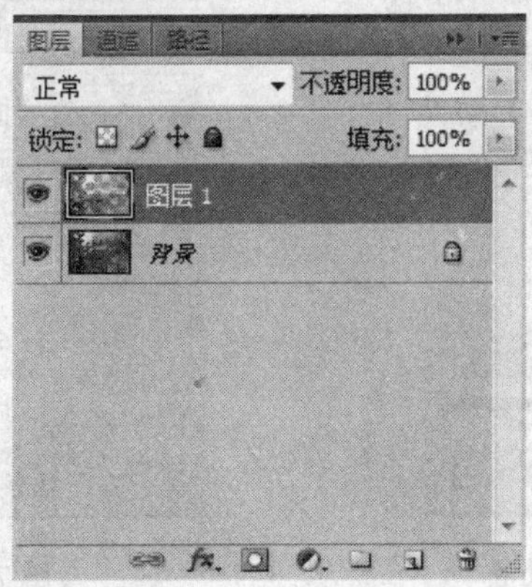

图 7-72 新增“图层 1”

⑥ 在通道中选择“Alpha3”，按住“Ctrl”键单击“Alpha3”通道的缩览图，载入选区，如图 7-73 所示。在“图层”面板中选择背景图，按“Ctrl+J”组合键将选区中的图像复制到新图层中，命名为“图层 2”，如图 7-74 所示。

图 7-73　载入选区

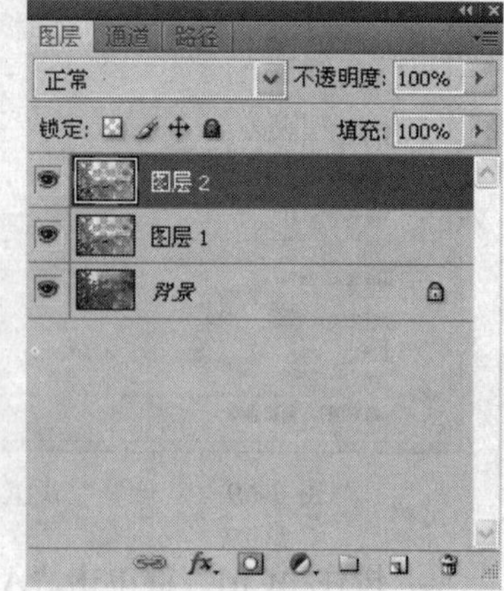

图 7-74　新增“图层 2”

⑦ 按住“Ctrl”键单击“图层 2”缩览图，载入选区，单击图层底部的按钮，在弹出的快捷菜单中选择“色相/饱和度”命令，在其对话框中设置参数，如图 7-75 和图 7-76 所示，单击“确定”按钮，图像效果如图 7-77 所示。

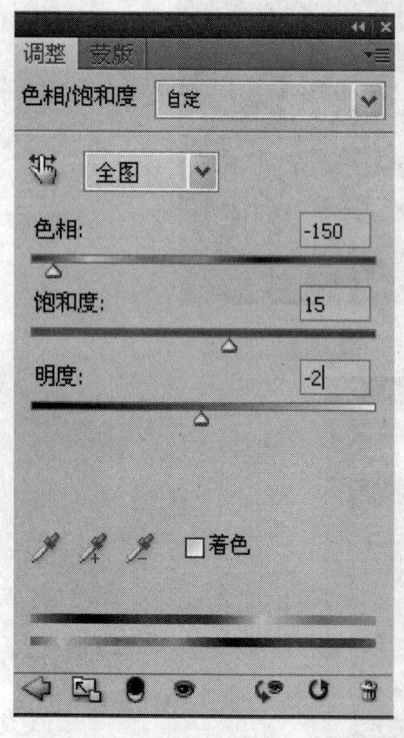

图 7-75　“色相/饱和度”设置

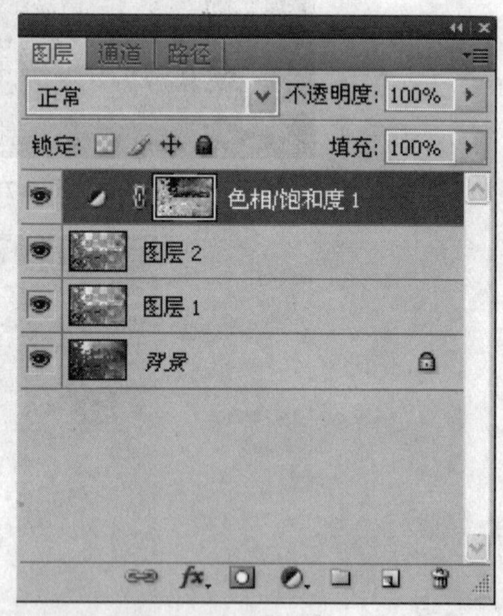

图 7-76　调整图层

图 7-77　设置后效果

⑧ 为“图层 2”添加图层蒙版，蒙版状态如图 7-78 所示。

⑨ 按住“Ctrl”键单击“图层 1”缩览图，载入选区，单击底部的按钮，在弹出的快捷菜单中选择“色阶”命令，在其对话框中设置参数，如图 7-79 所示，最终图像效果如图 7-80 所示。

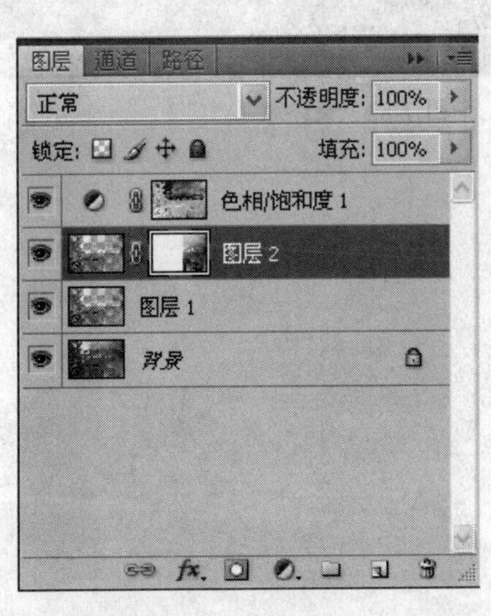

图 7-78　图层蒙版

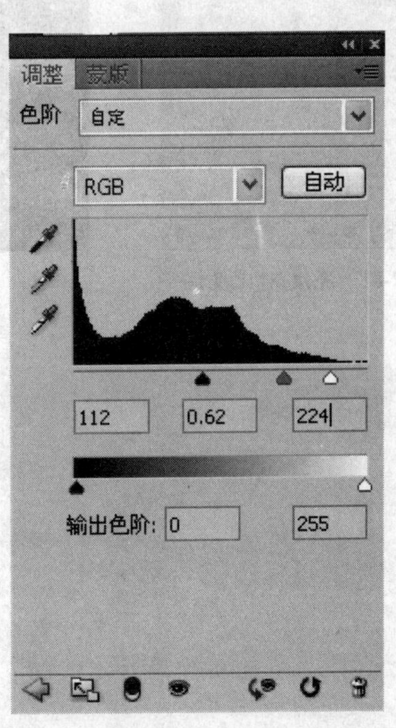

图 7-79　色阶调整

图 7-80　设置后效果

⑩ 单击图层底部的 按钮，在弹出的快捷菜单中选择“亮度/对比度”命令，新增“亮度/对比度”调整图层，在其对话框中设置参数，如图 7-81 所示。最终效果如图 7-82 所示。

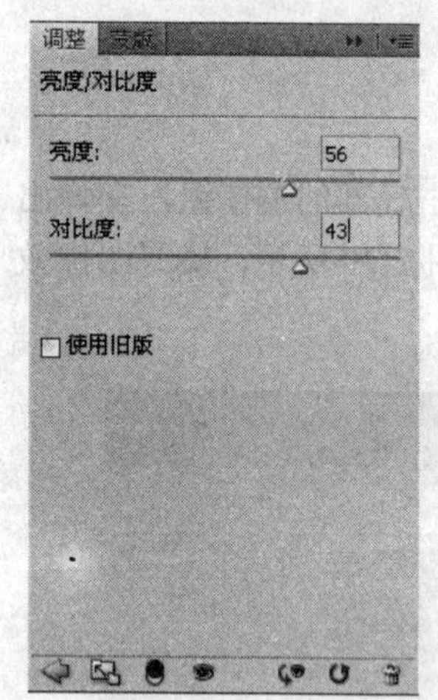

图 7-81　亮度/对比度调整

图 7-82　最终效果

第 8 章　滤镜操作与运用

8.1　知 识 讲 解

8.1.1　滤镜的基本操作

滤镜主要是用来实现图像的各种特殊效果，它在 Photoshop 中具有非常神奇的作用。所有的 Photoshop 滤镜都分类放置在菜单中，使用时只需要从该菜单中执行这命令即可。滤镜的操作是非常简单的，但是真正用起来却很难恰到好处。滤镜通常需要同通道、图层等联合使用，才能取得最佳艺术效果。如果想在最适当的时候应用滤镜到最适当的位置，除了平常的美术功底之外，还需要用户对滤镜的熟悉和操控能力，甚至需要具有很丰富的想象力。这样，才能有的放矢地应用滤镜，发挥出艺术才华。

Photoshop 滤镜基本可以分为三个部分：内阙滤镜、内置滤镜（也就是 Photoshop 自带的滤镜）、外挂滤镜（也就是第三方滤镜）。内阙滤镜指内阙于 Photoshop 程序内部的滤镜，共有 6 组 24 个滤镜。内置滤镜指 Photoshop 默认安装时，Photoshop 安装程序自动安装到 pluging 目录下的滤镜，共 12 组 72 支滤镜。外挂滤镜就是除上面两种滤镜以外，由第三方厂商为 Photoshop 所生产的滤镜，它们不仅种类齐全、品种繁多，而且功能强大，同时版本与种类也在不断升级与更新。这就是所讲的重点。

1. 滤镜库

选择菜单“滤镜/滤镜库”命令，弹出“滤镜库”对话框，在对话框中部为滤镜列表，每个滤镜组下面包含了多个很有特色的滤镜，单击需要的滤镜组，可以浏览到滤镜组中的各个滤镜和其相应的滤镜效果，如图 8-1 所示。

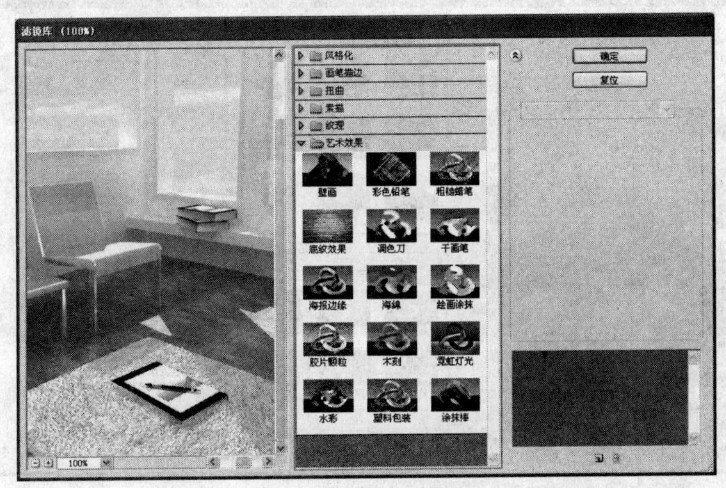

图 8-1　“滤镜库”对话框

在“滤镜库”对话框中可以创建多个效果图层，每个图层可以应用不同的滤镜，从而使图像产生多个滤镜叠加后的效果。为图像添加“画笔描边/喷色描边”滤镜，如图 8-2 所示，单击“新建效果图层”按钮，生成新的效果图层，如图 8-3 所示。

图 8-2 “喷色描边”滤镜效果

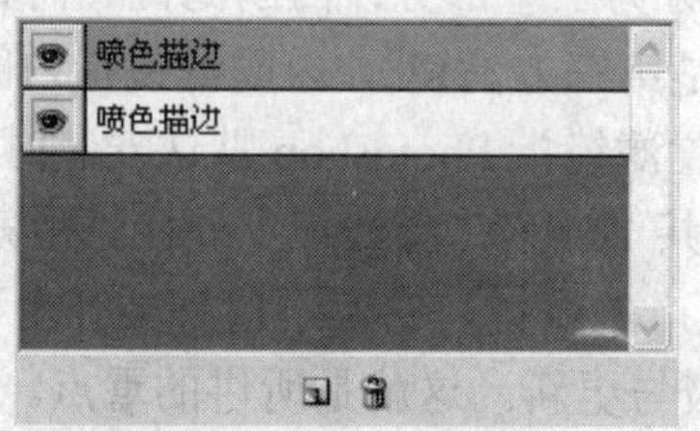

图 8-3 新建效果图层

为图像添加“纹理\纹理化”滤镜，2 个滤镜叠加后的效果如图 8-4 所示。

图 8-4 “纹理化”滤镜叠加效果

为图像添加“扭曲/海洋波纹”滤镜，3 个滤镜叠加后的效果如图 8-5 所示。

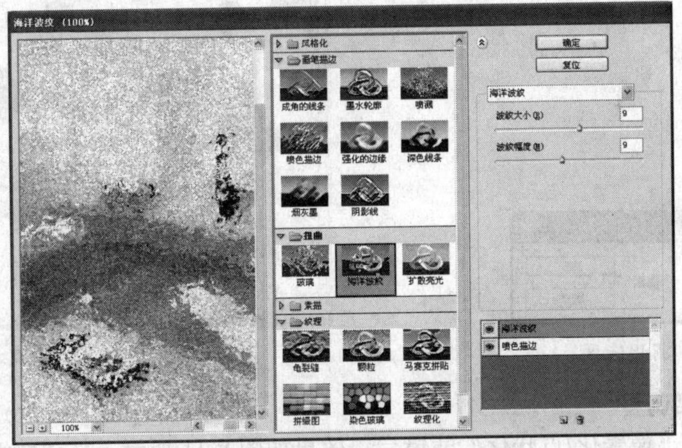

图 8-5 “海洋波纹”滤镜叠加效果

2. 重复使用滤镜

如果在使用一次滤镜后，效果不理想，可以按“Ctrl+F”组合键，重复使用滤镜。重复使用染色玻璃滤镜的不同效果，对素材执行“纹理/染色玻璃”滤镜，然后再执行两次，效果如图 8-6 所示。

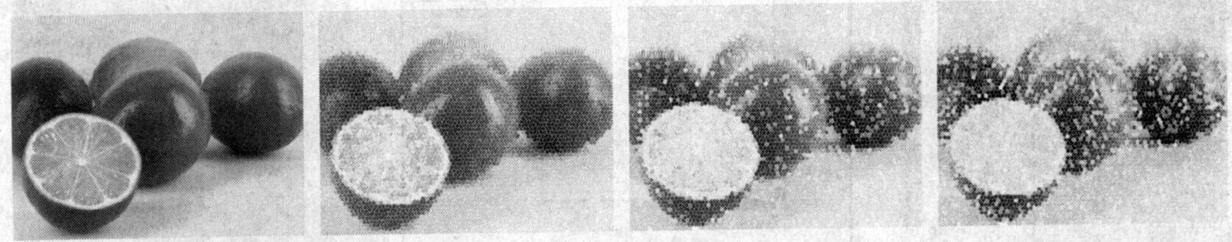

图 8-6 重复执行滤镜效果

3. 局部使用滤镜

对图像的局部使用滤镜，是常用的处理图像的方法。在要应用的图像上绘制选区，如图 8-7 所示，对选区中的图像使用“扭曲/球面化”滤镜，效果如图 8-8 所示。如果对选区进行羽化后再使用滤镜，就可以得到与原图融为一体的效果。在“羽化选区”对话框中设置羽化的数值，如图 8-9 所示，对选区进行羽化后再使用滤镜得到的效果如图 8-10 所示。

图 8-7 创建选区

图 8-8 “球面化”滤镜效果

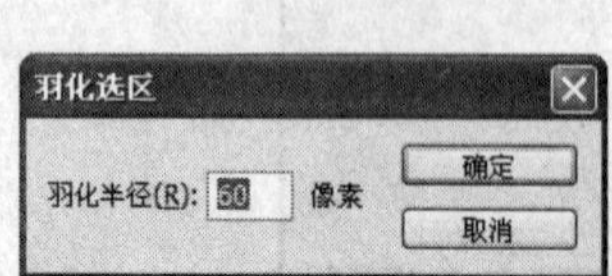

图 8-9　羽化选区

图 8-10　“球面化”滤镜效果

4. 滤镜效果调整

对图像应用“像素化/点状化”滤镜后，效果如图 8-11 所示，按“Ctrl+M”组合键，弹出“曲线”对话框，调整输入输出值，并设置通道 RGB，如图 8-12 所示，单击“确定”按钮，滤镜效果产生变化，如图 8-13 所示。

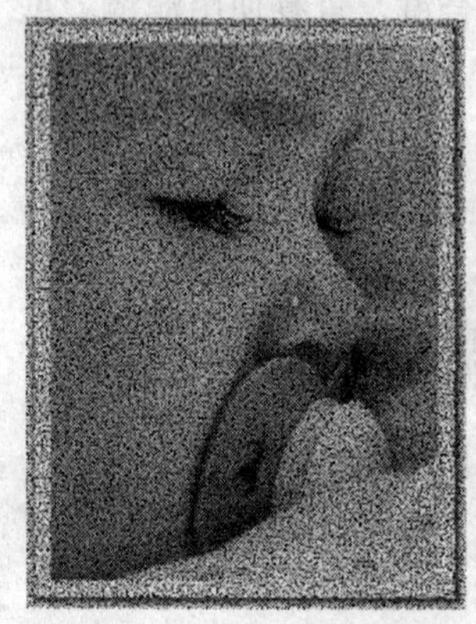

图 8-11　点状化滤镜效果

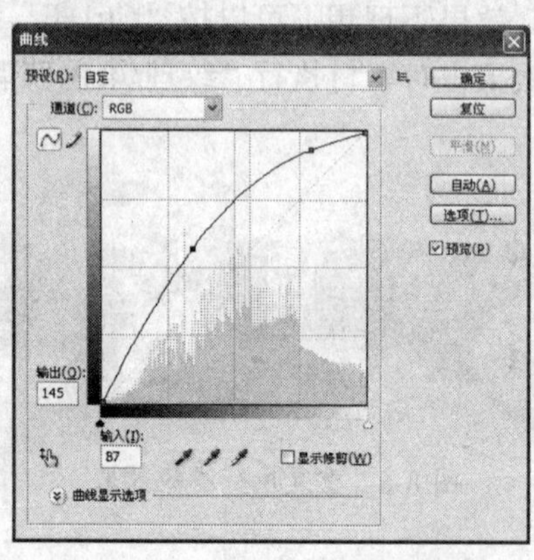

图 8-12　曲线调整

图 8-13　最终效果

5. 对通道使用滤镜

如果分别对图像的各个通道使用滤镜，结果和对图像使用滤镜的效果是一样的。对图像的单独通道使用滤镜，可以得到一种非常好的效果。原始图像效果如图 8-14 所示，对图像的绿、蓝通道分别使用径向模糊滤镜后得到的效果如图 8-15 所示。

图 8-14　原图

图 8-15　对通道使用滤镜效果

8.1.2 滤镜的应用

单击选择“滤镜”菜单，弹出如图 8-16 所示的下拉菜单。Photoshop CS4 滤镜菜单被分为 6 部分，并已用横线划分开。

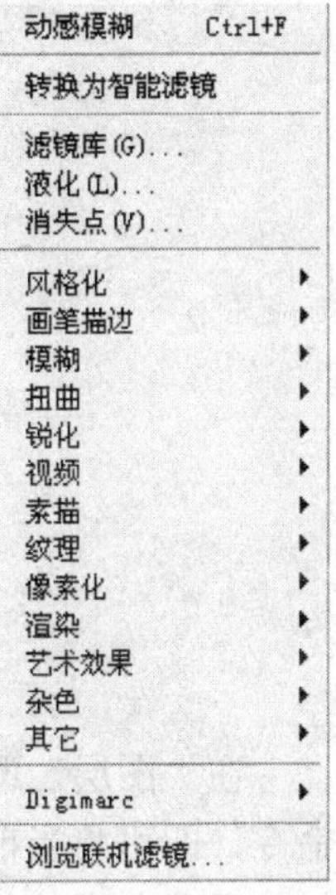

图 8-16　滤镜菜单

第 1 部分为最近一次使用的滤镜，没有使用滤镜时，此命令为灰色，不可选择。使用任意一种滤镜后，需要重复使用这种滤镜时，只要直接选择这种滤镜或按“Ctrl+F”组合键，即可重复使用。第 2 部分为转换为智能滤镜，智能滤镜可随时进行修改操作。第 3 部分为 3 种 Photoshop CS4 滤镜，每个滤镜的功能都十分强大。第 4 部分为 13 种 Photoshop CS4 滤镜组，每个滤镜组中都包含多个子滤镜。第 5 部分为 Digimarc 滤镜。第 6 部分为浏览联机滤镜。

1. 智能滤镜

在 Photoshop CS4 中，智能滤镜可以在不破坏图像本身像素的条件下为图层添加滤镜效果。

“图层”调板中的“普通图层”应用滤镜后，原来的图像将会被取代；“图层”调板中的智能对象可以直接将滤镜添加到图像中，但是不破坏图像本身的像素。首先执行菜单中的“图层/智能对象/转换为智能对象”命令，即可将普通图层或背景图层变成智能对象，或执行菜单中的“滤镜/转换为智能滤镜”命令，此时会弹出如图 8-17 所示的提示对话框，单击“确定”按钮，即可将当前图层转换成智能对象图层，再执行相应的滤镜命令，就会在“图层”调板中看到该滤镜显示在智能滤镜的下方，如图 8-18 所示。

图 8-17　智能滤镜提示对话框

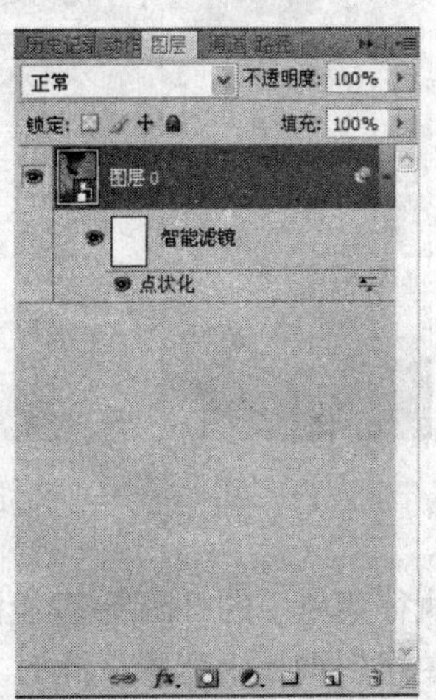

图 8-18　智能滤镜

在应用的滤镜效果名称上单击右键，在弹出的菜单中选择“编辑智能滤镜混合选项”选项，或在后面的图标上双击鼠标，即可打开“混合选项”对话框，在该对话框中可以设置该滤镜在图层中的“混合模式”和“不透明度”，如图 8-19 所示。

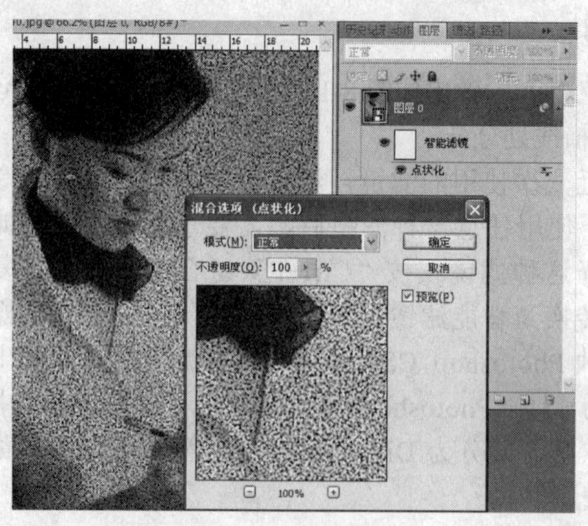

图 8-19 混合选项对话框

在“图层”调板中应用智能滤镜后，执行菜单中的“图层/智能滤镜/停用智能滤镜”命令，即可将当前使用的“智能滤镜”效果隐藏，还原图像的原来品质，此时“智能滤镜”子菜单中的“停用智能滤镜”命令变成“启用智能滤镜”命令，执行此命令即可启用智能滤镜，如图 8-20 所示。

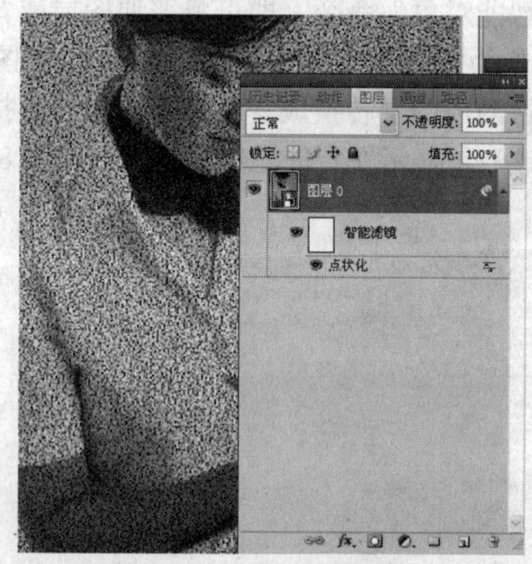

图 8-20 智能滤镜的停用与启动

执行菜单中的“图层/智能滤镜/删除智能滤镜蒙版”命令，即可将智能滤镜中的蒙版从“图层”调板中删除，此时“智能滤镜”子菜单中的“删除智能滤镜”命令变成“添加智能滤镜”命令，执行此命令即可将蒙版添加到智能滤镜后面，如图 8-21 所示。

执行菜单中的“图层/智能滤镜/停用智能滤镜蒙版”命令，即可将智能滤镜中的蒙版停用，此时会在蒙版上出现一个红叉，应用“停用智能滤镜蒙版”命令后，“智能滤镜”子菜单中的“停用智能滤镜蒙版”命令变成“启用智能滤镜蒙版”命令，执行此命令即可将蒙版重新启用，如图 8-22 所示。

图 8-21　智能滤镜的删除与添加

图 8-22　智能滤镜蒙版的停用与启用

执行菜单中的“图层/智能滤镜/清除智能滤镜”命令，即可将应用的智能滤镜从“图层”调板中删除，如图 8-23 所示。

图 8-23　智能滤镜蒙版的停用与启用

2. 液化滤镜

“液化”滤镜可以使图像产生液体流动的效果，从而创建出局部推拉、扭曲、放大、缩小、旋转等特殊效果。在菜单栏中执行“滤镜/液化”命令，即可打开如图 8-24 所示的“液化”对话框。

图 8-24 “液化”对话框

对话框中的各选项含义如下：

（1）工具箱：用来存放液化处理图像的工具。

● （向前变形工具）：使用该工具在图像上拖动，会使图像向拖动方向产生弯曲变形效果，如图 8-25 所示。原图以“液化”对话框中的预览图像为准。

● （重建工具）：使用该工具在图像上已发生变形的区域单击或拖动，可以使已变形图像恢复为原始状态，如图 8-26 所示。

图 8-25 向前变形推动操作

图 8-26 重建操作

● (顺时针旋转扭曲工具)：使用该工具在图像上按住鼠标时，可以使图像中的像素顺时针旋转，如图 8-27 所示。使用该工具在图像上单击鼠标时按住“Alt”键，可以使图像中的像素逆时针旋转，如图 8-28 所示。

图 8-27 顺时针旋转扭曲操作

图 8-28 逆时针旋转扭曲操作

● (褶皱工具)：在图像上单击或拖动时，会使图像中的像素向画笔区域的中心移动，使图像产生收缩效果，如图 8-29 所示。

● (膨胀工具)：在图像上单击或拖动时，会使图像中的像素从画笔区域的中心向画笔边缘移动，使图像产生膨胀效果，该工具产生的效果正好与褶皱工具产生的效果相反，如图 8-30 所示。

图 8-29 收缩效果操作

图 8-30 膨胀效果操作

● (左推工具)：在图像上拖动时，图像中的像素会以相对于拖动方向左垂直的方向在画笔区域内移动，使其产生挤压效果，如图 8-31 所示；按住“A1t”键拖动鼠标时，图像中的像素会以相对于拖动方向右垂直的方向在画笔区域内移动，使其产生挤压效果，如图 8-32 所示。

图 8-31　向左推动操作

图 8-32　向右推动操作

● （镜像工具）：在图像上拖动时，图像中的像素会以相对于拖动方向右垂直的方向上产生镜像效果，如图 8-33 所示。按住“Alt”键拖动鼠标时，图像中的像素会以相对于拖动方向左垂直的方向上产生镜像效果，如图 8-34 所示。

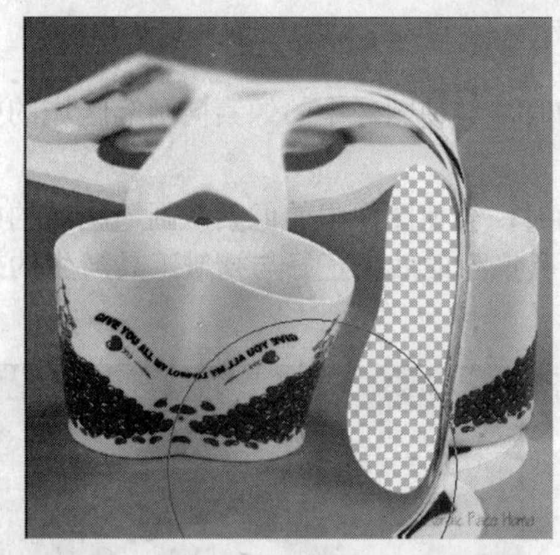

图 8-33　左镜像操作

图 8-34　右镜像操作

● （湍流工具）：在图像上拖动时，图像中的像素会平滑地混和在一起，使用该工具可以十分轻松地在图像上产生与火焰、波浪或烟雾相似的效果，如图 8-35 所示。

图 8-35　湍流效果操作

● (冻结蒙版工具)：在图像上拖动时，图像中的画笔经过的区域会被冻结，冻结后的区域不会受到变形的影响，图 8-36 所示图像的红色区域就是预览区中的被冻结部分。使用（湍流工具）在图像上拖动后经过冻结的区域图像不会被变形，如图 8-37 所示。

图 8-36 冻结蒙版操作

图 8-37 冻结蒙版后湍流操作

● (解冻蒙版工具)：在图像上已经冻结的区域上拖动时，画笔经过的地方将会被解冻，如图 8-38 所示。

图 8-38 解冻蒙版操作

● (缩放工具)：用来缩放预览区的视图，在预览区内单击会将图像放大，按住“Alt”键单击鼠标会将图像缩小。

● (抓手工具)：当图像放大到超出预览框时，使用该工具可以移动图像查看局部。

（2）工具选项：用来设置选择相应工具时的设置参数。

- 画笔大小：用来控制选择工具的画笔宽度。
- 画笔密度：用来控制画笔与图像像素的接触范围。数值越大，范围越广。
- 画笔压力：用来控制画笔的涂抹力度。压力为 0 时，将不会对图像产生影响。
- 画笔速率：用来控制重建、膨胀等工具在图像中单击或拖动时的扭曲速度。
- 湍流抖动：用来控制湍流工具混合像素时的紧密程度。
- 重建模式：用来控制重建工具在重建图像时的模式。
- 光笔压力：在计算机连接数位板时，该选项会被激活，勾选该复选框后，可以通过绘制时使用的压力大小来控制工具绘制效果。

（3）重建选项：用来设置恢复图像的设置参数。

- 模式：在下拉菜单中可以选择重建的模式，包括恢复、刚性、生硬、平滑和松散五项。
- 重建：单击此按钮可以完成一次重建效果，单击多次可完成多次重建效果。
- 恢复全部：单击此按钮可以去掉图像的所有液化效果，使其恢复到初始状态。即使冻结区域存在液化效果，单击此按钮同样可以将其恢复到初始状态。

（4）蒙版选项：用来设置与图像中存在的蒙版、通道等效果的混合选项。

- （替换选区）：显示原图像中的选区、蒙版或透明度。
- （添加到选区）：显示原图像中的蒙版，可以将冻结区域添加到选区蒙版。
- （从选区中减去）：从冻结区域减去选区或通道的区域。
- （与选区交叉）：只有冻结区域与选区或通道交叉的部分可用。
- （反相选区）：将冻结区域反选。
- 无：单击此按钮，可以将图像所有冻结区域解冻。
- 全部蒙版：单击此按钮，可以将整个图像冻结。
- 全部反相：单击此按钮，可以将冻结区域与非冻结区域调转。

（5）视图选项：用来设置预览区域的显示状态。

- 显示图像：勾选此复选框，可以在预览区中看到图像。
- 显示网格：勾选此复选框，可以在预览区中看到网格，此时“网格大小”和“网格颜色”被激活，从中可以设置网格大小和颜色。
- 显示蒙版：勾选此复选框，可以在预览区中看到图像中冻结区域被覆盖。
- 蒙版颜色：设置冻结区域的颜色。
- 显示背景：勾选此复选框，可以设置在预览区中看到“图层”调板中的其他图层。
- 使用：在下拉菜单中可以选择在预览区中显示的图层。
- 模式：设置其他显示图层与当前预览区中图像的层叠模式，如前面、后面和混合等。
- 不透明度：设置其他图层与当前预览区中图像之间的不透明度。

（6）预览区域：用来显示编辑过程的窗口。

如图 8-39 所示的效果为应用“液化”前后的效果对比图。

图 8-39　液化效果前后对比

3. 消失点滤镜

使用“消失点”滤镜命令中的工具可以在创建的图像选区内进行克隆、喷绘、粘贴图像等操作。所做的操作会自动应用透视原理，按照透视的比例和角度自动计算，自动适应对图像的修改，从而大大节约了我们精确设计和制作多面立体效果所需的时间。“消失点”滤镜命令还可以将图像依附到三维图像上，系统会自动计算图像的各个面的透视程度。执行菜单中的“滤镜/消失点”命令，即可打开如图 8-40 所示的“消失点”对话框。

图 8-40　消失点滤镜对话框

对话框中的各选项含义如下：

(1)（创建平面工具）：可以在预览编辑区的图像中单击并创建平面的 4 个点，节点之间会自动连接成透视平面，在透视平面边缘上按住“Ctrl”键向外拖动时，此时会产生另一个与之配套的透视平面，创建过程如图 8-41 所示。

图 8-41 创建平面

（2）（编辑平面工具）：可以对创建的透视平面进行选择、编辑、移动和调整大小。存在两个平面时，按住“Alt”键拖动控制点可以改变两个平面的角度，如图 8-42 所示。此时选项栏中的“网格大小”和“角”两个选项会被激活，可以用来更改平面中的网格密度和角度，如图 8-43 所示。

图 8-42 编辑工具更改角度

网格大小: 100 角度: 0

图 8-43 编辑选项

（3）（选框工具）：在平面内拖动即可在平面内创建选区，如图 8-44 所示。按“Alt”键拖动选区可以将选区内的图像复制到其他位置，复制的图像会自动生成透视效果，如图 8-45 所示；按“Ctrl”键拖动选区可以将选区停留的图像复制到创建的选区内，如图 8-46 所示。选择选框工具后，在对话框中的选项栏中将会出现“羽化”、“不透明度”、“修复”和“移动模式”4 个选项，如图 8-47 所示。

图 8-44 在平面中创建选区

图 8-45　按“Alt”键拖动生成透视效果

图 8-46　按“Ctrl”键拖动生成复制效果

羽化: 1　不透明度: 100　修复: 关　移动模式: 目标

图 8-47　选框工具选项

- 羽化：设置选区边缘的平滑程度。
- 不透明度：设置复制区域的透明程度。
- 修复：设置复制区域与背景的混合处理模式，包括关、明亮度和开。
- 移动模式：设置复制的模式，与按“Ctrl”键与“Alt”键相同。

（4）（图章工具）：该工具与软件工具箱中的（仿制图章工具）用法相同，只是多出了修复透视区域效果。先按住“Alt”键在平面内取样，如图 8-48 所示，松开键盘，移动鼠标到需要仿制的地方按下鼠标拖动即可复制，复制的图像会自动调整所在位置的透视效果，如图 8-49 所示。选择图章工具后，在对话框中的选项栏中将会出现“直径”、“硬度”、“不透明度”、“修复”和“对齐”5 个选项，如图 8-50 所示。

图 8-48　设置取样点

图 8-49　仿制修复

直径: 100　硬度: 50　不透明度: 100　修复: 关　☑对齐

图 8-50　图章工具选项

- 直径：设置图章工具的画笔大小。
- 硬度：设置图章工具画笔边缘的柔和程度。
- 对齐：勾选该复选框后，复制的区域将会与目标选取点处于同一直线；不勾选该复选框，可以在不同位置复制多个目标点，复制的对象会自动调整透视效果。

（5）（画笔工具）：使用该工具可以在图像内绘制选定颜色的画笔，在创建的平面内绘制的画笔会自动调整透视效果，如图 8-51 所示。选择画笔工具后，在对话框中的选项栏中将会出现“直径”、“硬度”、“不透明度”、“修复”和“画笔颜色”5 个选项，如图 8-52 所示。

图 8-51 画笔工具绘制效果

直径: 100　硬度: 50　不透明度: 100　修复: 关　画笔颜色:

图 8-52 画笔工具选项

（6）（变换工具）：使用该工具可以对选区复制的图像进行调整变换，如图 8-53 所示。还可以将复制“消失点”对话框中的其他图像拖动到多维平面内，并可以对其进行移动和变换，如图 8-54 所示。选择变换工具后，在对话框中的选项栏中将会出现“水平翻转”和“垂直翻转”两个选项，如图 8-55 所示。

图 8-53 变换复制的图像

图 8-54　在多维平面内变换复制图像

□水平翻转　□垂直翻转

图 8-55　变换工具选项

● 水平翻转：勾选该复选框可以将变换的图像水平翻转。
● 垂直翻转：勾选该复选框可以将变换的图像垂直翻转。

（7）（吸管工具）：在图像中采集颜色，选取的颜色可作为画笔的颜色。

（8）（缩放工具）：用来缩放预览区的视图，在预览区内单击会将图像放大，按住“Alt”键单击鼠标会将图像缩小。

（9）（抓手工具）：当图像放大到超出预览框时，使用抓手工具可以移动图像查看局部。

4. 像素化滤镜组

“像素化”滤镜组可以将图像分块，使其看起来像由许多小块组成，其中包括彩块化、彩色半调、点状化、晶格化、马赛克、碎片和铜版雕刻 7 种滤镜，图 8-56 为原图，图 8-57～图 8-63 分别为应用“彩块化”、“彩色半调”、“点状化”、“晶格化”、“马赛克”、“碎片”和“铜版雕刻”滤镜后的效果。

图 8-56　原图

图 8-57　彩块化滤镜效果

图 8-58　彩色半调滤镜效果

图 8-59　点状化滤镜效果

图 8-60　晶格化滤镜效果

图 8-61　马赛克滤镜效果

图 8-62　碎片滤镜效果

图 8-63　铜板雕刻滤镜效果

5. 扭曲滤镜组

“扭曲”滤镜组可以生成发光、波纹、旋转及扭曲效果，其中包括波浪、波纹、玻璃、海洋波纹、极坐标、挤压、镜头校正、扩散亮光、切变、球面化、水波、旋转扭曲和置换 13 种滤镜。图 8-64 为原图，图 8-65～图 8-77 分别为应用“波浪”等 13 种滤镜后的效果。

图 8-64　原图

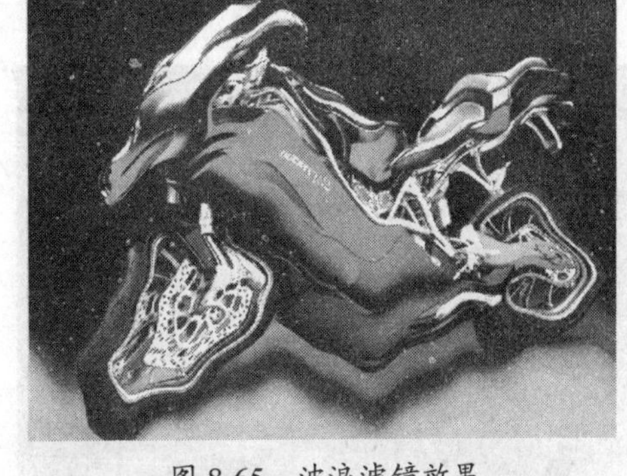

图 8-65　波浪滤镜效果

图 8-66　波纹滤镜效果

图 8-67　玻璃滤镜效果

图 8-68　海洋波纹滤镜效果

图 8-69　极坐标滤镜效果

图 8-70　挤压滤镜效果

图 8-71　镜头校正滤镜效果

图 8-72　扩散亮光滤镜效果

图 8-73　切变滤镜效果

图 8-74　球面化滤镜效果

图 8-75　水波滤镜效果

图 8-76　旋转扭曲滤镜效果

图 8-77　置换滤镜效果

6. 渲染滤镜组

“渲染”滤镜组可以在图像中创建云彩图案、光照效果等。其中包括分层云彩、光照效果、镜头光晕、纤维和云彩 5 种滤镜。图 8-78 为原图，图 8-79～图 8-81 分别为应用“光照效果”、“镜头光晕”和“云彩”滤镜后的效果。

图 8-78 原图

图 8-79 光照效果滤镜效果

图 8-80 镜头光晕滤镜效果

图 8-81 云彩滤镜效果

7. 模糊滤镜组

“模糊”滤镜组可以对图像中的像素起到柔化作用，从而对图像起到模糊效果。其中包括表面模糊、动感模糊、方框模糊、高斯模糊、进一步模糊、径向模糊、镜头模糊、模糊、平均、特殊模糊和形状模糊 11 种滤镜。图 8-82 为原图，图 8-83～图 8-93 分别为应用“表面模糊”、“动感模糊”、“方框模糊”、“高斯模糊”、“进一步模糊”、“径向模糊”、“镜头模糊”、“模糊”、“平均”、“特殊模糊”和“形状模糊”滤镜后的效果。

图 8-82 原图

图 8-83 表面模糊滤镜效果

图 8-84 动感模糊滤镜效果

图 8-85 方框模糊滤镜效果

图 8-86 高斯模糊滤镜效果

图 8-87 进一步模糊滤镜效果

图 8-88 径向模糊滤镜效果

图 8-89 镜头模糊滤镜效果

图 8-90 模糊滤镜效果

图 8-91 平均滤镜效果

图 8-92　特殊模糊滤镜效果

图 8-93　形状模糊滤镜效果

8. 杂色滤镜组

“杂色”滤镜组可以将图像中存在的噪点与周围像素融合，使其看起来不太明显，还可以在图像中添加许多杂色使之与图像转换成像素图案，其中包括减少杂色、蒙尘与划痕、去斑、添加杂色和中间值等 5 种滤镜。图 8-94 为原图，图 8-95～图 8-99 分别为应用“减少杂色”、“蒙尘与划痕”、“去斑”、“添加杂色”和“中间值”滤镜后的效果。

图 8-94　原图

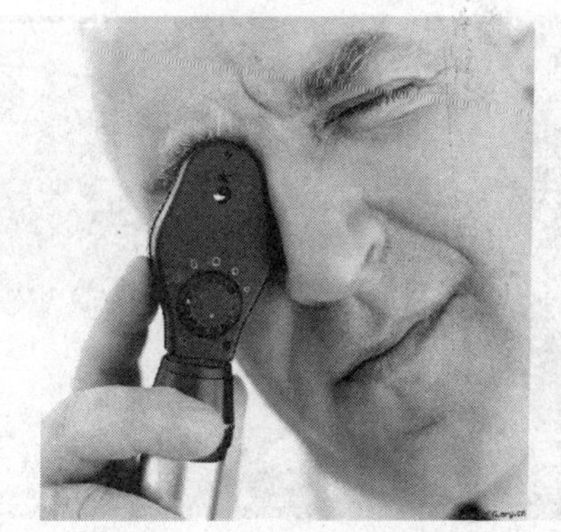

图 8-95　减少杂色滤镜效果

图 8-96　蒙尘与划痕滤镜效果

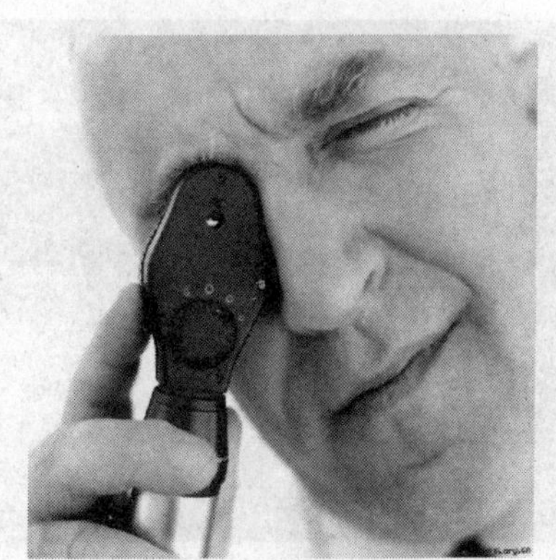

图 8-97　祛斑滤镜效果

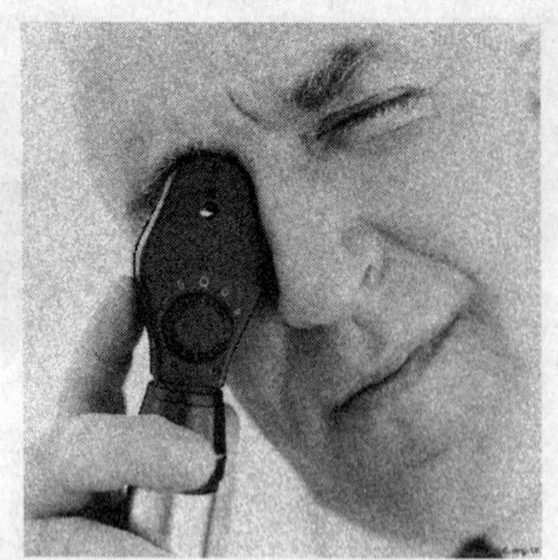

图 8-98　添加杂色滤镜效果

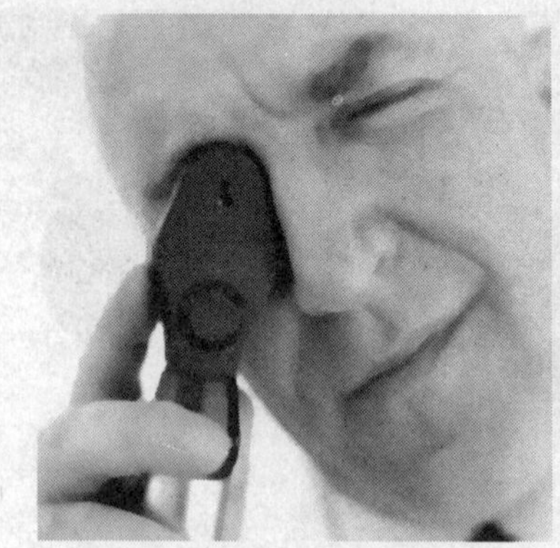

图 8-99　中间值滤镜效果

9. 画笔描边滤镜组

“画笔描边”滤镜组可以控制图像中笔刷描边的类型及形式，其中包括成角的线条、墨水轮廓、喷溅、喷色描边、强化的边缘、深色线条、烟灰墨和阴影线 8 种滤镜。图 8-100 为原图，图 8-101～图 8-108 分别为应用“成角的线条”、“墨水轮廓”、“喷溅”、“喷色描边”、“强化的边缘”、“深色线条”、“烟灰墨”和“阴影线”滤镜后的效果。

图 8-100　原图

图 8-101　成角的线条滤镜效果

图 8-102　墨水轮廓滤镜效果

图 8-103　喷溅滤镜效果

图 8-104 喷色描边滤镜效果

图 8-105 强化的边缘滤镜效果

图 8-106 深色线条滤镜效果

图 8-107 烟灰墨滤镜效果

图 8-108 阴影线滤镜效果

10. 素描滤镜组

"素描"滤镜组可以将图像转换成类似素描绘画的效果，其中包括半调图案、便条纸、粉笔和炭笔、铬黄、绘图笔、基底凸现、水彩画纸、撕边、塑料效果、炭笔、精炭笔、图章、网状和影印 14 种滤镜。图 8-109 为原图，图 8-110～8-123 分别为应用"半调图案"、"便条纸"、"粉笔和炭笔"、"铬黄"、"绘图笔"、"基底凸现"、"水彩画纸"、"撕边"、"塑料效果"、"炭笔"、"精炭笔"、"图章"、"网状"和"影印"滤镜后的效果。

图 8-109　原图

图 8-110　半调图案滤镜效果

图 8-111　便条纸滤镜效果

图 8-112　粉笔和炭笔滤镜效果

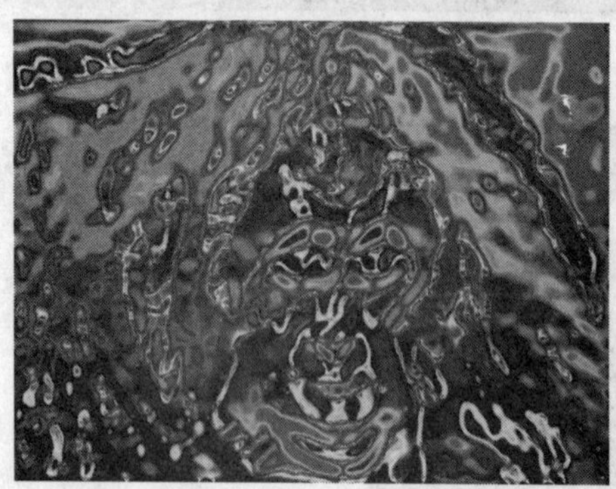

图 8-113　铬黄滤镜效果

图 8-114　绘图笔滤镜效果

图 8-115　基底凸现滤镜效果

图 8-116　水彩画纸滤镜效果

图 8-117　撕边滤镜效果

图 8-118　塑料效果滤镜效果

图 8-119　炭笔滤镜效果

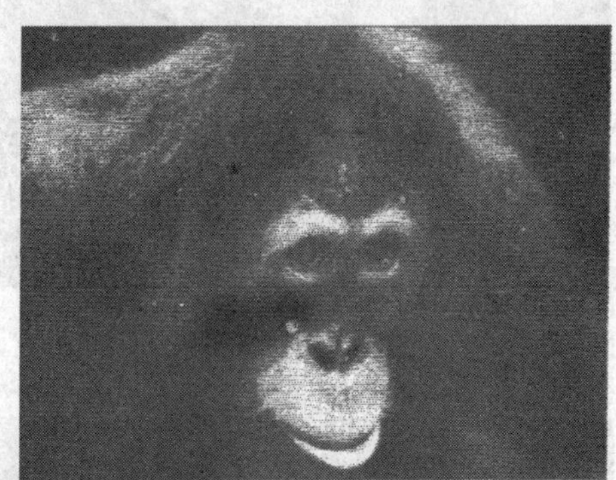

图 8-120　精炭笔滤镜效果

图 8-121　图章滤镜效果

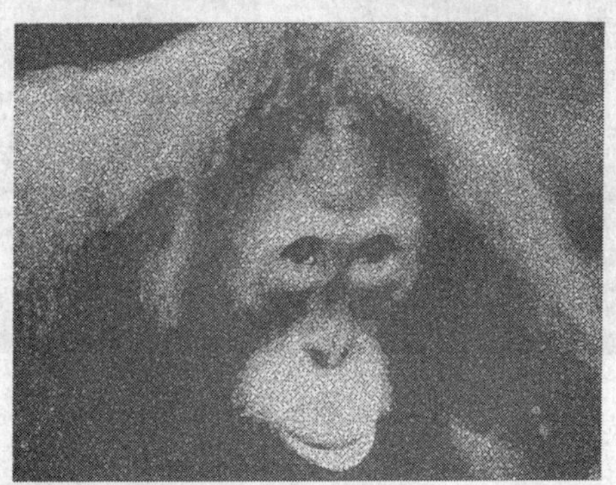

图 8-122　网状滤镜效果

图 8-123　影印滤镜效果

11. 纹理滤镜组

“纹理”滤镜组可以在图像中添加各种纹理或材质效果，其中包括龟裂缝、颗粒、马赛克拼贴、拼缀图、染色玻璃和纹理化 6 种滤镜。图 8-124 为原图，图 8-125～图 8-130 分别为应用“龟裂缝”、“颗粒”、“马赛克拼贴”、“拼缀图”、“染色玻璃”和“纹理化”滤镜后的效果。

图 8-124　原图

图 8-125　龟裂缝滤镜效果

图 8-126　颗粒滤镜效果

图 8-127　马赛克拼贴滤镜效果

图 8-128　拼缀图滤镜效果

图 8-129　染色玻璃滤镜效果

图 8-130　纹理化滤镜效果

12. 艺术效果滤镜组

“艺术效果”滤镜组可以在图像中模拟自然或传统介质，从而使作品更有绘画感觉或其他特殊效果，其中包括壁画、彩色铅笔、粗糙蜡笔、底纹效果、调色刀、十画笔、海报边缘、海绵、绘画涂抹、胶片颗粒、木刻、霓虹灯光、水彩、塑料包装和涂抹棒 15 种滤镜。图 8-131 为原图，图 8-132～图 8-146 分别为应用“壁画”、“彩色铅笔”、“粗糙蜡笔”、“底纹效果”、“调色刀”、“干画笔”、“海报边缘”、“海绵”、“绘画涂抹”、“胶片颗粒”、“木刻”、“霓虹灯光”、“水彩”、“塑料包装”和“涂抹棒”滤镜后的效果。

图 8-131　原图

图 8-132　壁画滤镜效果

图 8-133　彩色铅笔滤镜效果

图 8-134　粗糙蜡笔滤镜效果

图 8-135　底纹滤镜效果

图 8-136　调色刀滤镜效果

图 8-137　干画笔滤镜效果

图 8-138　海报边缘滤镜效果

图 8-139　海绵滤镜效果

图 8-140　绘画涂抹滤镜效果

图 8-141　胶片颗粒滤镜效果

图 8-142　木刻滤镜效果

图 8-143 霓虹灯光滤镜效果

图 8-144 水彩滤镜效果

图 8-145 塑料包装滤镜效果

图 8-146 涂抹棒滤镜效果

13. 锐化滤镜组

“锐化”滤镜组可以增强图像中相邻像素间的对比度，从而在视觉上使图像变得更加清晰，其中包括 USM 锐化、进一步锐化、锐化、锐化边缘和智能锐化 5 种滤镜。图 8-147 为原图，图 8-148～图 8-152 分别为应用“USM 锐化”、“进一步锐化”、“锐化”、“锐化边缘”和“智能锐化”滤镜后的效果。

图 8-147 原图

图 8-148 USM 锐化滤镜效果

图 8-149　进一步锐化滤镜效果

图 8-150　锐化滤镜效果

图 8-151　锐化边缘滤镜效果

图 8-152　智能锐化滤镜效果

14. 风格化滤镜组

“风格化”滤镜组可以使图像产生印象派或其他绘画效果，许多效果非常显著，几乎看不出原图效果，其中包括查找边缘、等高线、风、浮雕效果、扩散、拼贴、曝光过度、凸出和照亮边缘 9 种滤镜。图 8-153 为原图，图 8-154～图 8-162 分别为应用“查找边缘”、“等高线”、“风”、“浮雕效果”、“扩散”、“拼贴”、“曝光过度”、“凸出”和“照亮边缘”滤镜后的效果。

图 8-153　原图

图 8-154　查找边缘滤镜效果

图 8-155　等高线滤镜效果

图 8-156　风滤镜效果

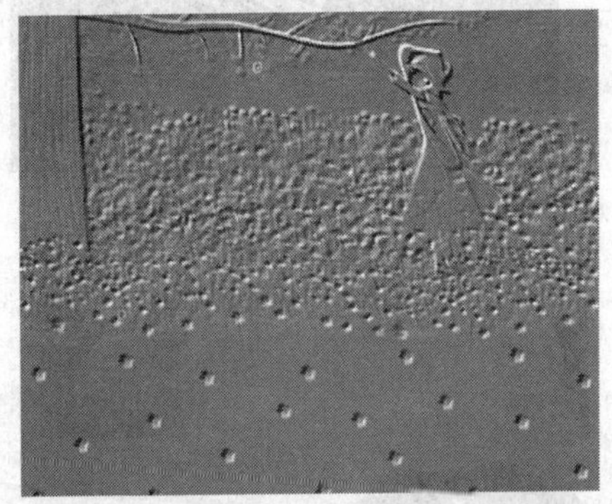

图 8-157　浮雕滤镜效果

图 8-158　扩散滤镜效果

图 8-159　拼贴滤镜效果

图 8-160　曝光过度滤镜效果

图 8-161　凸出滤镜效果

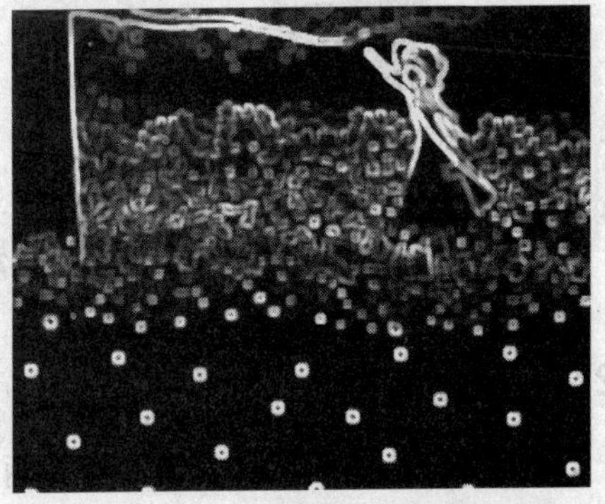

图 8-162　照亮边缘滤镜效果

15. 其他滤镜组

其他滤镜组中的滤镜是一组单独的滤镜，不同于任何滤镜组中的滤镜，该组中的滤镜可以用来偏移图像、调整最大值和最小值等，其中包括高反差保留、位移、自定、最大值和最小值 5 种滤镜。图 8-163 为原图，如图 8-164～图 8-168 分别为应用“高反差保留”、“位移”、“自定”、“最大值”和“最小值”滤镜后的效果。

图 8-163 原图

图 8-164 高反差保留滤镜效果

图 8-165 位移滤镜效果

图 8-166 自定滤镜效果

图 8-167 最大值滤镜效果

图 8-168 最小值滤镜效果

8.2 精彩案例

8.2.1 质感铜塑

① 按下“Ctrl+O”组合键，打开两个素材文件“人物”和“底座”，如图 8-169 和图 8-170 所示。

图 8-169　人物素材

图 8-170　底座素材

② 使用“移动”工具将石膏像底座拖入人像图像中，按下“Ctrl+[”组合键，放在人物图层下面。按下“Ctrl+T”组合键进行自由变换，拖动控制点调整底座大小，如图 8-171 所示，按下回车键确认。单击“图像”面板中的按钮，创建“黑白”调整图层，将图像调整为黑白效果，如图 8-172 和图 8-173 所示。

图 8-171　调整底座

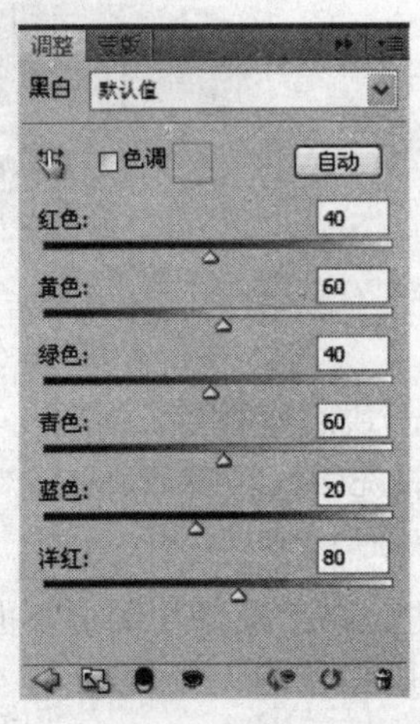

图 8-172　“调整”面板“黑白”效果设置

图 8-173　“黑白”效果

③ 选择“人物”图层，单击“图层”面板底部的按钮创建蒙版，使用“画笔”工具在底座与人像衔接处自然过渡，如图 8-174 和图 8-175 所示。

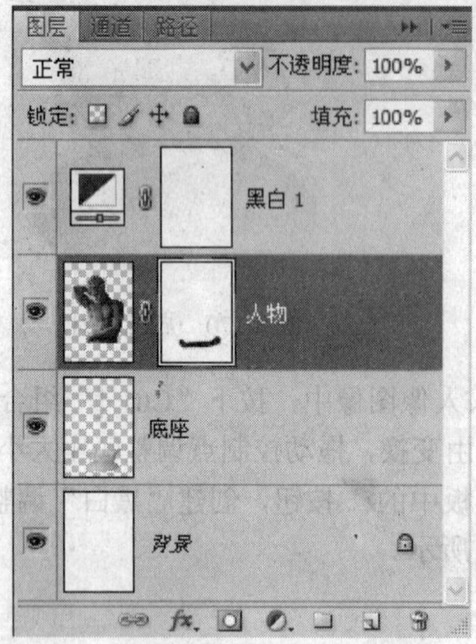

图 8-174 图层蒙版

图 8-175 衔接效果

④ 选择“底座”图层，按下“Ctrl+L”组合键打开“色阶”对话框，拖动滑块将底座调暗，使之与人像色调匹配，如图 8-176 和图 8-177 所示。

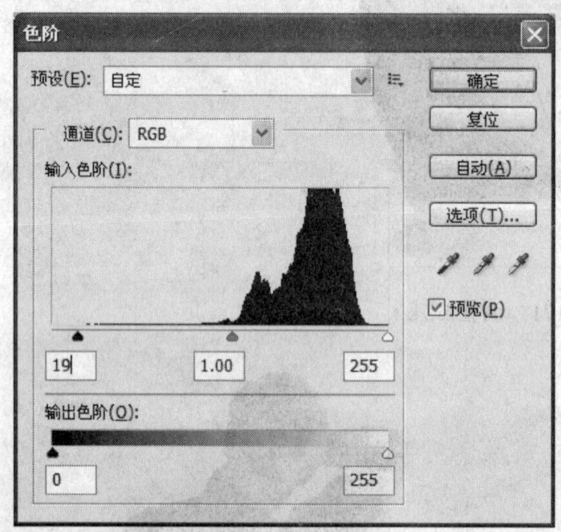

图 8-176 “色阶”设置

图 8-177 调整色阶后效果

⑤ 使用“橡皮擦”工具将人像手臂下面突出的一块底座擦除，如图 8-178 所示。按住“Ctrl”键单击如图 8-179 所示的 3 个图层，将它们选中，按下“Ctrl+E”组合键合并，如图 8-180 所示。

⑥ 按住“Ctrl”键单击“图层”面板底部的按钮，在“人像”图层下面新建一个图层，如图 8-181 所示。按住“Ctrl”键单击“人像”图层缩览图，载入选区，如图 8-182 和图 8-183 所示。

图 8-178　擦除后效果

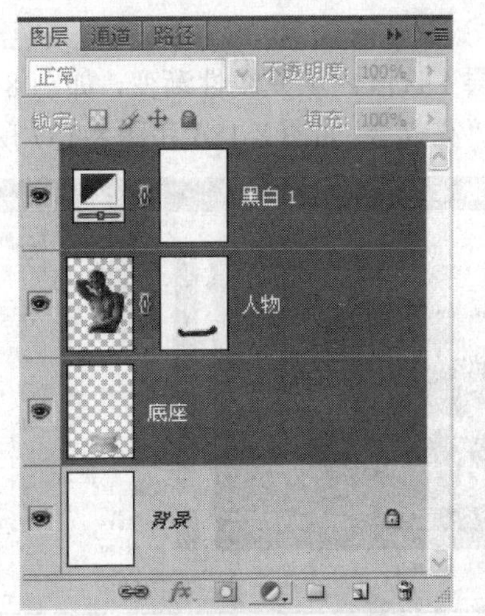

图 8-179　选择三个图层

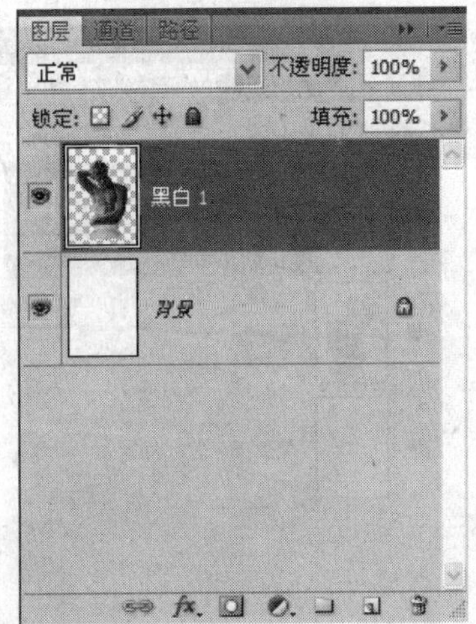

图 8-180　合并图层后

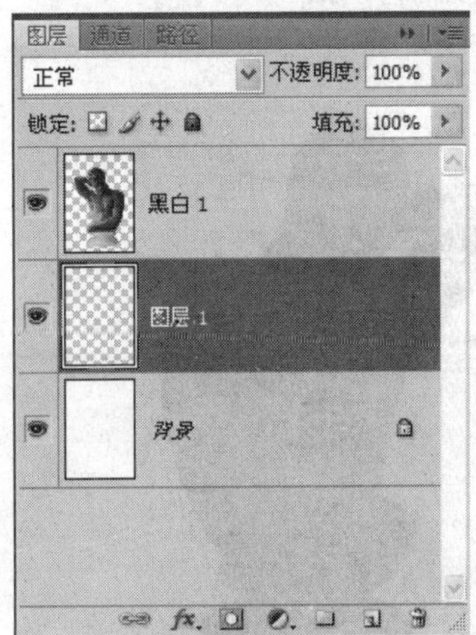

图 8-181　新建“图层 1”

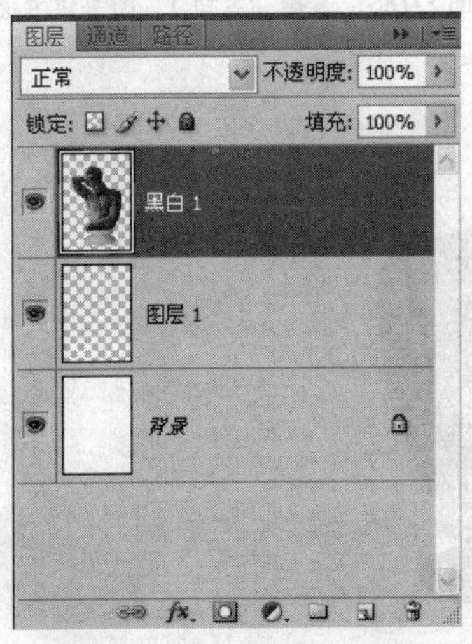

图 8-182　载入“黑白 1”图层

图 8-183　载入选区

⑦ 调整前景色#8D5F27 和背景色#231709，如图 8-184 所示，使用“渐变”工具 在图层 1 选区内填充线性渐变，如图 8-185 所示。选择“人像”图层，将它的混合模式设置为“亮光”，如图 8-186 和图 8-187 所示。

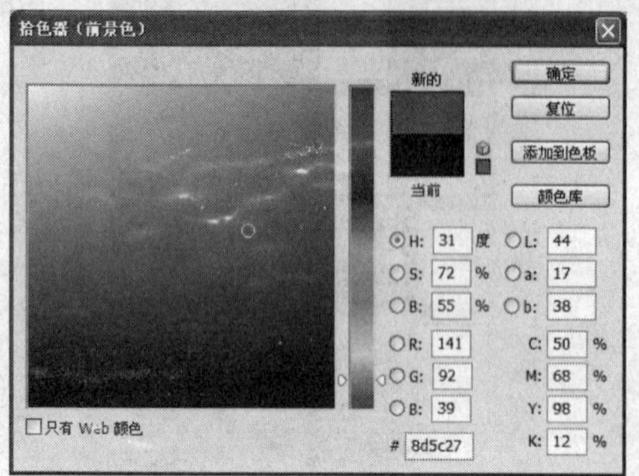

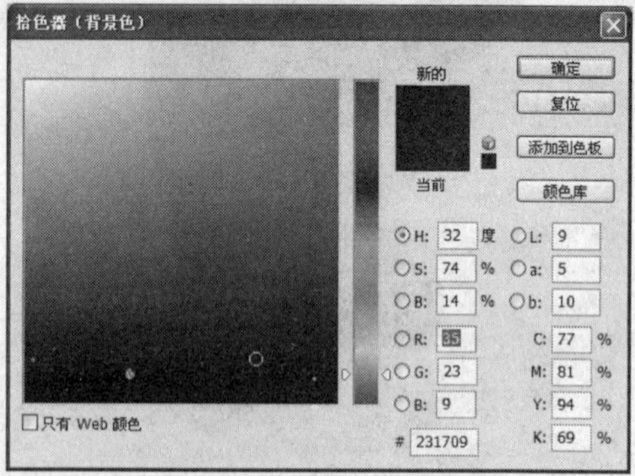

图 8-184　前景色和背景色设置

图 8-185　渐变效果

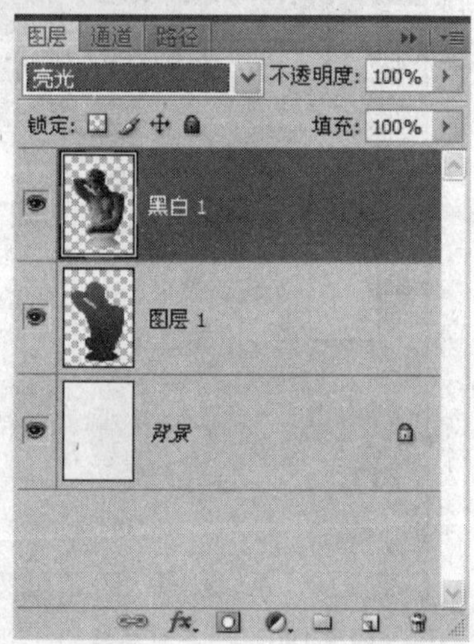

图 8-186　选择“黑白 1”图层设置亮光模式

图 8-187　亮光效果

⑧ 单击“图层”面板底部的按钮，新建一个图层，将它的混合模式设置为“柔光”，“不透明度”设置为 50%，按下“Ctrl+G”组合键将其余下面的图层创建为一个剪贴蒙版组。使用“画笔”工具在整个铜像右侧阴影区域涂抹白色，使其变亮，如图 8-188 和图 8-189 所示。

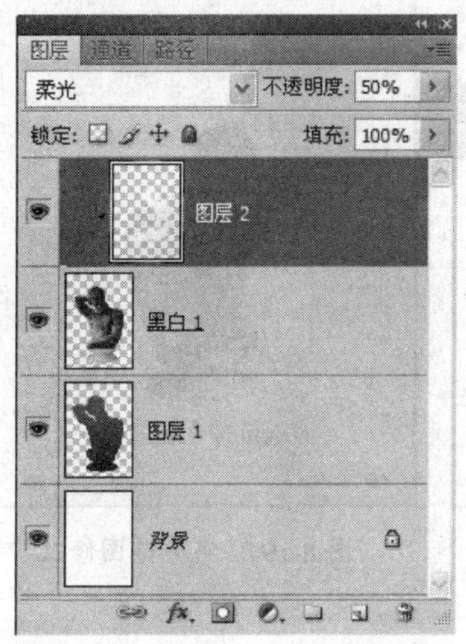

图 8-188　柔光效果和剪贴蒙版修饰

图 8-189　修饰后效果

⑨ 单击“调整”面板中的按钮，创建“色阶”调整图层，拖动滑块将图像调亮，按下面板底部的创建剪贴蒙版按钮，如图 8-190～图 8-192 所示。

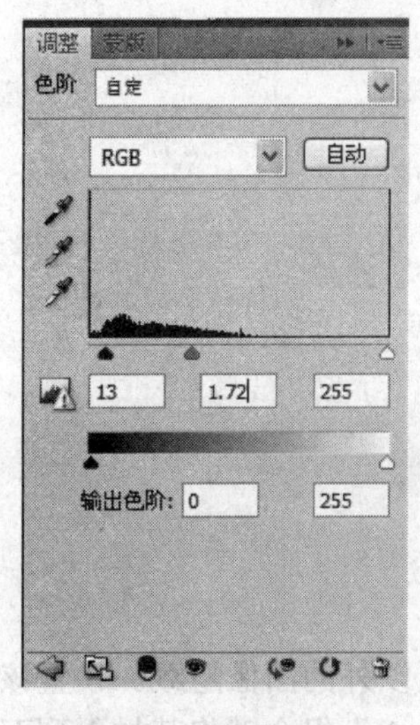

图 8-190　色阶调整

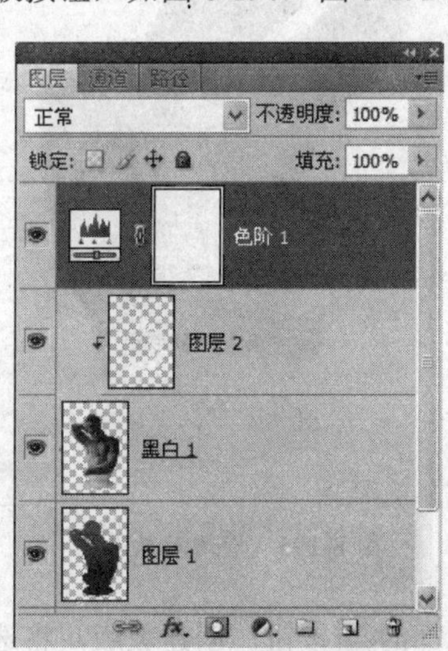

图 8-191　创建图层蒙版

图 8-192　调整后效果

⑩ 选择“人像”图层，按住“Alt”键拖至面板顶部，复制该图层，将混合模式改为“正常”，如图 8-193 所示。执行“选择”菜单的“色彩范围”命令，打开“色彩范围”对话框，将光标放在人像胳膊的高光区域，单击进行取样，再拖动“颜色容差”滑块，选中高光，如图 8-194 所示，单击“确定”按钮，得到如图 8-195 所示的选区。

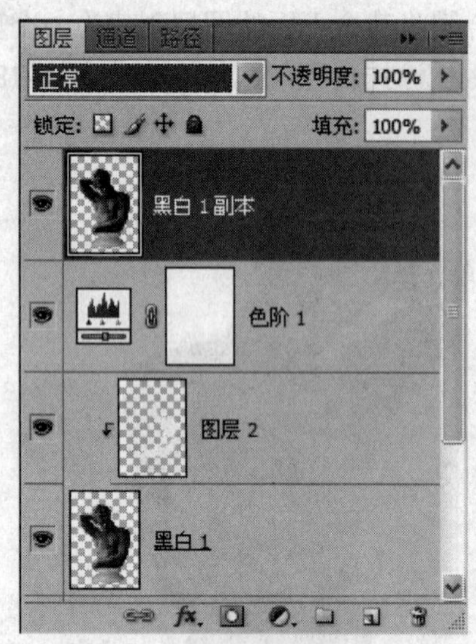

图 8-193　更改图层混合模式

图 8-194　色彩范围修改

图 8-195　修改后效果图

⑪ 单击“图层”面板底部的按钮，创建蒙版，将选区以外的图像隐藏。设置该图层的混合模式为“叠加”，“不透明度”为 67%，按下“Ctrl+G”组合键将其加入到下面的剪贴蒙版组中，如图 8-196 和图 8-197 所示。

⑫ 按住“Alt”键向上拖动“人像”图层，将其复制到“图层”面板最顶层，设置混合模式为“颜色减淡”，“不透明度”为 52%，如图 8-198 所示。执行“滤镜”菜单中的“素描”—“铬黄”命令，打开“滤镜库”设置参数，如图 8-199 所示，效果如图 8-200 所示。

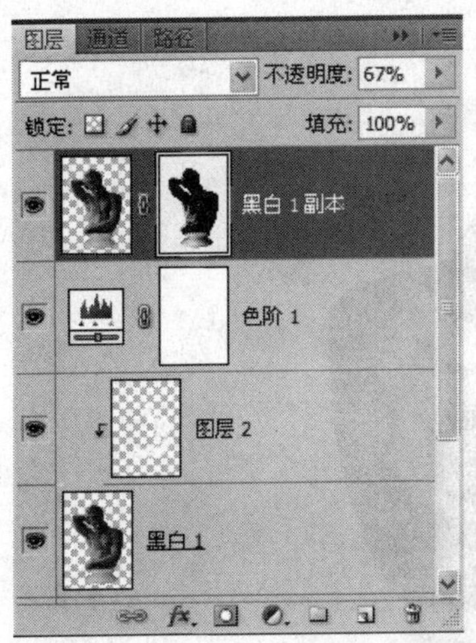

图 8-196 图层蒙版及模式修改

图 8-197 修改后效果

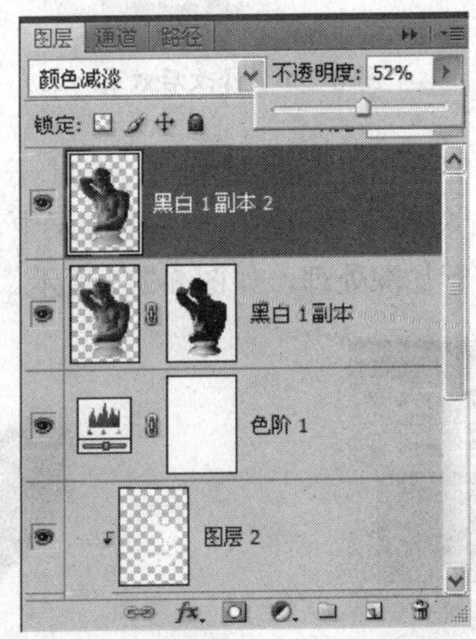

图 8-198 “颜色减淡”及“不透明度”设置

图 8-199 “铬黄”滤镜设置

图 8-200 修改后效果

⑬ 现在画面左上角的铜像胳膊肘处有些过于明亮，缺少细节，按下“Ctrl+Shift+Alt+E”组合键，将图像盖印到一个新的图层中，如图 8-201 所示，使用“加深”工具涂抹胳膊肘，进行加深处理，如图 8-202 所示。

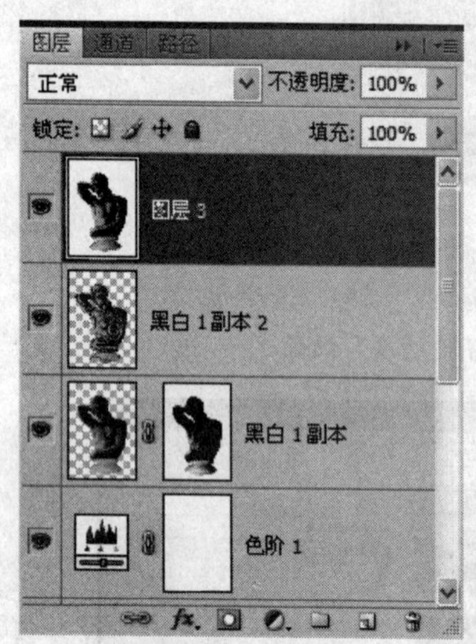

图 8-201 盖印图层后“加深”修饰

图 8-202 最终效果

8.2.2 油彩特效

① 新建一个 1024×768 像素的图像。执行“滤镜/杂色/添加杂色”命令，选择“高斯分布”选项，设置“数量”为 400，在画面中制作彩色杂色，如图 8-203 和图 8-204 所示。执行“滤镜/像素化/晶格化”命令，设置“单元格大小”为 50，如图 8-205 和图 8-206 所示。

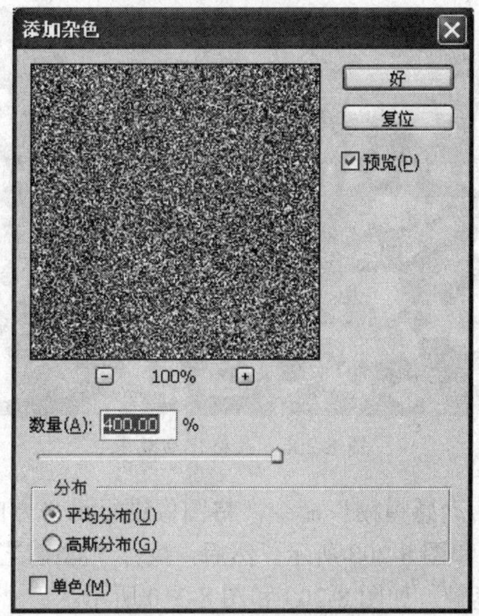

图 8-203 “添加杂色”对话框

图 8-204 添加杂色后效果

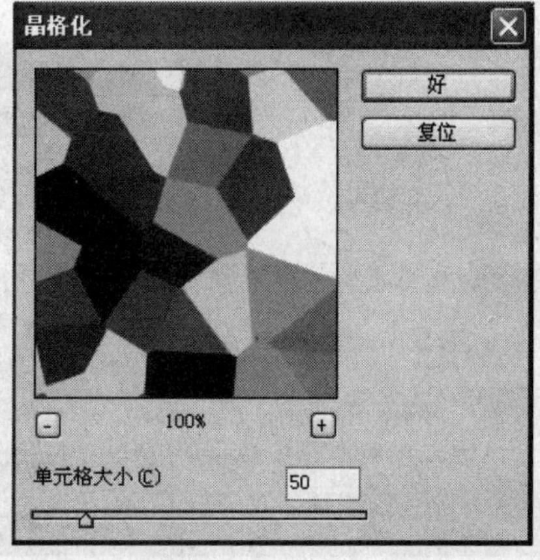

图 8-205 “晶格化”对话框

图 8-206　晶格化后效果

② 执行“滤镜/模糊/动感模糊”命令，将图像进行水平方向的模糊，使原色彩点转变为色彩条，如图 8-207 和图 8-208 所示。然后，执行“滤镜/艺术效果/海报边缘”命令，制作出带有手绘效果的笔触，如图 8-209 和图 8-210 所示。

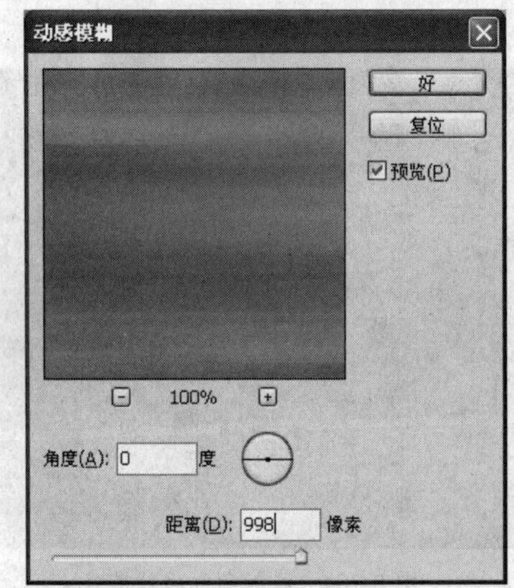

图 8-207　“动感模糊”滤镜

图 8-208　“动感模糊”后效果

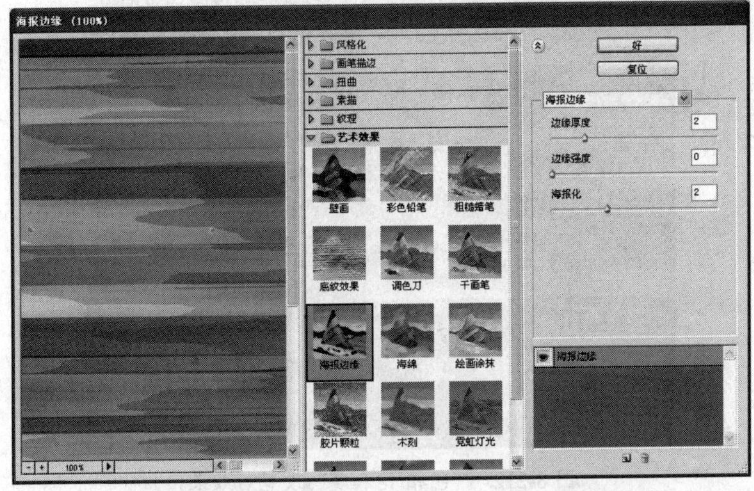

图 8-209 “海报边缘”滤镜

图 8-210 “海报边缘”后效果

③ 按下“Ctrl+U”组合键打开“色相/饱和度”对话框，设置“饱和度”为 40，使图像色彩艳丽，如图 8-211 和图 8-212 所示。执行“滤镜/扭曲/波浪”命令，使图像产生波浪弯曲，如图 8-213 和图 8-214 所示。

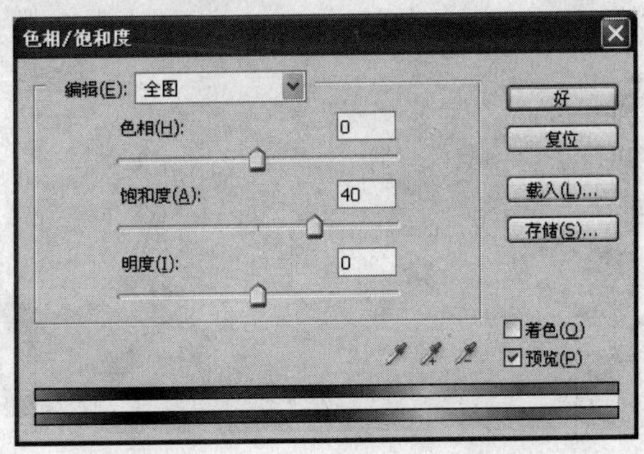

图 8-211 “色相/饱和度”设置

图 8-212 “色相/饱和度”设置后效果

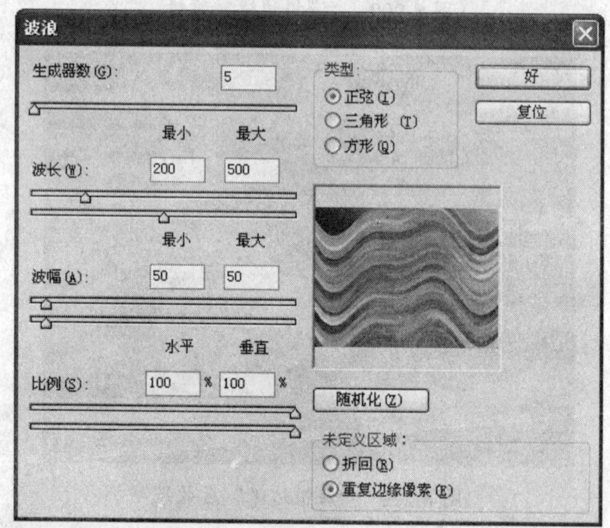

图 8-213 “波纹”滤镜设置

图 8-214 “波纹”滤镜设置后效果

④ 执行“滤镜/液化”命令，使用“向前变形”工具按钮扭转图像，使图像的波纹呈现更多的变化，如图 8-215 所示。再执行“滤镜/杂色/中间值”命令，设置“半径”为 8pixel，如图 8-216 和图 8-217 所示。

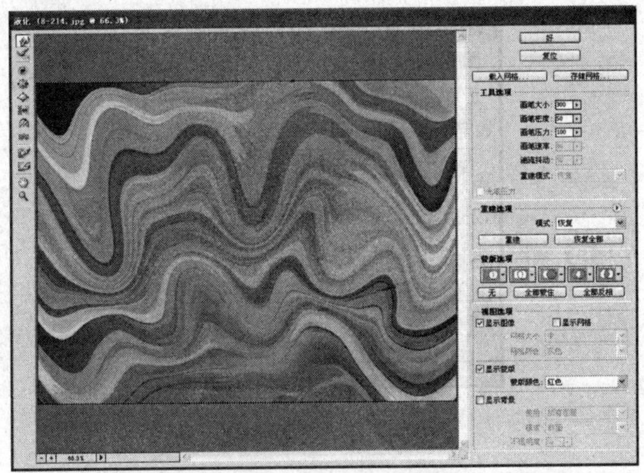

图 8-215 “液化”滤镜设置

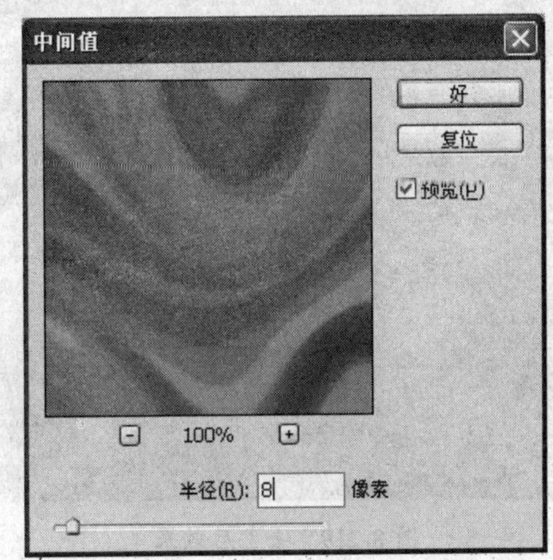

图 8-216 “中间值”滤镜设置

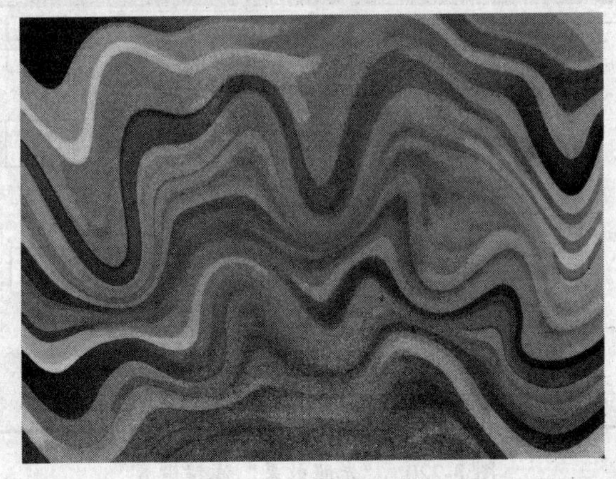

图 8-217 设置后效果

⑤ 按下“Ctrl+J”组合键复制当前图层，按下“Ctrl+Shift+U”组合键去色，将图像转换为黑白效果，如图 8-218 和图 8-219 所示。再执行“滤镜/渲染/光照效果”命令，在“纹理通道”下拉列表中选择“红”，使纹理产生凸起效果，如图 8-220 和图 8-221 所示。

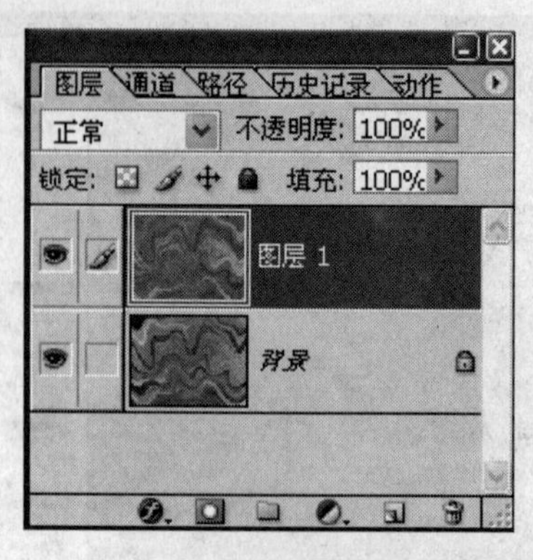

图 8-218 图层去色

图 8-219 去色后效果

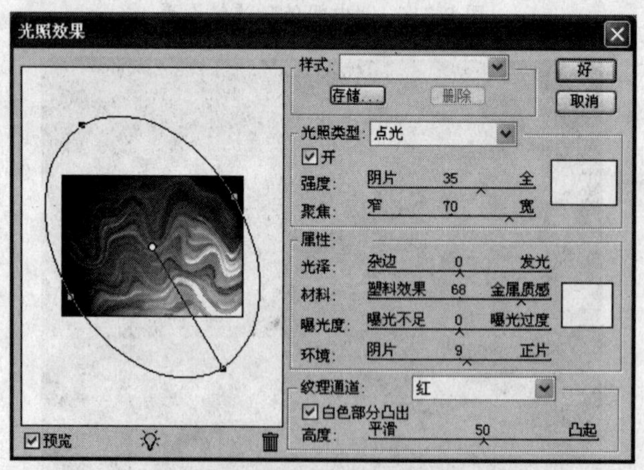

图 8-220 “光照效果”滤镜设置

图 8-221　设置“光照效果”后效果

⑥ 设置该图层的混合模式为“叠加”，如图 8-222 和图 8-223 所示。再按下“Ctrl+J”组合键复制当前图层，设置“不透明度”为 60%，使色调更加强烈，如图 8-224 和图 8-225 所示。

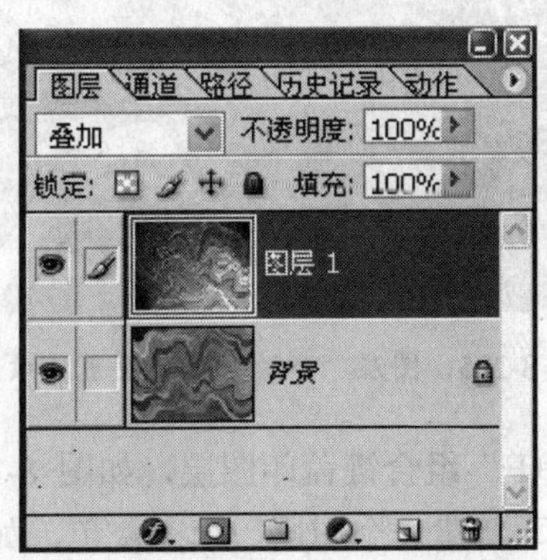

图 8-222　图层“叠加”模式设置

图 8-223　图层“叠加”模式设置后效果

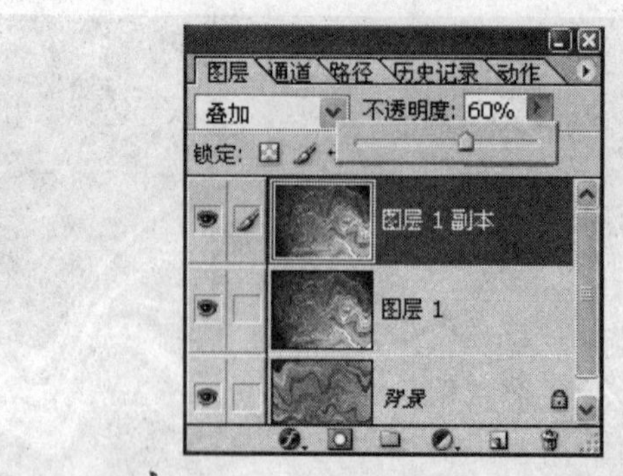

图 8-224　图层“不透明度”设置

图 8-225　图层“不透明度”设置后效果

⑦ 按下“Ctrl+Shift+Alt+E”组合键盖印图层，如图 8-226 所示。按住“Ctrl”键单击新建按钮，在当前图层下新建一个图层，填充灰色，如图 8-227 所示。选中“图层 1 副本”，单击按钮创建蒙版，如图 8-228 所示。

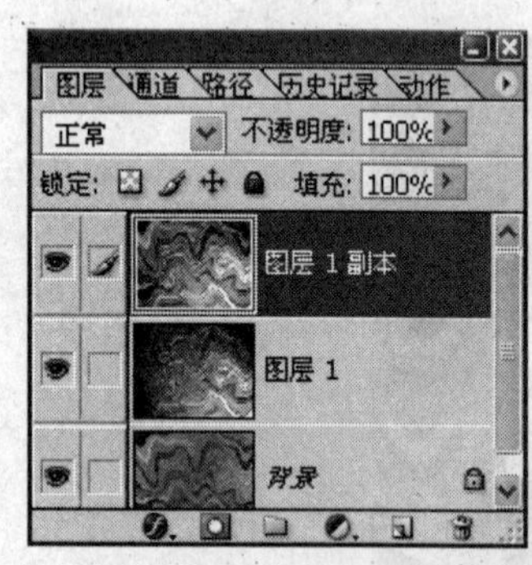

图 8-226　“盖印”图层

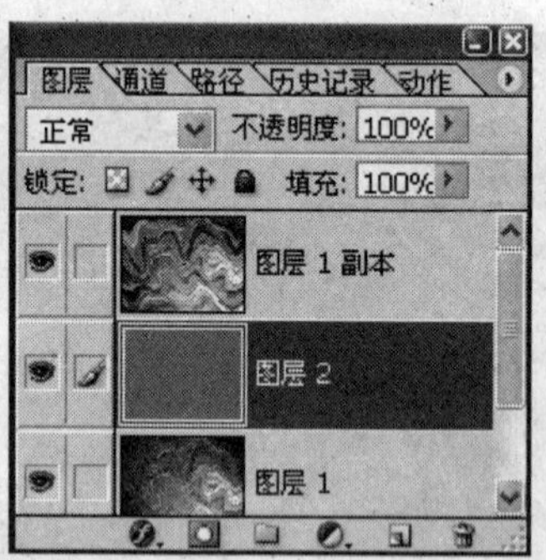

图 8-227　新建灰色图层

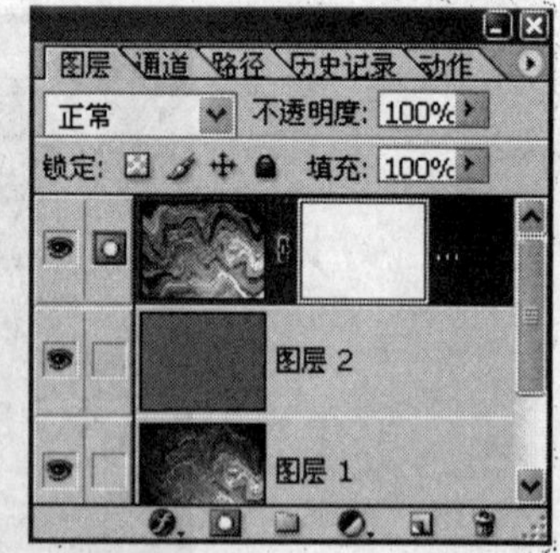

图 8-228　创建图层蒙版

⑧ 选择“画笔”工具，按下“F5”功能键打开“画笔”面板，选择“干画笔尖浅描”笔尖，勾选其他选项，只选择“双重画笔”选项，如图 8-229 所示，在图像边缘涂抹黑色，如图 8-230 和图 8-231 所示。

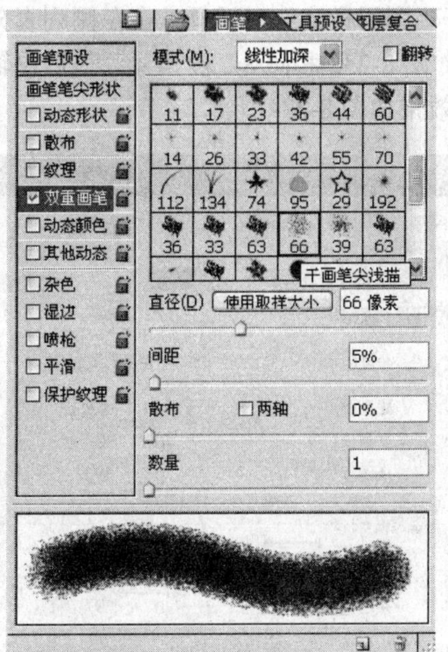

图 8-229 画笔设置

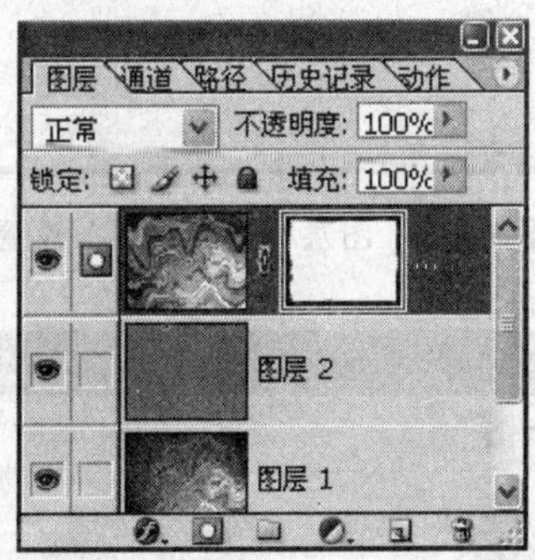

图 8-230 涂抹图层边缘

图 8-231 设置后效果

⑨ 双击该图层，打开“图层样式”对话框，在左侧列表分别选中“投影”和“斜面和浮雕”效果，参数设置如图 8-232 和图 8-233 所示。最后再输入一些修饰文字，再用画笔对蒙版进行修饰，最终效果如图 8-234 所示。

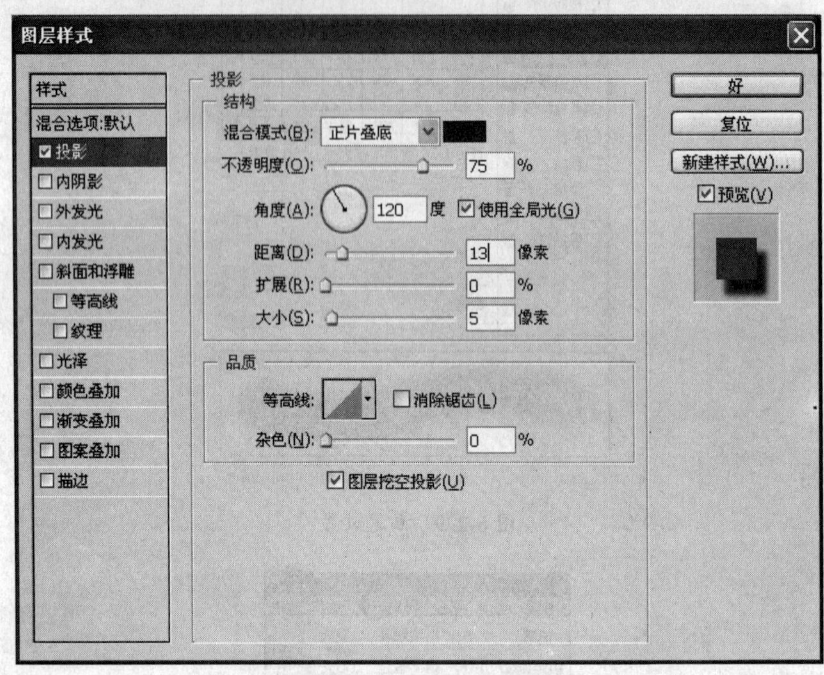

图 8-232 图层样式“投影”设置

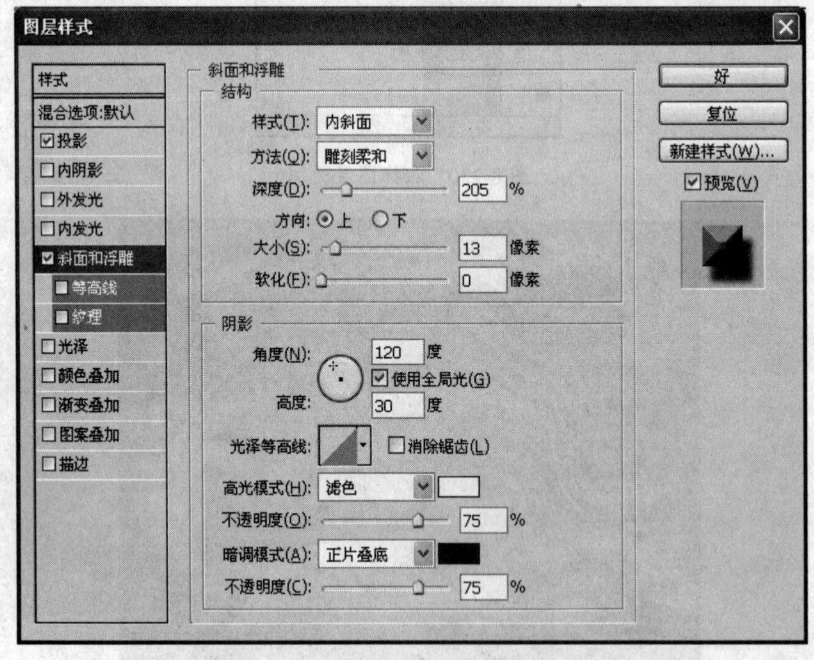

图 8-233 图层样式“斜面和浮雕”设置

Dure Artisgusees
Color Design Unlimited
wonderfu life as a Dream color

图 8-234　最终效果

第 9 章　动作调板与动画制作

9.1　知 识 讲 解

“动作”就是预先规定的一系列操作，使用动作的最大好处就是方便，即使你不会 Photoshop，只要使用动作，几乎不需要任何附加操作就可以得到比较理想的处理效果。当然如果你对 Photoshop 有所了解，动作能给你更大的帮助，因为它所记录的每一步骤都是他人的心血，它所运行的每一步骤都可以在历史记录中找到并加以修改。这样运行动作不再是唯一的结果，而是会有不同的更适合你自己需要的效果出现。

9.1.1　动作调板

在“动作”调板中创建的动作可以应用于其他与之模式相同的文件中，如此便节省了大量的时间，执行菜单中的“窗口/动作”命令，即可打开“动作”调板，该调板的存在形式以标准模式和按钮模式两种形式存在，如图 9-1 所示。

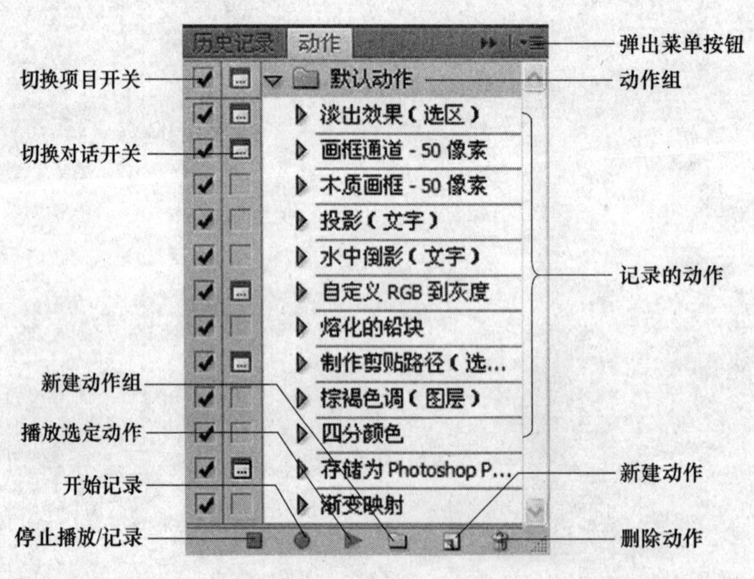

图 9-1　“动作”调板

“动作”调板中的各选项含义如下。

◆ 切换项目开关：当调板中出现该图标时，表示该图标对应的动作组、动作或命令可以使用；当调板中该图标处于隐藏状态时，表示该图标对应的动作组、动作或命令不可以使用。

◆ 切换对话开关：当调板中出现该图标时，表示该动作执行到该步时会暂停，并打开相应的对话框，设置参数后，可以继续执行以后的动作。

◆ 新建动作组：创建用于存放动作的组。

◆ 播放选定动作：单击此按钮可以执行对应的动作命令。

◆ 开始记录：录制动作的创建过程。

◆ 停止播放/记录：单击完成记录过程。

◆ 弹出菜单按钮：单击此按钮会打开“动作”调板对应的命令菜单，如图 9-2 所示。

◆ 动作组：存放多个动作的文件夹。

◆ 记录的动作：包含一系列命令的集合。

◆ 新建动作：单击该按钮会创建一个新动作。

◆ 删除动作：可以将当前动作删除。

◆ 按钮模式：选择命令直接单击即可执行。

9.1.2 自动化工具

Photoshop CS4 软件提供的自动化命令可以十分轻松地完成大量的图像处理过程，从而减少工作时间，用于自动化的功能被软件结合在“文件/自动”菜单中。

1. 批处理

在“批处理”对话框中可以根据选择的动作将“源”部分文件夹中的图像应用指定的动作，并将应用动作后的所有图像都存放到“目标”部分文件夹中，执行菜单中的“文件/自动/批处理”命令，即可打开“批处理”对话框，如图 9-2 所示。

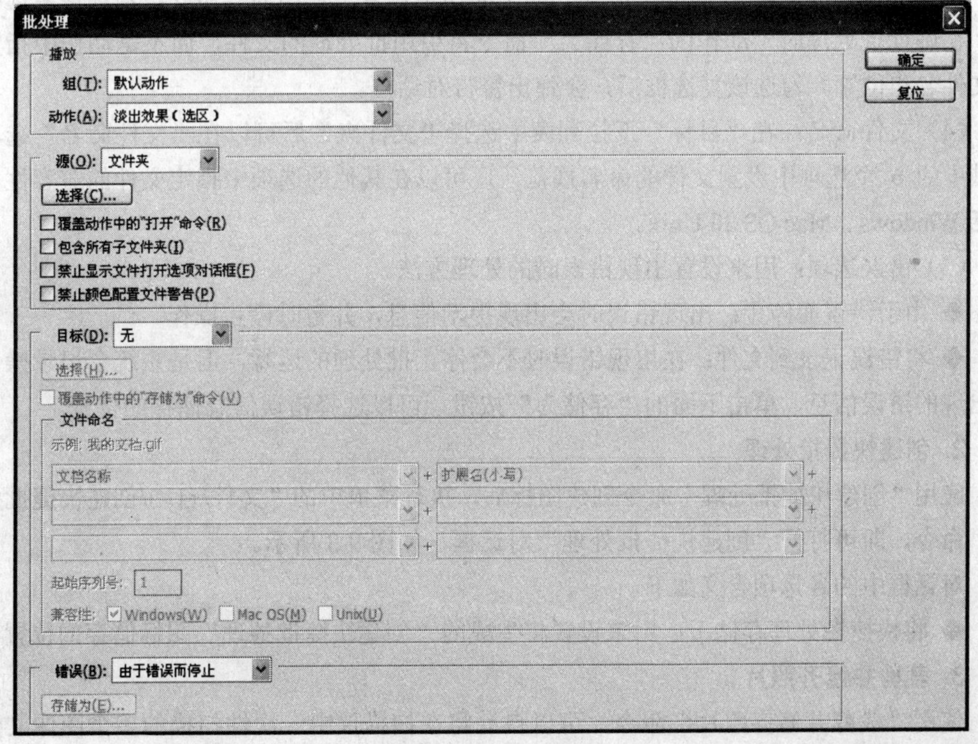

图 9-2 “批处理”对话框

对话框中的各选项含义如下。

（1）播放：用来设置播放的动作组和动作。

（2）源：设置要进行批处理的源文件。可以在下拉列表中选择需要进行批处理的选项，包括文件夹、导入、打开的文件和 Bridge。

◆ 选择：用来选择需要进行批处理的文件夹。

◆ 覆盖动作中的“打开”命令：在进行批处理时会忽略动作中的“打开”命令。但是在动作中必须包含一个“打开”命令，否则源文件将不会打开。勾选该复选框后，会弹出警告对话框。

◆ 包含所有子文件夹：在执行“批处理”命令时，会自动对应选取文件夹中子文件夹里的所有图像。

◆ 禁止显示文件打开选项对话框：在执行“批处理”命令时，不打开文件选项对话框。

◆ 禁止颜色配置文件警告：在执行“批处理”命令时，可以阻止颜色配置信息的显示。

（3）目标：设置将批处理后的源文件存储的位置。可以在下拉列表中选择批处理后文件的保存位置选项。包括无、储存并关闭和文件夹。

◆ 选择：在“目标”选项中选择“文件夹”后，会激活该按钮，主要用来设置批处理后文件保存的文件夹。

◆ 覆盖动作中的“存储为”命令：如果动作中包含“存储为”命令，勾选该复选框后，在进行批处理时，动作的“存储为”命令将引用批处理的文件，而不是动作中指定的文件名和位置。勾选该复选框后，会弹出警告对话框。

（4）文件命名：在“目标”下拉列表中选择“文件夹”后可以在“文件命名”选项区域中的 6 个选项中设置文件的命名规范，还可以在其他的选项中指定文件的兼容性，包括 Windows、Mac OS 和 Unix。

（5）错误选项：用来设置出现错误时的处理方法。

◆ 由于错误而停止：出现错误时会出现提示信息，并暂时停止操作。

◆ 将错误记录到文件：在出现错误时不会停止批处理的运行，但是系统会记录操作中出现的错误信息，单击下面的“存储为”按钮，可以选择错误信息储存的位置。

2. 创建快捷批处理

应用“创建快捷批处理”命令创建图标后，执行菜单中的“文件/自动/创建快捷批处理”命令，即可打开“创建快捷批处理”对话框，如图 9-3 所示。

对话框中的各选项含义如下。

◆ 将快捷批处理存储于：用来设置将生成的“创建快捷批处理”图标储存的位置。

3. 裁剪并修齐照片

使用“裁剪并修齐照片”命令，可以自动将在扫描仪中一次性扫描的多个图像文件分成多个单独的图像文件，效果如图 9-4 所示。

创建快捷批处理

将快捷批处理存储于

选择(C)...

确定

复位

播放

组(T): 默认动作

动作(A): 淡出效果（选区）

☐覆盖动作中的"打开"命令(R)

☐包含所有子文件夹(I)

☐禁止显示文件打开选项对话框(F)

☐禁止颜色配置文件警告(P)

目标(D): 无

选择(H)...

☐覆盖动作中的"存储为"命令(V)

文件命名

示例: 我的文档.gif

文档名称 + 扩展名(小写) +

起始序列号: 1

兼容性: ☑Windows(W) ☐Mac OS(M) ☐Unix(U)

错误(B): 由于错误而停止

存储为(S)...

图 9-3 “创建快捷批处理”对话框

图 9-4 裁剪并修齐照片

4. 更改条件模式

应用“条件模式更改”命令可以将当前选取的图像颜色模式转换成自定颜色模式。执行菜单中的“文件自动/条件模式更改”命令，可以打开如图 9-5 所示的“条件模式更改”对话框。

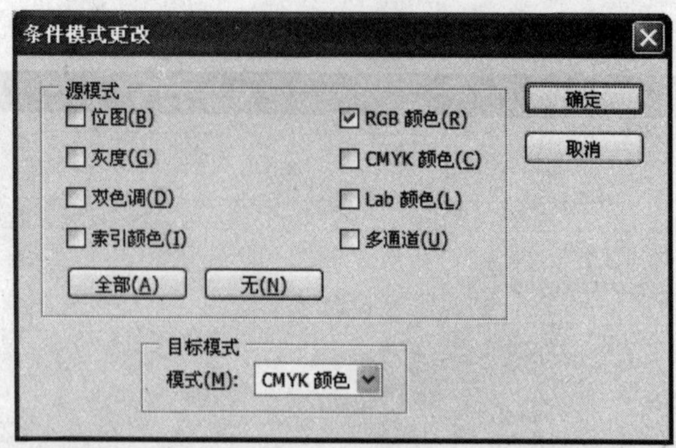

图 9-5 “条件模式更改”对话框

对话框中的各选项含义如下。

◆ 源模式：用来设置将要转换的颜色模式。

◆ 目标模式：转换后的颜色模式。

5. Photomerge

应用 Photomerge 命令可以将局部图像自动合成为全景照片，该功能与“自动对齐图层”命令相同。执行菜单“文件/自动/Photomerge”命令，可以打开如图 9-6 所示的“Photomerge”对话框。设置相应的转换“版面”，选择要转换的文件后，单击“确定”按钮，就可以转换选择的文件为全景图片。

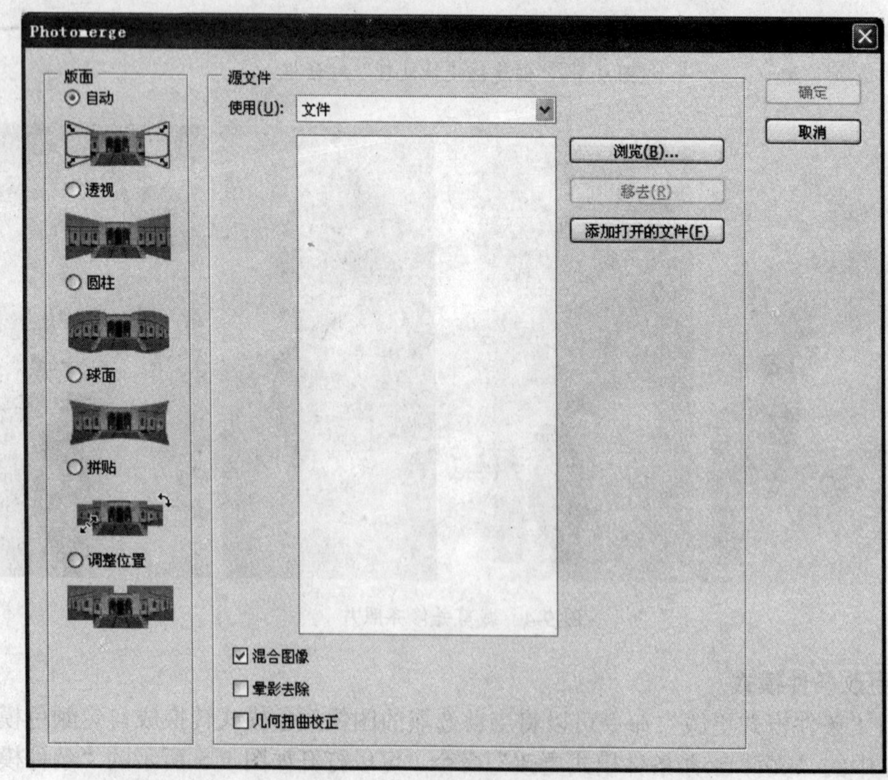

图 9-6 “Photomerge”对话框

对话框中的各选项含义如下。

◆ 版面：用来设置转换为前景图片时的模式。

◆ 使用：在下拉菜单中可以选择“文件和文件夹”。选择“文件”时，可以直接将选择的两个以上的文件制作合并图像；选择“文件夹”时，可以直接将选择的文件夹中的文件制作成合并图片。

◆ 混合图像：勾选此复选框后，应用“Photomerge”命令后会直接套用混合图像蒙版。

◆ 晕影去除：勾选该复选框，可以校正摄影时镜头中的晕影效果。

◆ 几何扭曲校正：勾选该复选框，可以校正摄影时镜头中的几何扭曲效果。

◆ 浏览：用来选择合成全景图像的文件或文件夹。

◆ 移去：单击此按钮可以删除列表中选择的文件。

◆ 添加打开的文件：单击该按钮可以将软件中打开的文件直接添加到列表中。

6. 限制图像

使用“限制图像”命令可以将当前图像在不改变分辨率的情况下改变高度与宽度。执行菜单中的“文件/自动/限制图像”命令，可以打开如图 9-7 所示的“限制图像”对话框。

图 9-7 “限制图像”对话框

使用“合并到 HDR”命令可以从一组曝光中选择两个或两个以上的图像合并和创建动态范围图像。执行菜单中的“文件/自动/合并到 HDR”命令，可以打开如图 9-8 所示的“合并到 HDR”对话框。

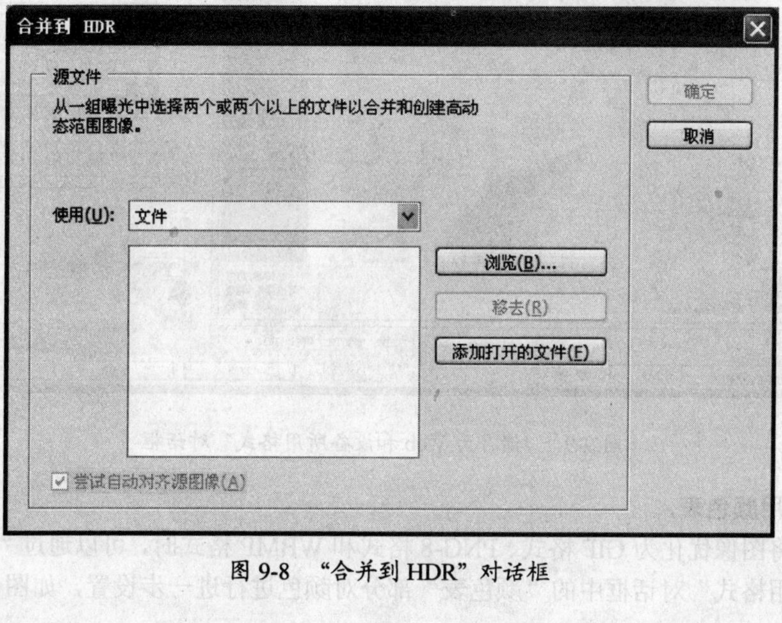

图 9-8 “合并到 HDR”对话框

9.1.3 优化图像

在网络中当我们创建的图像非常大时，传输的速度会非常慢，这就要求我们在进行网页创建和利用网络传送图像时，要在保证一定质量、显示效果的同时尽可能降低图像文件的大小。当前常见的 Web 图像格式有 3 种：JPG 格式、GIF 格式、PNG 格式。JPG 与 GIF 格式已司空见惯，而 PNG 格式（Portable Network Graphics）则是一种新兴的 Web 图像格式，以 PNG 格式保存的图像一般都很大，甚至比 BMP 格式还大一些，这对于 Web 图像来说无疑是致命的缺点，因此很少被使用。对于连续色调的图像最好使用 JPG 格式进行压缩；而对于不连续色调的图像最好使用 GIF 格式进行压缩，以使图像质量和图像大小有一个最佳的平衡点。

1. 设置优化格式

处理用于网络上传输的图像格式时，既要多保留原有图像的色彩质量，又要使其尽量少占用空间，这时就要对图像进行不同格式的优化设置，打开图像后，执行菜单中的“文件/存储为 Web 和设备所用格式”命令，即可打开如图 9-9 所示的“存储为 Web 和设备所用格式”对话框。要为打开的图像进行整体优化设置，只要在“优化设置区域”中的“设置优化格式”下拉列表中选择相应的格式后，再对其进行颜色和损耗等设置。

图 9-9 “储存为 Web 和设备所用格式”对话框

2. 应用颜色表

如果将图像优化为 GIF 格式、PNG-8 格式和 WBMP 格式时，可以通过“存储为 Web 和设备所用格式”对话框中的“颜色表”部分对颜色进行进一步设置，如图 9-10 所示。

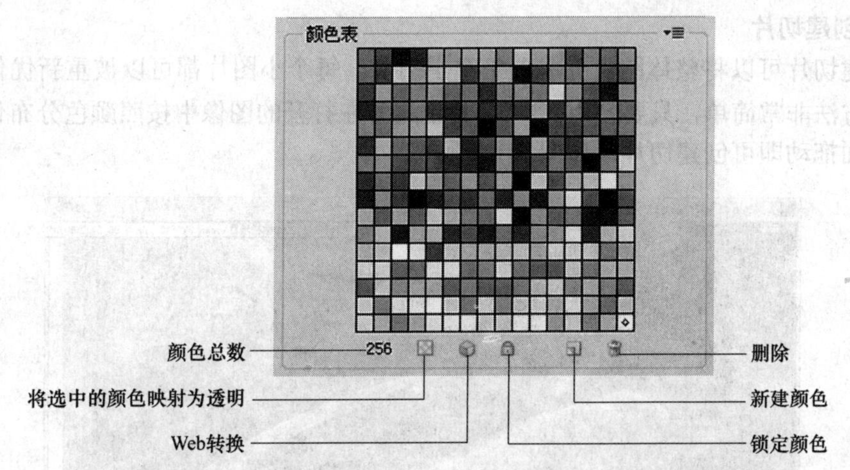

图 9-10 颜色表

对话框中的各选项含义如下。

◆ 颜色总数：显示“颜色表”调板中颜色的总和。

◆ 将选中的颜色映射为透明：在“颜色表”调板中选择相应的颜色后，单击该按钮，可以将当前优化图像中的选取颜色转换成透明。

◆ Web 转换：可以将在“颜色表”调板中选取的颜色转换成 Web 安全色。

◆ 颜色锁定：可以将在“颜色表”调板中选取的颜色锁定，被锁定的颜色样本在右下角会出现一个被锁定的方块图标。

◆ 新建颜色：单击该按钮可以将 A（吸管工具）吸取的颜色添加到“颜色表”调板中，新建的颜色样本会自动处于锁定状态。

◆ 删除：在“颜色表”调板中选择颜色样本后，单击此按钮可以将选取的颜色样本删除，或者直接拖曳到删除按钮上将其删除。

3. 图像大小

颜色设置完毕后还可以通过“存储为 Web 和设备所用格式”对话框中的“图像大小”部分对优化的图像进一步设置输出大小，如图 9-11 所示。

图 9-11 图像大小

对话框中的各选项含义如下。

◆ 新建长宽：用来设置修改图像的宽度和长度。

◆ 百分比：设置缩放比例。

◆ 品质：可以在下拉列表中选择一种插值方法，以便对图像重新取样。

9.1.4 设置网络图像

对处理的图像进行优化后，可以将其应用到网络上，如果在图片中添加了切片，可以对图像的切片区域进行进一步的优化设置，并在网络中进行连接和显示切片设置。

1. 创建切片

创建切片可以将整体图片分成若干个小图片，每个小图片都可以被重新优化，创建切片的方法非常简单，只要使用 （切片工具）在打开的图像中按照颜色分布使用鼠标在其上面拖动即可创建切片，如图 9-12 所示。

图 9-12 创建切片

2. 编辑切片

使用 （切片选择工具）选择“切片 3”，并在上面双击，打开“切片选项”对话框，其中的各项参数设置如图 9-13 所示。设置完毕后单击“确定”按钮即可完成编辑。

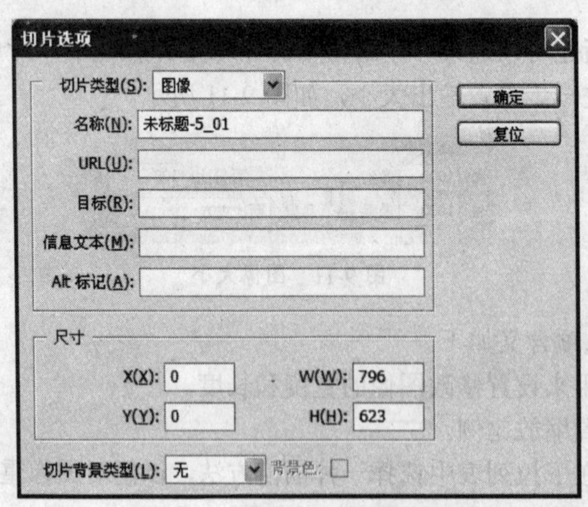

图 9-13 “切片选项”对话框

3. 连接到网络

设置完选择的切片后，执行菜单中的“文件/存储为 Web 和设备所用格式”命令，打开“存储为 Web 和设备所用格式”对话框，使用（切片选择工具）选择不同切片后，可以在“优化设置区域”对选择的切片进行优化，将所有切片都设置为 JPEG 格式，如图 9-14 所示。

图 9-14 “存储为 Web 和设备所用格式”对话框

设置完毕后单击“存储”按钮，打开“将优化结果存储为”对话框，设置“保存类型”为“HTML 和图像”，如图 9-15 所示。

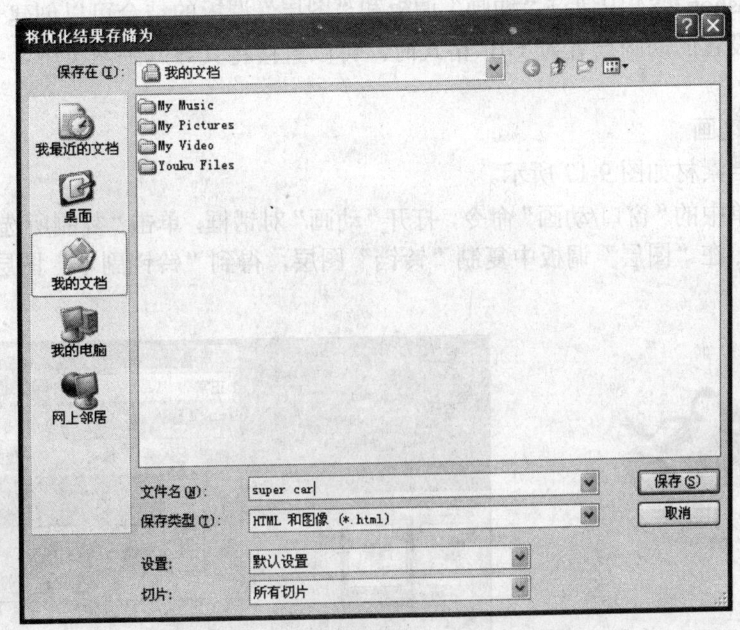

图 9-15 “将优化结果存储为”对话框

设置完毕后单击“保存”按钮，在储存的位置中找到保存的“super car”HTML 文件，打开后将鼠标移动到“切片 3”所在的位置上时，可以看到鼠标指针下方和窗口左下角会出现该切片的预设信息，如图 9-16 所示。

图 9-16 网页

9.1.5 动画

在 Photoshop CS4 中通过“动画”调板和“图层”调板的结合可以创建一些简单的动画效果，将设置的动画设置为 GIF 格式时，可以直接将其导入到网页中，并以动画形式显示。

1. 创建动画

打开铃铛素材如图 9-17 所示。

执行菜单中的“窗口/动画”命令，打开“动画”对话框，单击“复制所选帧”按钮，创建第二帧，在“图层”调板中复制“铃铛”图层，得到“铃铛副本”图层，如图 9-18 所示。

图 9-17 素材

图 9-18 复制帧

执行菜单中的“编辑/变换/水平翻转”命令，将第二帧对应的“铃铛副本”图层中的图像水平翻转，将“铃铛副本”图层隐藏，如图 9-19 所示。

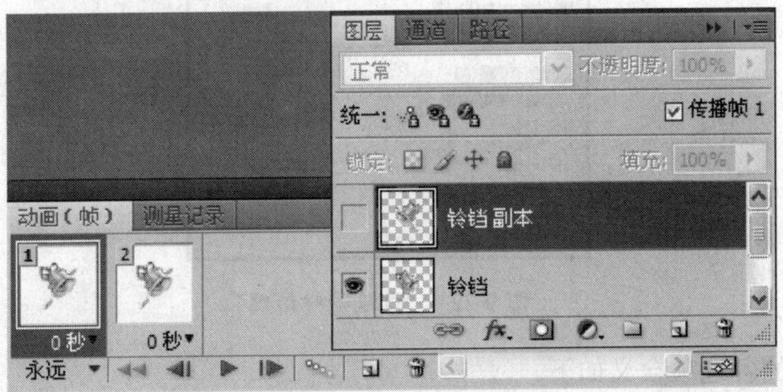

图 9-19 调整

选择第一帧，将“铃铛”图层隐藏，此时动画制作完成，效果如图 9-20 所示。

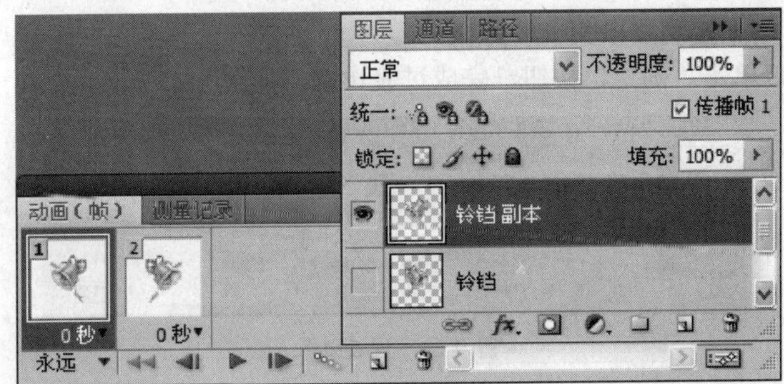

图 9-20 动画完成

2. 设置过渡帧

过渡帧就是系统会自动在两个帧之间添加位置、不透明度或效果以产生均匀的变化效果帧，设置方法如下：

动画创建完成，单击“动画”调板中的“过渡动画帧”按钮，如图 9-21 所示。此时系统会自动弹出如图 9-22 所示的“过渡”对话框。

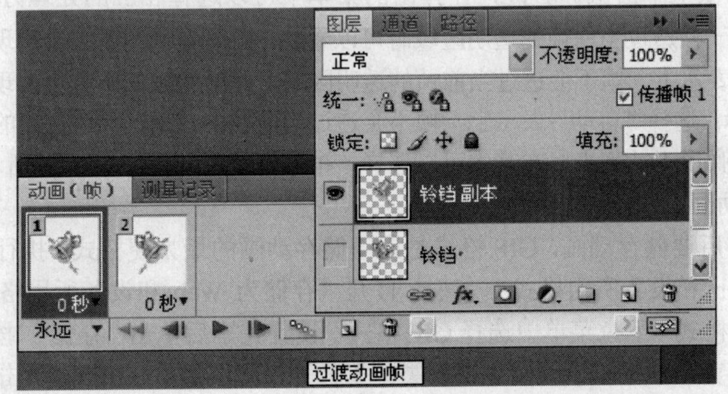

图 9-21 选择“过渡动画帧”按钮

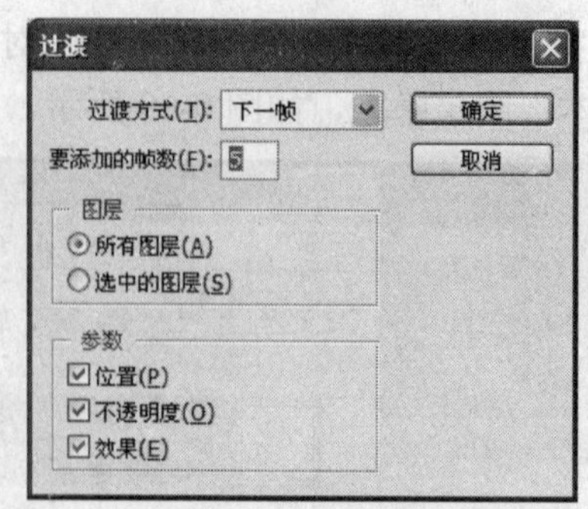

图 9-22 “过渡”对话框

对话框中的各选项含义如下。

◆ 过渡方式：用来选择当前帧与某一帧之间的过渡。

◆ 要添加的帧数：用来设置在两个帧之间要添加的过渡帧的数量。

◆ 图层：用来设置在“图层”调板中针对的图层。

◆ 参数：用来控制要改变帧的属性。

设置完毕后单击“确定”按钮，完成过渡设置，如图 9-23 所示。

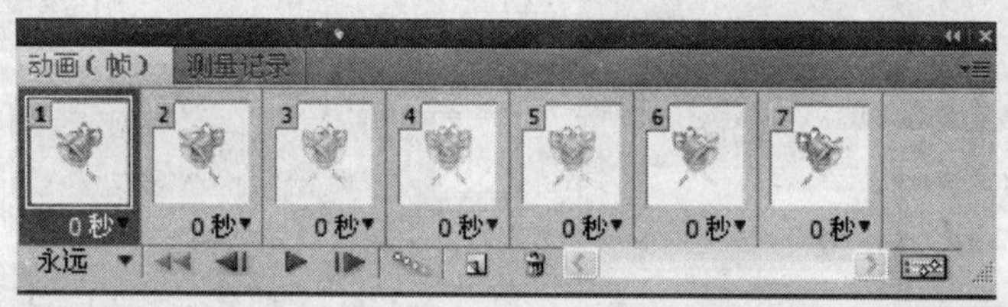

图 9-23 过渡效果

3. 预览动画

动画过渡设置完成后，单击“动画”调板中的“播放动画”按钮，就可以在文档窗口观看创建的动画效果。此时“播放动画”按钮会变成“停止动画”按钮，单击“停止动画”按钮，可以停止正在播放的动画。在对话框左下角的“选择循环选项”中可以选择播放的次数和执行设置播放次数。

4. 设置动画帧

在选择的帧上单击鼠标右键，在弹出的菜单中可以选择相应的处理方法。选择“不处理”表示上一帧透过当前帧的透明区域时可以看到，此时在帧的下方会出现一个图标；选择“处理”表示上一帧不会透过当前帧的透明区域，此时在帧的下方会出现一个图标，如图 9-24 所示；选择“自动”表示上一帧不会透过当前帧的透明区域。在帧的下方单击倒三角形按钮可以弹出下拉列表，在其中可以选择该帧停留的时间，如图 9-25 所示。

5. 保存动画

创建动画后要储存动画，GIF 格式是用于储存动画的最方便格式。执行菜单中的“文件/存储为 Web 和设备所用格式”命令，打开“存储为 Web 和设备所用格式”对话框，在“优化文件格式”下拉菜单中选择 GIF 格式。设置完毕后单击“存储”’按钮，打开“将优化结果储存为”对话框，设置“保存类型”为“仅限图像”(GIF)。单击“保存”按钮即可储存动画。

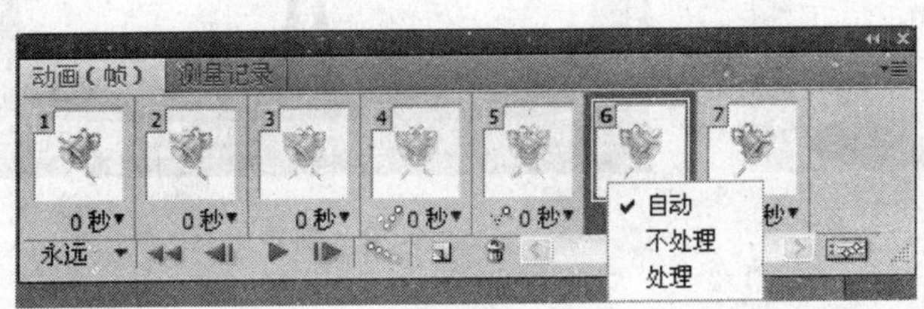

图 9-24　设置处理

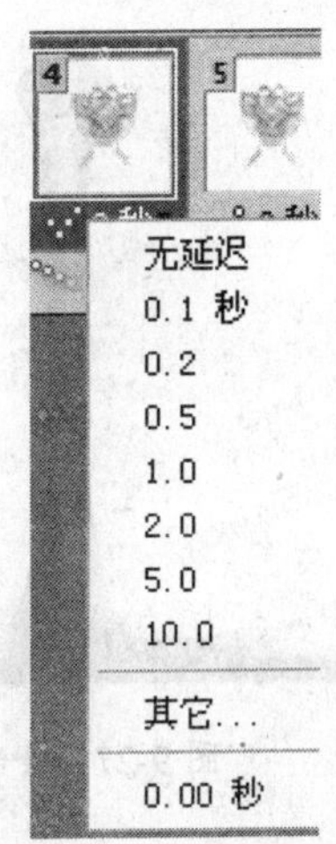

图 9-25　设置延迟

9.2　精彩案例

9.2.1　钟摆制作

① 按“Ctrl+N”组合键新建一个位图，参数如图 9-26 所示。

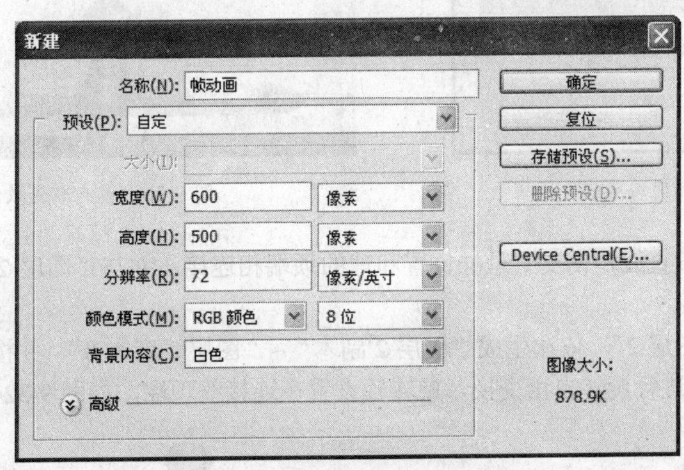

图 9-26　新建文件

② 新建“图层 1”，使用钢笔工具绘制图形，并应用“复制”、“水平镜像”功能生成对称图形，合并后填充黑白渐变，并应用图层样式效果“斜面浮雕”，最终制作钟摆的支架，如图 9-27 所示。

③ 新建“图层 2”，使用“椭圆选框工具”创建一个圆形选区，如图 9-28 所示，设置渐变编辑器颜色如图 9-29 所示，并填充白色到深红色（#850000）渐变，如图 9-30 所示。

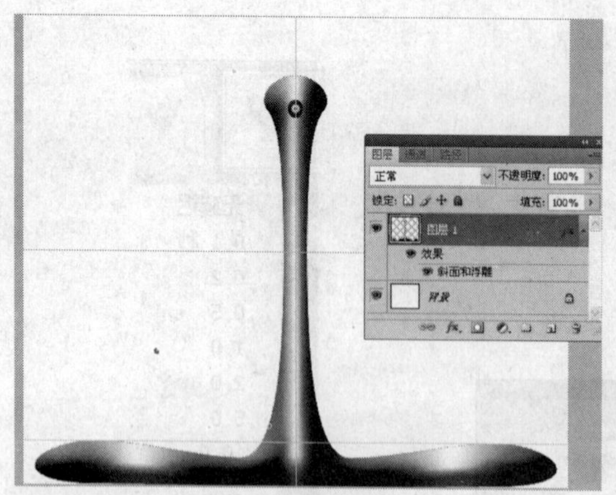

图 9-27 绘制支架

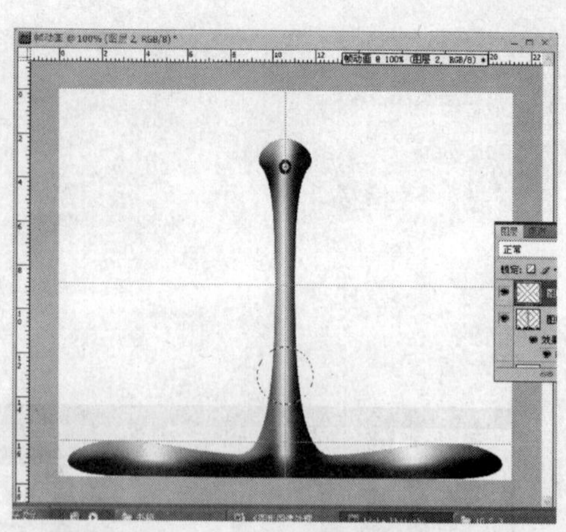

图 9-28 创建选区

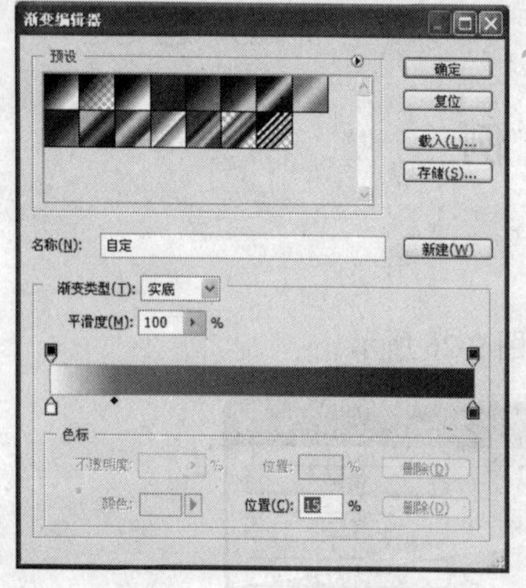

图 9-29 “渐变编辑器”设置

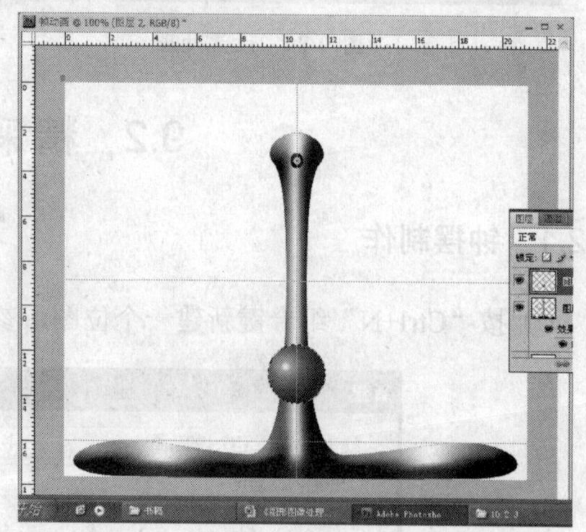

图 9-30 填充渐变效果

④ 绘制一条直线，使支架悬挂位置和球的顶端相连接，并与“图层 2”合并，如图 9-31 所示。

⑤ 复制“图层 2”，依次生成“图层 2 副本”～“图层 2 副本 8”，并按“Ctrl+T”组合键对副本图层进行旋转自由变换，旋转轴设置在连接线顶端，如图 9-32 所示。

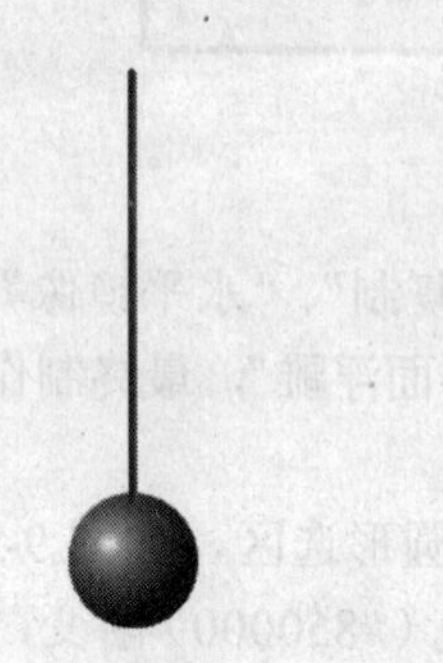

图 9-31 绘制连接线

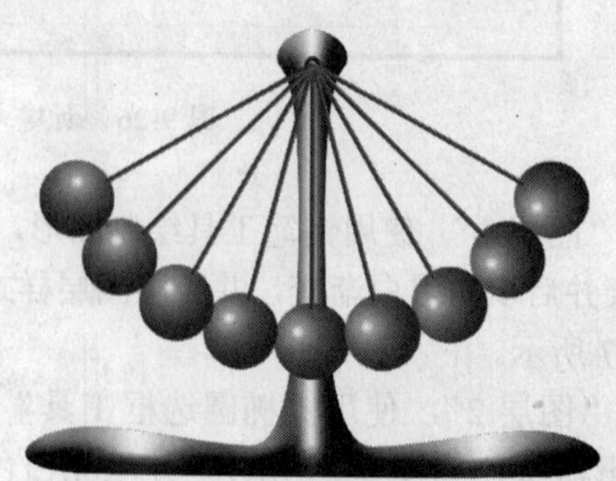

图 9-32 复制并变换图层 2

⑥ 打开“动画（帧）”面板，每新建一帧只显示小球摆动的一个图层，依次新建 17 帧，并对每一帧所对应的图层显示，其他图层隐藏，如图 9-33 所示，并将帧动画每一帧的时间延迟设为 0.1s，钟摆动画制作完成，如图 9-34 所示。

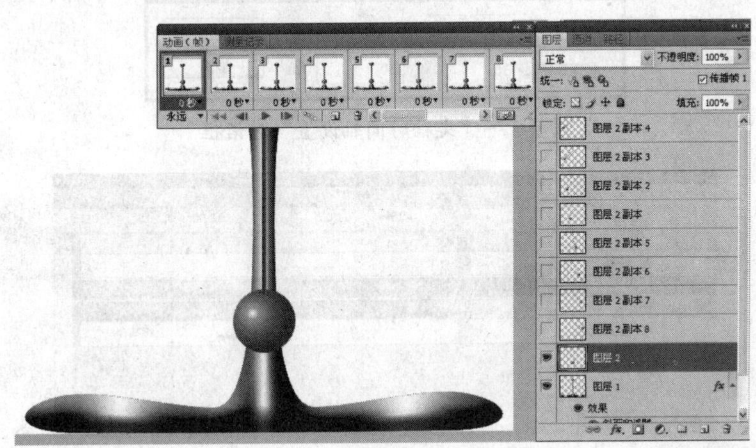

图 9-33　动画帧面板与图层

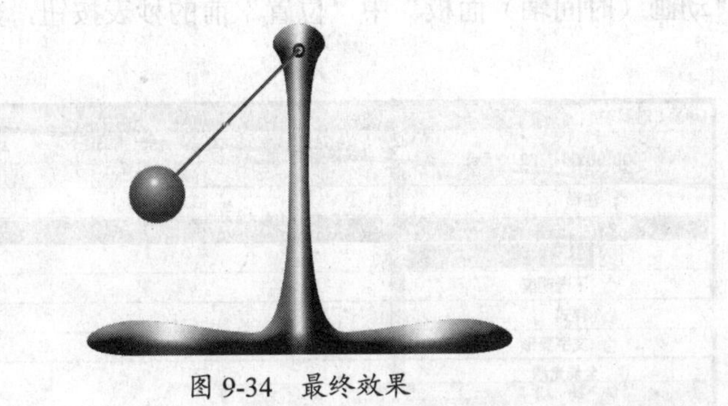

图 9-34　最终效果

9.2.2　绿色的春天

① 按“Ctrl+O”组合键打开背景素材文件，如图 9-35 所示。

② 使用“文字工具”在图像上输入文本“春天的到来”，图像效果如图 9-36 所示。

图 9-35　背景素材

图 9-36　图像效果

③ 在“动画（时间轴）”菜单中执行“文档设置”命令，打开“文档时间轴设置”对话框，参数设置如图 9-37 所示，“动画（时间轴）”面板如图 9-38 所示。

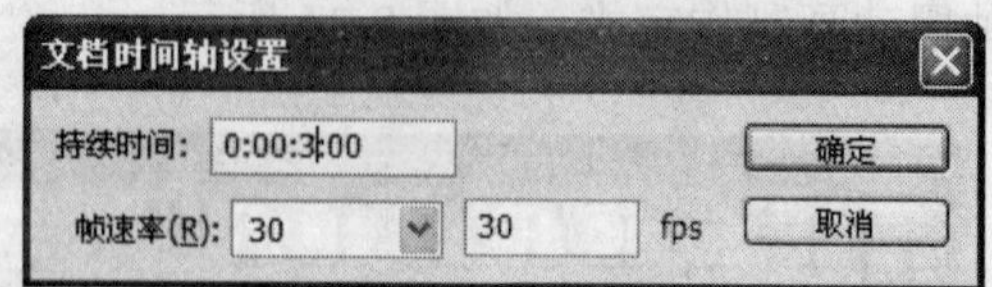

图 9-37 “文档时间轴设置”对话框

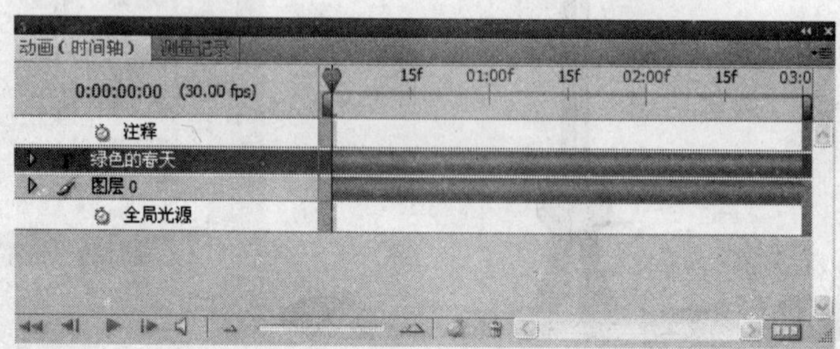

图 9-38 动画（时间轴）面板

④ 单击“动画（时间轴）面板”中“位置”前的秒表按钮，建立一个关键帧，如图 9-39 所示。

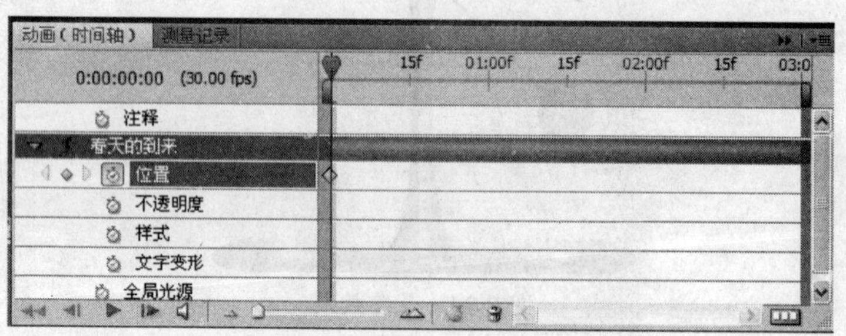

图 9-39 动画（时间轴）面板

⑤ 使用“移动工具”将文本图层移至图像右下方位置，如图 9-40 所示，将“动画（时间轴）面板”中的时间指示器拖拽到最右侧并单击“位置”前的秒表按钮，建立一个关键帧，如图 9-41 所示。

图 9-40 图像效果

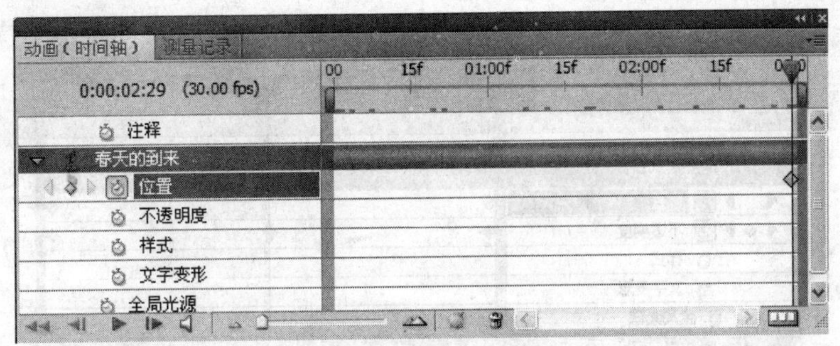

图 9-41　动画（时间轴）面板

⑥ 设置文字图层的“不透明度”为 0%，并单击“动画（时间轴）面板”中“不透明度”前的秒表按钮，建立一个关键帧，如图 9-42 所示。

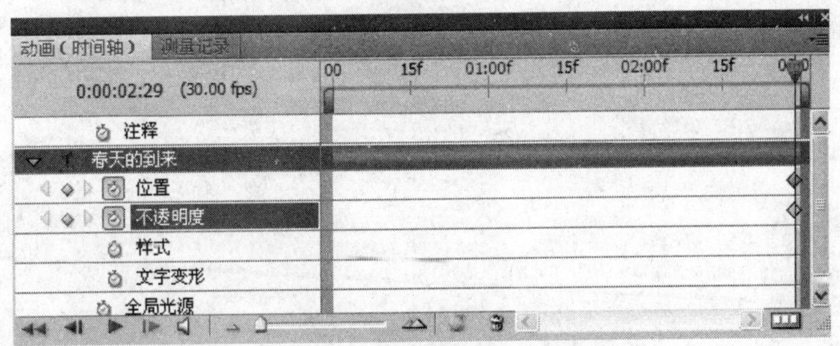

图 9-42　动画（时间轴）面板

⑦ 将“动画（时间轴）面板”中的时间指示器拖拽至最左边，并单击“不透明度”前的秒表按钮，建立一个关键帧，如图 9-43 所示。

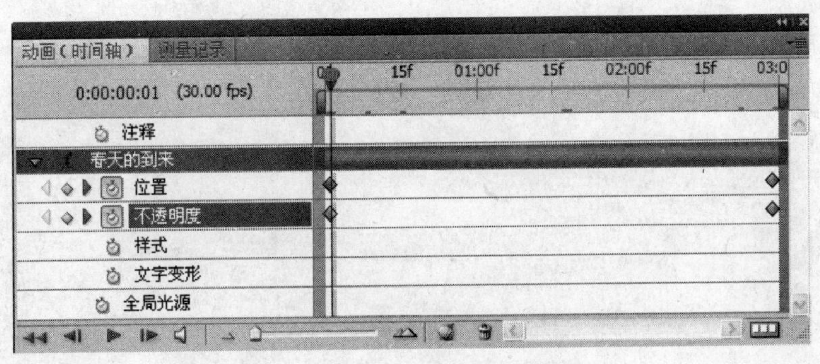

图 9-43　动画（时间轴）面板

⑧ 将“动画（时间轴）面板”中的时间指示器拖拽至中间，并设置文字图层的“不透明度”为 100%，单击“位置”前的秒表按钮，建立一个关键帧，如图 9-44 所示，单击“播放动画”按钮即可预览动画。

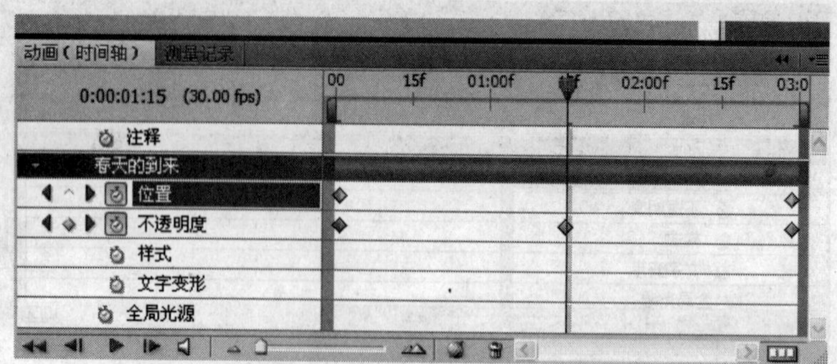

图 9-44　动画（时间轴）面板

第 10 章　经典商业案例实战

案例 1　卡通漫画设计

本案例将利用 Photoshop 的功能绘制一个美少女漫画，通过案例使学习者懂得如何处理漫画人物造型、漫画效果以及局部效果的处理和工具的灵活使用。本案例分为三部分，第一部分为基本造型，第二部分处理漫画的背景效果图，第三部分创建卡通人物的武器。

准备设计的 VI 如图 10-1 所示，具体步骤如下。

新建一文件设置白色背景，然后打开美少女图片，设置图层不透明度为 50%，如图 10-2 所示。

图 10-1　设计效果图

图 10-2　不透明度设置

利用钢笔工具，把美少女的头发勾选出来，新建立一个图层，然后填充颜色 C:100 M:100 Y:63 K:42，如图 10-3 所示。

图 10-3　头发绘制

勾选出面部，新建立一个图层，填充颜色为 C:14 M:25 Y:29 K:0，如图 10-4 所示。

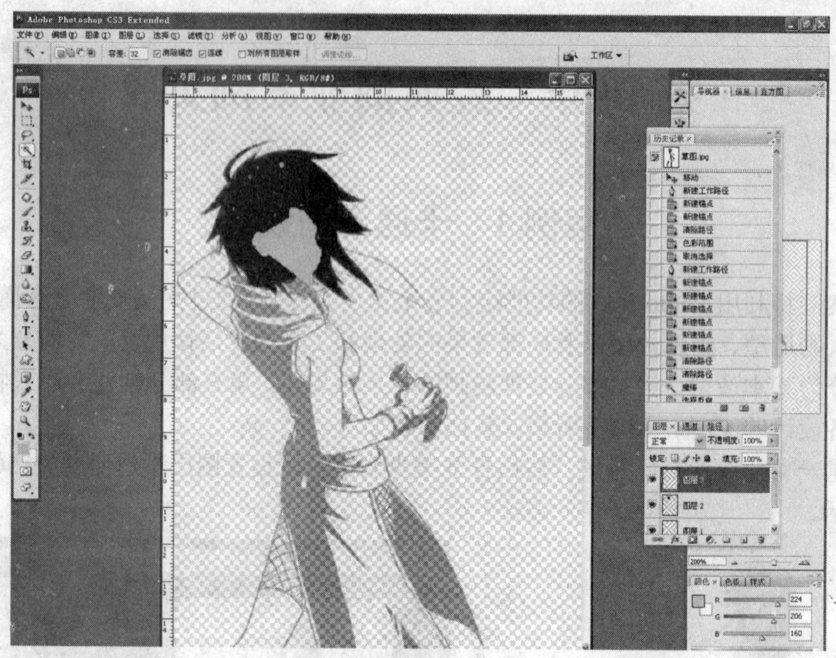

图 10-4　面部绘制

围绕面部勾选出面部和头发之间的一个区域，新建立一个图层，填充为 C:100 M:100 Y:63 K:42，如图 10-5 所示。

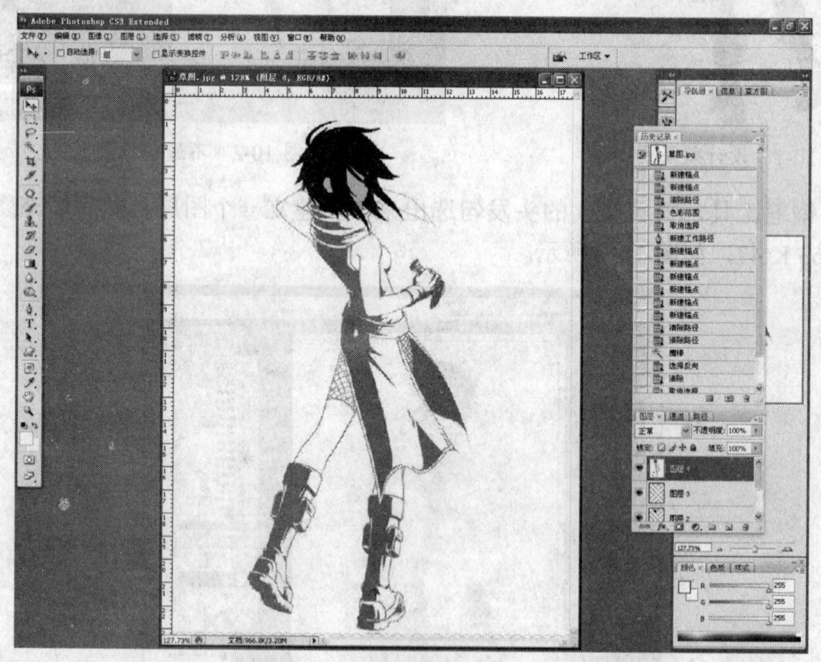

图 10-5　头发与面部之间区域

在头发上制作一些选区，新建立一个图层，填充为C:87 M:79 Y:40 K:3，然后执行滤镜模糊，模糊半径设置为1.5，如图10-6所示。

图10-6 模糊后效果

制作耳朵和眼睛里面的一个选区，新建立一个图层，填充为黑色，如图10-7所示。

图10-7 制作耳朵和眼睛

给眼睛添加白色，制作一个选区，然后新建立一个图层，填充为白色，移动这个图层到上面那个图层的下面，如图 10-8 所示。

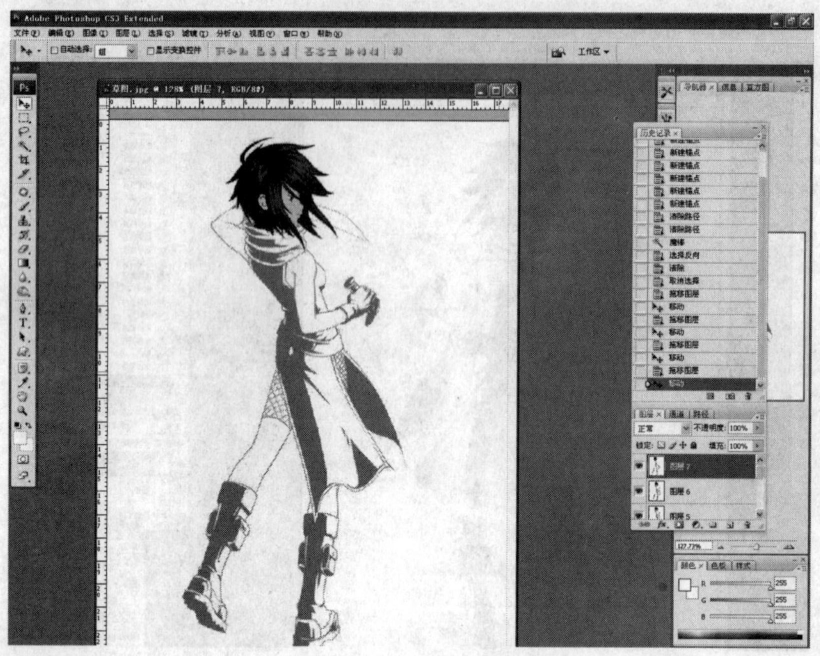

图 10-8　眼睛细节

用钢笔工具选择美少女的胳膊和腿部，新建立一个层，填充为 C:14 M:25 Y:29 K:0，如图 10-9 所示。

图 10-9　胳膊和腿部

绘制胳膊和腿部选区的阴影选区，新建立一个层，填充为 C:41 M:46 Y:55 K:0。然后高斯模糊 1.5，如图 10-10 所示。

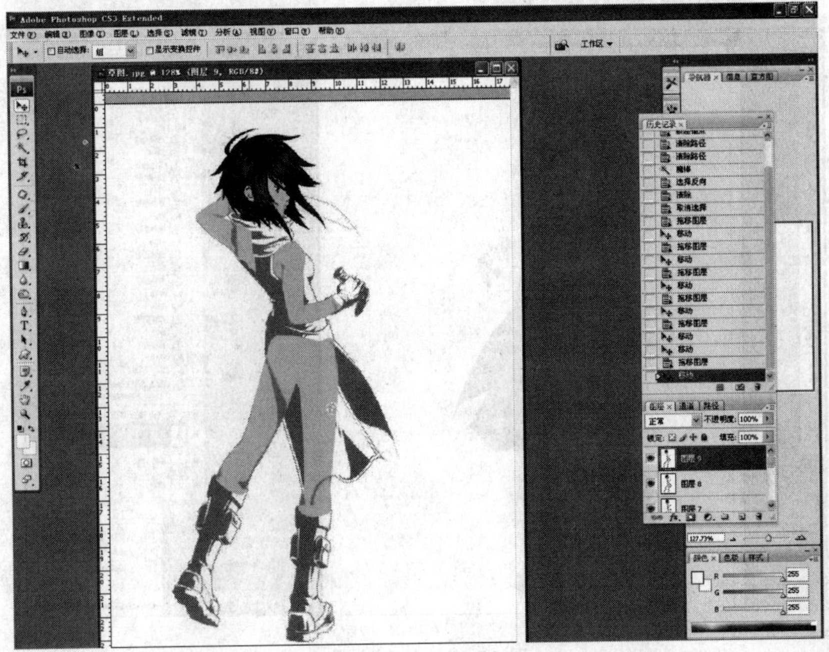

图 10-10　阴影绘制

绘制大腿部，使用 2pixel 笔刷，创建一个新图层，前景色设置为黑色，绘制如图 10-11 所示图形。

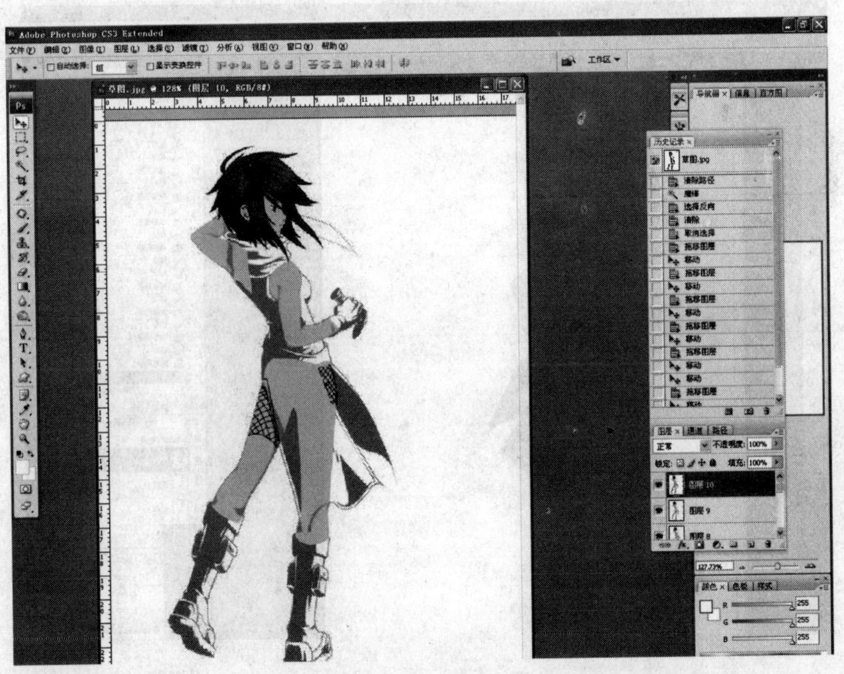

图 10-11　绘制腿部

绘制衣服选区，新建立一个层，填充为 C:53 M:99 Y:100 K:39，如图 10-12 所示。

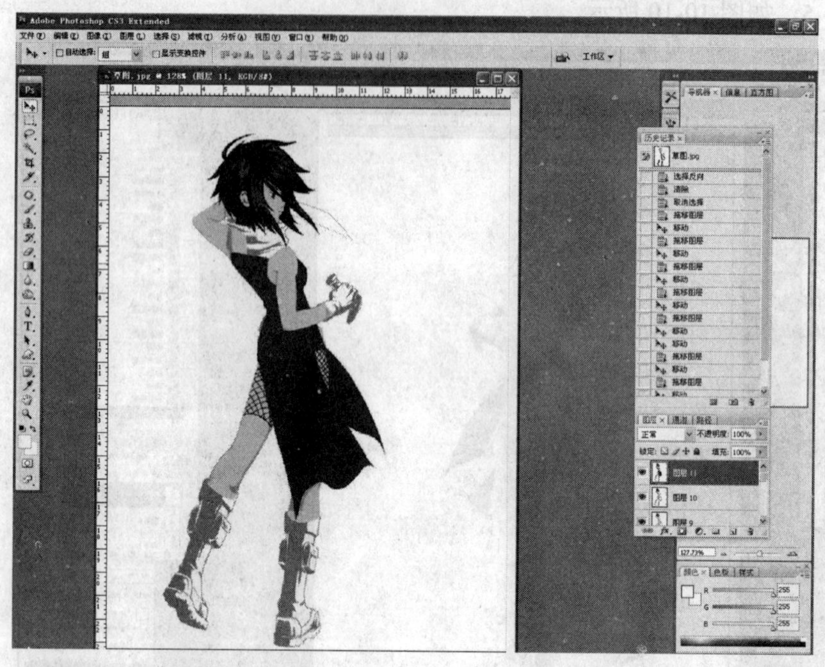

图 10-12 绘制衣服

绘制衣服的阴影，填充色为 C:74 M:92 Y:100 K:87，选择滤镜模糊（高斯模糊），如图 10-13 所示。

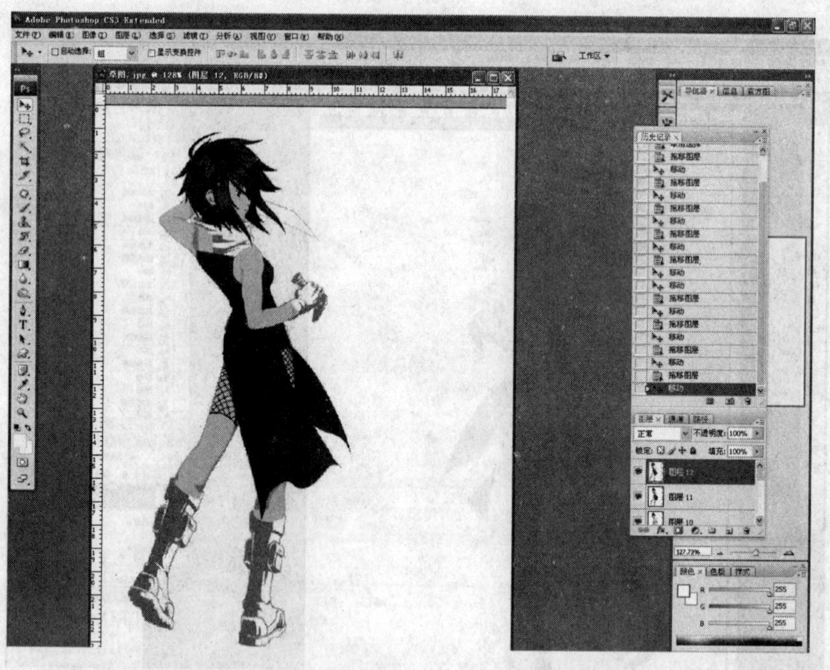

图 10-13 衣服阴影

脖子部分的处理，新建立一个层，填充为 C:53 M:99 Y:100 K:39，如图 10-14 所示。

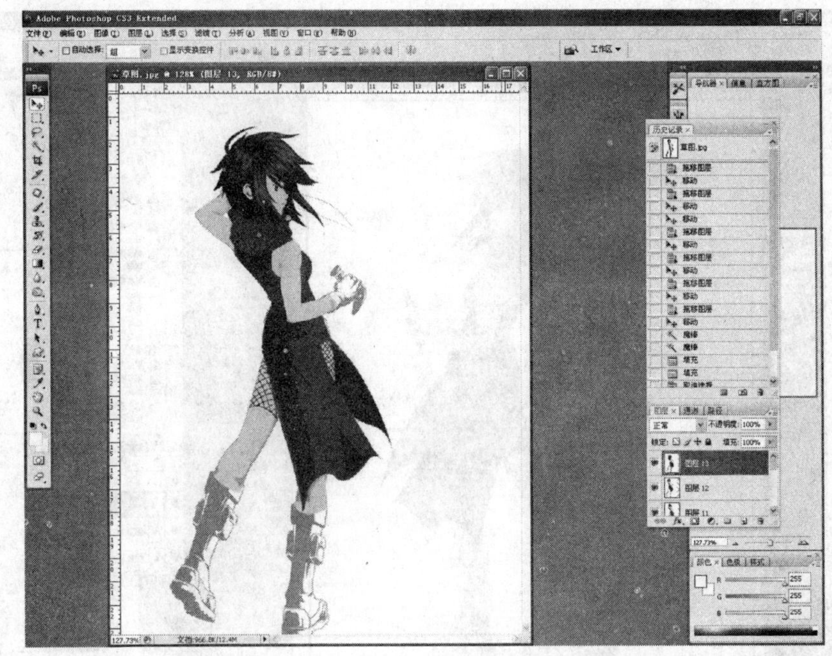

图 10-14　脖子处理

脖子部分的阴影，新建立一个层，填充为 C:74 M:92 Y:100 K:87，选择滤镜模糊（高斯模糊），如图 10-15 所示。

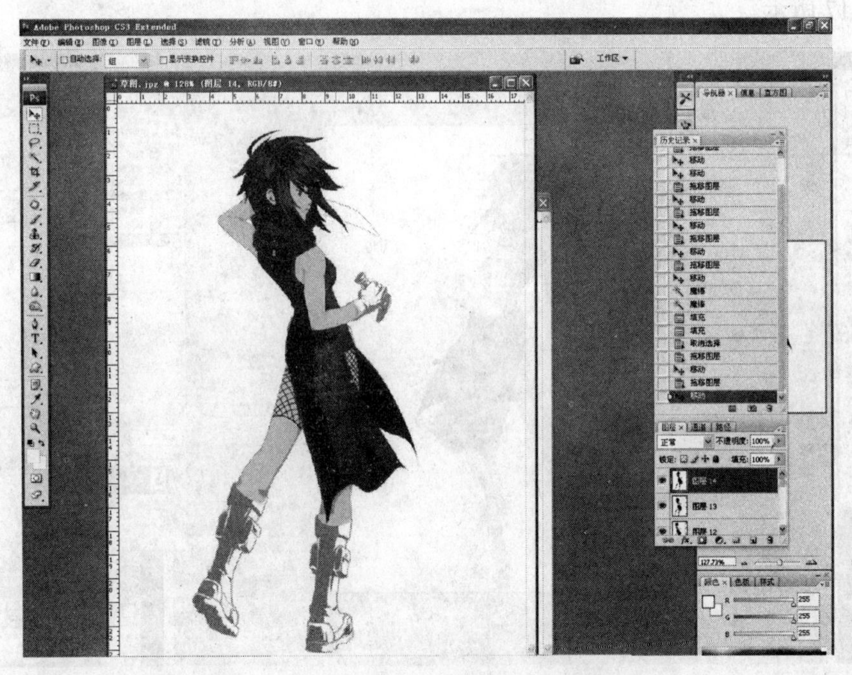

图 10-15　阴影设置

腰带处理，新建立一个层，填充为黑色，如图 10-16 所示。

图 10-16　腰带处理

腰带的阴影，新建立一个层，填充颜色为灰色，执行滤镜高斯模糊，模糊半径 1pixel，如图 10-17 所示。

图 10-17　阴影设置

完成了身体和头部的修饰，下面进行腿部、鞋子的处理。新建立一个层，用钢笔工具勾选腿部和鞋子并填充黑色，如图 10-18 所示。

图 10-18 腿部鞋子处理

鞋子的阴影，新建立一个层，填充色为灰色，执行高斯模糊，模糊半径 1.5pixel，如图 10-19 所示。

图 10-19 阴影设置

进行手套的处理，新建立一个层，用钢笔工具勾选手套并填充黑色。手套的阴影，新建立一个层，填充色为灰色，执行高斯模糊，模糊半径 1.5pixel。最终完成美少女制作，如图 10-20 所示。

图 10-20 最终效果图

案例 2 风景插画设计

本案例通过运用图层蒙版、图层混合模式、滤镜、各种工具，制作出充满怀旧气息的风景插画效果，设计效果如图 10-21 所示。

图 10-21 设计效果图

按图 10-22 所示新建一个名为“风景插画设计”的图像文件。

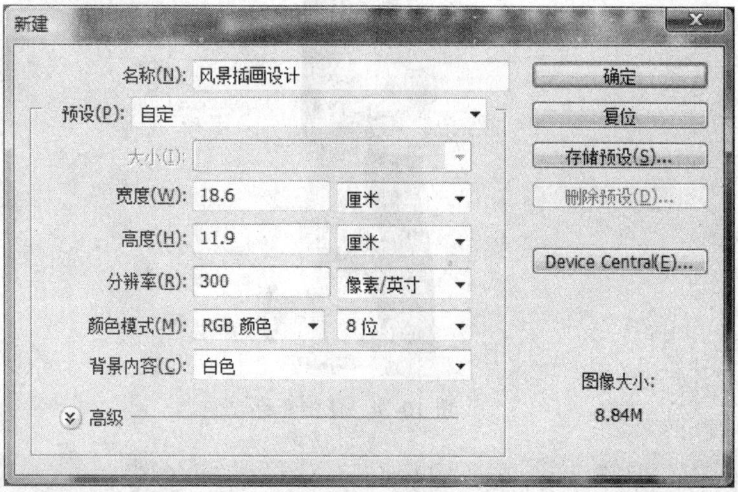

图 10-22 新建图像

打开“素材/风景插画设计/背景素材.jpg”，使用移动工具，将图像“背景素材.jpg”移至“风景插画设计”图像文件中。选择“图层/智能对象/转换为智能对象”命令，按“Ctrl+T”组合键调出变换控制框，通过单击和拖拽操作，调整图像大小和位置，按“Enter”键确认变换操作，图像效果如图 10-23 所示。

图 10-23 背景素材

打开“素材/风景插画设计/情侣.jpg”，如图 10-24 所示。选择“工具箱”中的“钢笔工具”，设置钢笔属性工具栏如图 10-25 所示。使用“钢笔工具”在文件“情侣”上建立人物的封闭路径。单击鼠标右键，在弹出的快捷菜单中选择“建立选区”命令。

选择“移动工具”将“情侣”图像移动到“背景素材”中，按“Ctrl+T”组合键进行自由变换，调整图像大小及位置，按“Enter”键确认，如图 10-26 所示。

图 10-24　情侣素材

图 10-25　钢笔工具属性栏设置

图 10-26　移动并变换图像

打开“素材/风景插画设计/草地.jpg”，使用移动工具，将“草地”移至“风景插画设计”图像文件中，并将“图层 3”置于“图层 2”下方，按“Ctrl+T”组合键自由变换，调整图像的大小和位置，按“Enter”键确认变换操作，效果如图 10-27 所示。

图 10-27　移动变换图像

单击默认前景色和背景色图标，通过切换前景色与背景色将前景色设置为黑色。单击“图层”面板底部的“添加图层蒙版”按钮，选择“工具箱”中的画笔工具，并设置合适的笔尖大小涂抹图像，如图 10-28 所示。

图 10-28 涂抹图像

打开“素材/风景插画设计/花.jpg”，使用移动工具，将“花”移至“风景插画设计”图像文件中，并将“图层 4”置于“图层 2”和“图层 3”之间。按“Ctrl+T”组合键调整图像大小和位置，如图 10-29 所示。

图 10-29 移动变换图像

单击“图层”面板底部的“添加图层蒙版”按钮，选择“工具箱”中的画笔工具，并设置合适的笔尖大小涂抹图像，如图 10-30 所示。

图 10-30 涂抹图像

设置画笔属性工具栏“不透明度”为 30%，画笔为 250 像素笔尖，“硬度”为 0，单击“图层”面板底部的“创建新图层”按钮，新建“图层 5”，置于“图层 2”和“图层 4”之间。使用画笔工具在“图层 5”上涂抹出人物脚底的阴影，如图 10-31 所示。

图 10-31 脚底阴影

打开“素材/风景插画设计/天鹅.jpg”，使用移动工具，将“天鹅”移至“风景插画设计”图像文件中，并将“图层 6”置于“图层 2”和“图层 5”之间。按“Ctrl+T”组合键调整图像大小和位置。选择“图层”面板底部的“添加图层蒙版”按钮，选择画笔工进行涂抹，如图 10-32 所示。

图 10-32 加入天鹅

打开“素材/风景插画设计/金鱼.jpg”，使用移动工具，将“金鱼”移至“风景插画设计”图像文件中，并将“图层 7”置于“图层 2”和“图层 6”之间。按“Ctrl+T”组合键调整图像的大小和位置。选择“图层”面板底部的“添加图层蒙版”按钮，选择画笔工进行涂抹，如图 10-33 所示。

图 10-33 加入金鱼

打开“素材/风景插画设计/莲蓬.jpg”，使用移动工具，将“莲蓬”移至“风景插画设计”图像文件中，并将“图层 8”置于“图层 2”和“图层 7”之间。按“Ctrl+T”组合键调整图像的大小和位置。选择“图层”面板底部的“添加图层蒙版”按钮，选择画笔工进行涂抹，如图 10-34 所示。

图 10-34 加入莲蓬

打开“素材/风景插画设计/花篮.jpg”，使用移动工具，将“花篮”移至“风景插画设计”图像文件中，并将“图层 9”置于“图层 2”之下。按“Ctrl+T”组合键调整图像的大小和位置，如图 10-35 所示。

设置画笔属性工具栏，新建“图层 10”，使用画笔工具在“图层 10”上涂抹出花篮的阴影，如图 10-36 所示。

打开“素材/风景插画设计/苹果.jpg”，使用移动工具，将“苹果”移至“风景插画设计”图像文件中，按“Ctrl+T”组合键调整图像的大小和位置，并创建阴影图层，为“苹果”添加阴影，如图 10-37 所示。

图 10-35　加入花篮

图 10-36　花篮阴影

图 10-37　载入苹果

打开“素材/风景插画设计/蘑菇.jpg”，使用移动工具，将“蘑菇”移至“风景插画设计”图像文件中，按“Ctrl+T”组合键调整图像的大小和位置，并创建阴影图层，为“蘑菇”添加阴影，如图 10-38 所示。

图 10-38　载入蘑菇

打开“素材/风景插画设计/气球.jpg”，使用移动工具，将“气球”移至“风景插画设计”图像文件中，按“Ctrl+T”组合键调整图像的大小和位置，如图 10-39 所示。

图 10-39　载入气球

选择“画笔工具”，设置“画笔面板”如图 10-40、图 10-41 和图 10-42 所示。创建新图层，置于图层 2 下方。设置前景色为“#fffbc7”，使用画笔在该图层上绘制，如图 10-43 所示。

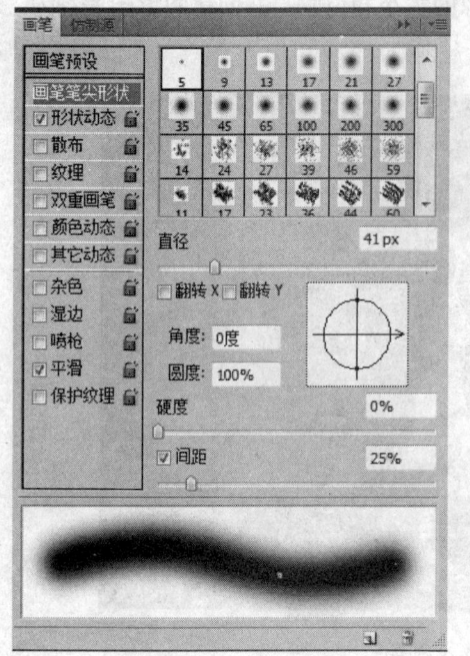

图 10-40　画笔设置 1

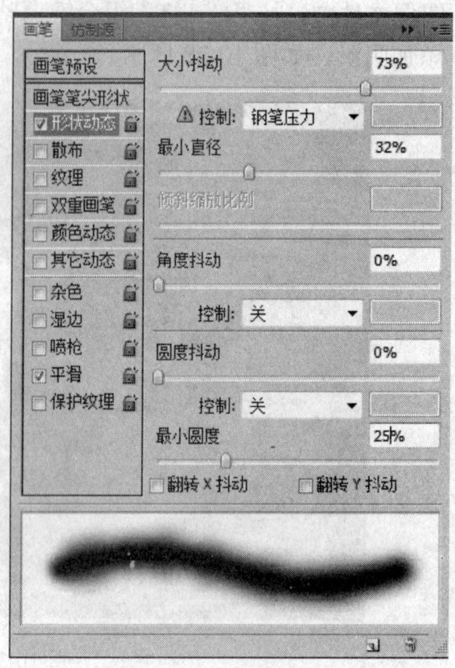

图 10-41　画笔设置 2

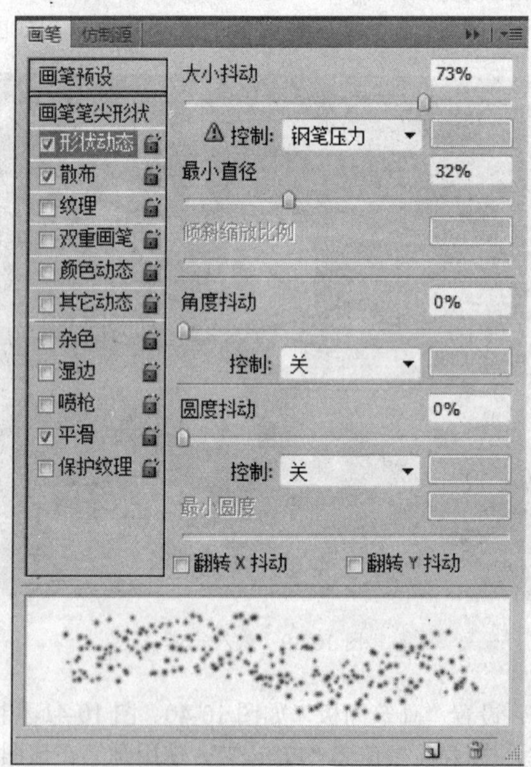

图 10-42　画笔设置 3

图 10-43　效果图 1

添加图层样式，设置“外发光”选项，如图 10-44 所示。其中外发光颜色为“#fbf499”，效果如图 10-45 所示。

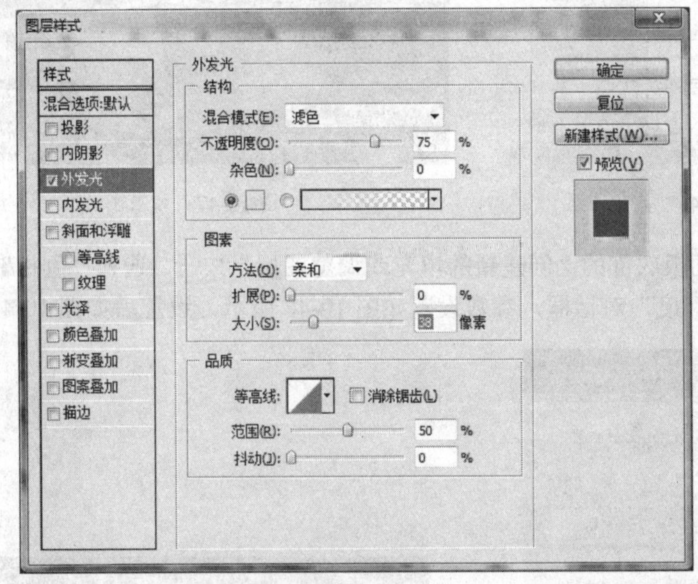

图 10-44　外发光

图 10-45　效果图 2

按“Ctrl+Shift+Alt+E”组合键盖印图层，如图 10-46 所示，得到“图层 17”，如图 10-47 所示。

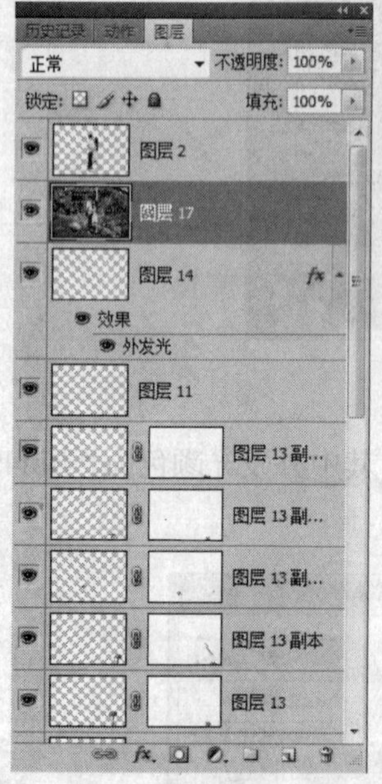

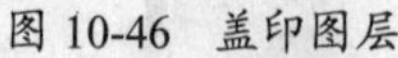
图 10-46 盖印图层

图 10-47 效果图 3

选择图层面板底部的“创建新的填充或调整图层”按钮，选择“色相/饱和度”选项，打开“色相/饱和度”对话框，参数设置如图 10-48 所示，设置后如图 10-49 所示。

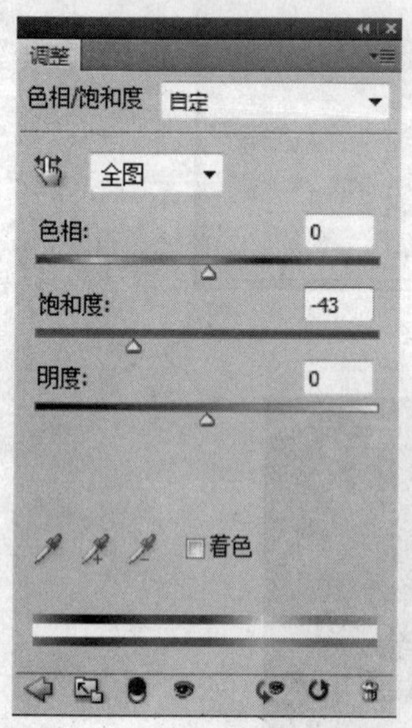

图 10-48 色相/饱和度

图 10-49 效果图 4

选择图层面板底部的“创建新的填充或调整图层”按钮，选择“照片滤镜”选项，打开“照片滤镜”对话框，参数设置如图 10-50 所示，设置后如图 10-51 所示。

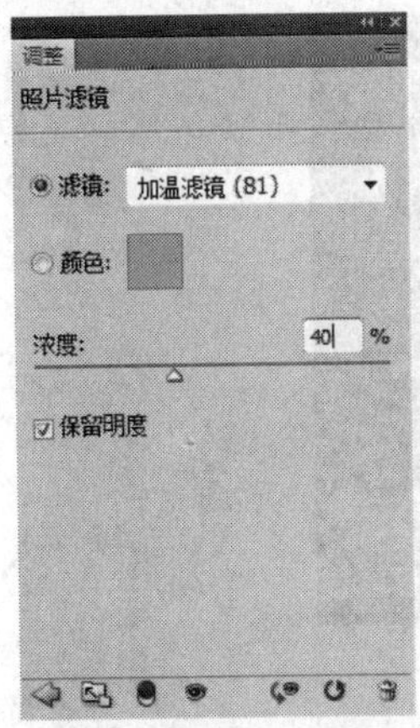

图 10-50 照片滤镜

图 10-51 效果图 5

选择图层面板底部的“创建新的填充或调整图层”按钮，选择“可选颜色”选项，打开“可选颜色”对话框，参数设置如图 10-52、图 10-53、图 10-54 和图 10-55 所示，设置后如图 10-56 所示。

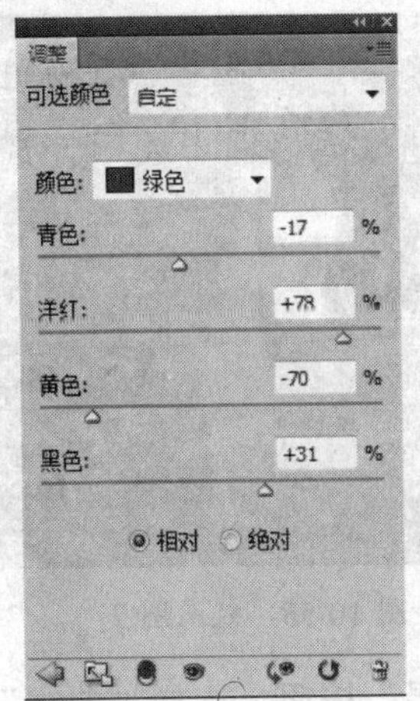

图 10-52 可选颜色 1

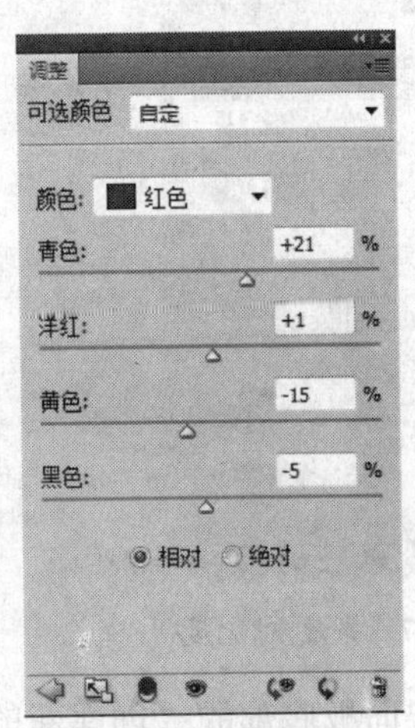

图 10-53 可选颜色 2

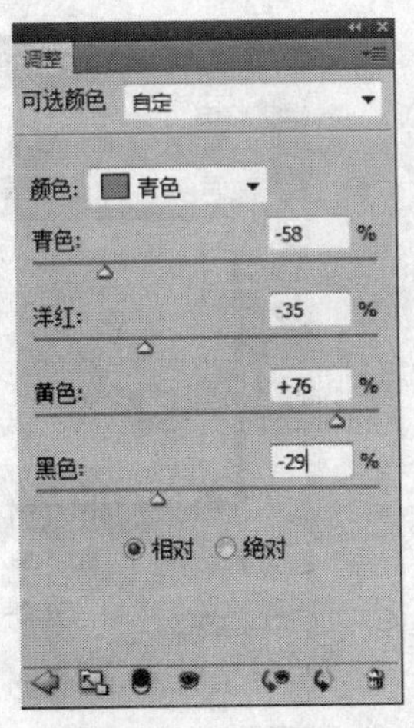

图 10-54 可选颜色 3

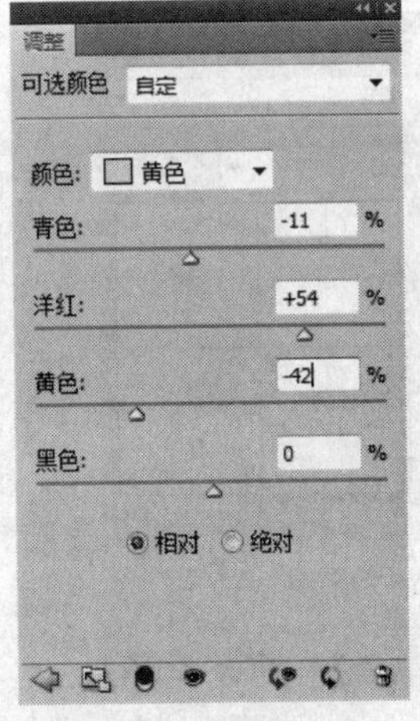

图 10-55 可选颜色 4

图 10-56　效果图 6

选择图层面板底部的“创建新的填充或调整图层”按钮，选择“亮度/对比度”选项，打开“亮度/对比度”对话框，参数设置如图 10-57 所示，设置后效果如图 10-58 所示。

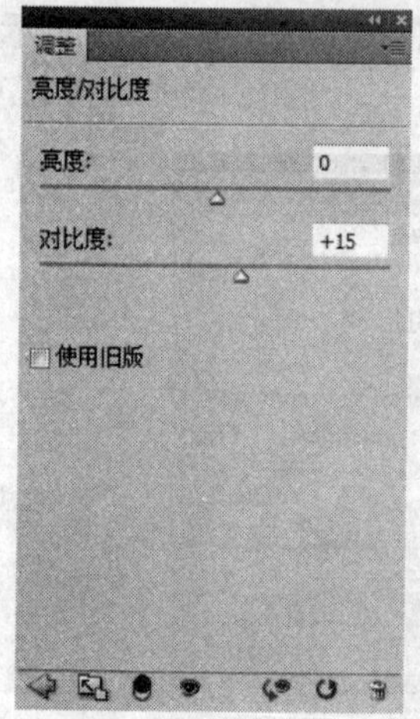

图 10-57　亮度/对比度

图 10-58　效果图 7

选择图层面板底部的“创建新的填充或调整图层”按钮，选择“曲线”选项，打开“曲线”对话框，参数设置如图 10-59 和图 10-60 所示，设置后效果如图 10-61 所示。

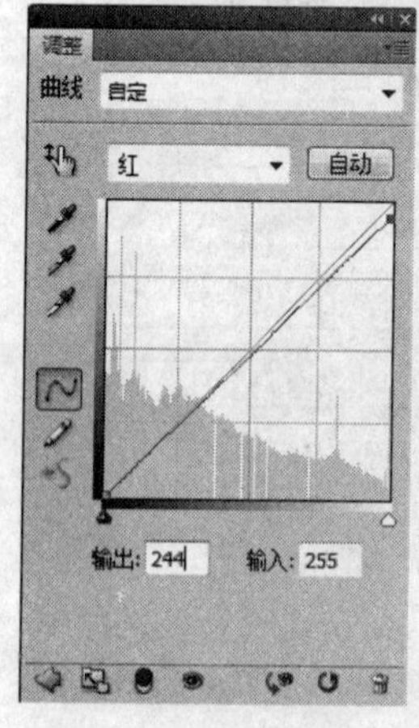

图 10-59　曲线设置 1

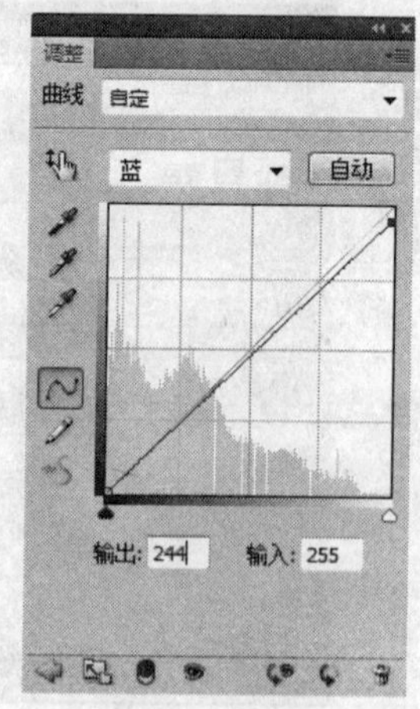

图 10-60　曲线设置 2

图 10-61　效果图 8

按“Ctrl+Shift+Alt+E”组合键盖印图层，得到图层 18，设置“混合模式”为“正片叠底”，“不透明度”为 40%，“图层”面板如图 10-62 所示，效果如图 10-63 所示。

图 10-62　图层混合模式

图 10-63　效果图 9

设置前景色和背景色默认，通过切换前景色与背景色，设置前景色为黑色，选择图层面板底部的“添加图层蒙版”按钮，选择“工具箱”里的“画笔工具”，使用适当的笔尖，在图像上需要提高亮度的地方涂抹，“图层”面板如图 10-64 所示，效果如图 10-65 所示。

图 10-64　图层蒙版

图 10-65　最终效果图

案例 3　儿童数码照片 DIY

在数码照片的拍摄过程中，儿童照片一直是拍摄的主题，而由于灯光环境等因素使得照片无法展现出儿童特有的天真，以及皮肤的稚嫩，在 Photoshop 中通过对照片进行后期处理可以调出稚嫩的儿童照。本案例通过应用“曲线”、“可选颜色”、“亮度/对比度”等对照片整体色调进行调整，然后结合滤镜、图层等功能对图像的整体和局部进行设置。原图和效果图如图 10-66 和图 10-67 所示。

图 10-66　处理前照片

图 10-67　处理后效果

打开“素材/儿童数码照片 DIY/数码照片.jpg”，复制背景图层，得到“图层 1”，如图 10-68 所示。

图 10-68　复制图层

执行“图像/调整/曲线”命令，或按“Ctrl+M”组合键，打开“曲线”对话框，如图 10-69 和图 10-70 所示。

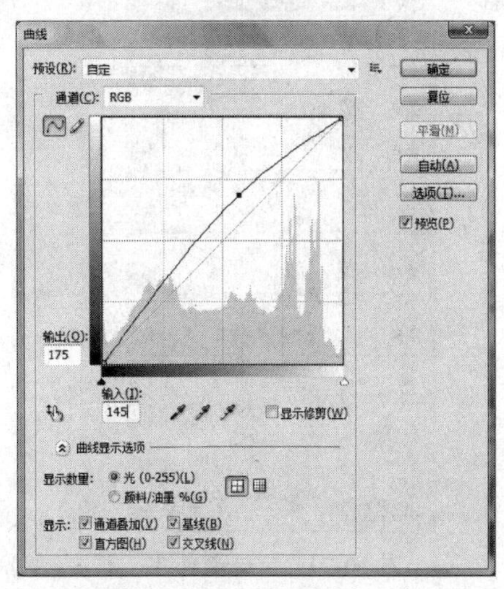

图 10-69 曲线设置

图 10-70 效果图

在“图层”面板底部，单击“创建新的填充或调整图层”按钮，如图 10-71 所示，选择“可选颜色”选项，按图 10-72、图 10-73 和图 10-74 所示设置。

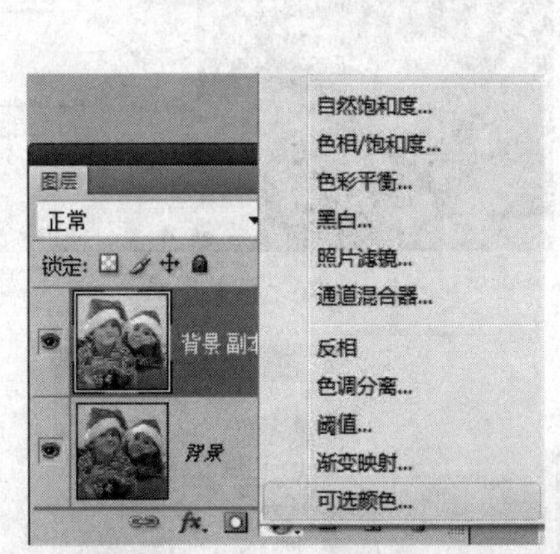

图 10-71 创建新的填充或调整图层

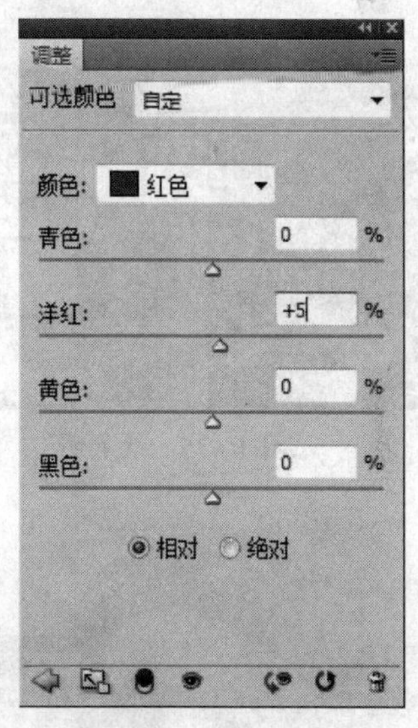

图 10-72 可选颜色 1

根据前面 3 个步骤对图像中红、黄及中性色的颜色浓度设置，在画面中可以看到设置后的图像效果变得更加柔和亮白，如图 10-75 所示。

在图层面板中创建“曲线 1”调整图层，在“调整”面板中调整“红”通道的曲线，按图 10-76 所示进行设置。

在图层面板中创建“亮度/对比度”调整图层，按图 10-77 所示进行设置。

为了方便后续操作，按“Ctrl+Shift+Alt+E”组合键进行盖印图层，得到新“图层 2”，如图 10-78 所示。

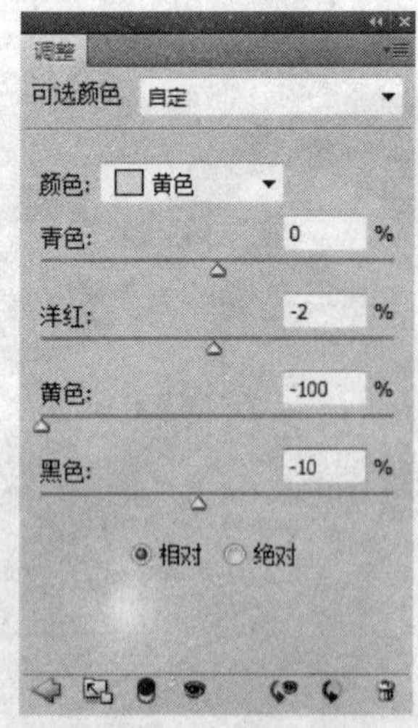

图 10-73　可选颜色 2

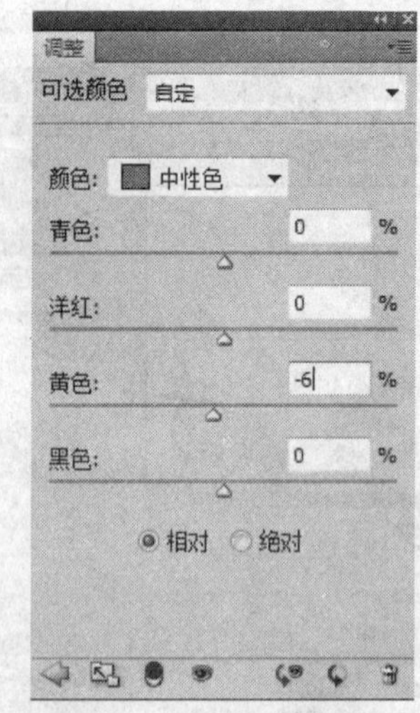

图 10-74　可选颜色 3

图 10-75　效果图

图 10-76　调整图层

图 10-77　调整图层

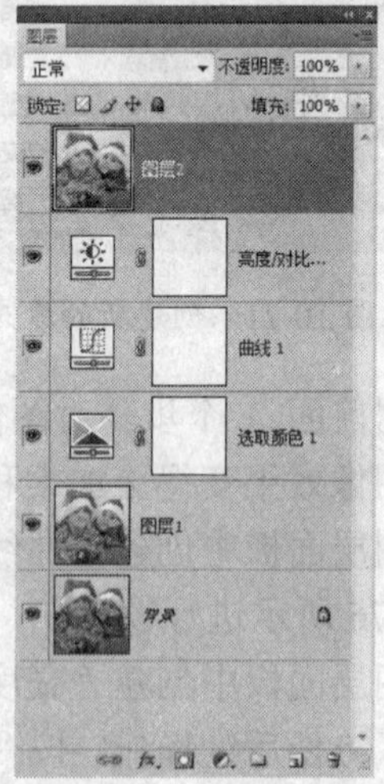

图 10-78　盖印图层

执行“滤镜/模糊/高斯模糊”命令，打开“高斯模糊”对话框，设置“半径”为 5.0 像素，如图 10-79 所示。

在图层面板中设置“图层 2”的混合模式为“滤色”,“不透明度”为 60%，设置后效果更加柔和、梦幻，如图 10-80 所示。

图 10-79　高斯模糊

图 10-80　图层混合模式设置

添加图层蒙版并填充图层蒙版缩略图为黑色后，再将前景色设置为白色。选择画笔工具，并设置合适的笔尖大小和不透明度（建议：画笔笔尖大小为 80pixel，硬度为 0，不透明度 38%），在人物的皮肤位置轻轻涂抹，恢复皮肤的稚嫩效果，如图 10-81 所示。

在“图层”面板中创建“曲线 2”调整图层后，在“调整”面板中将曲线微微向上调整，使图像更加明亮，如图 10-82 所示。

图 10-81　图层蒙版修饰

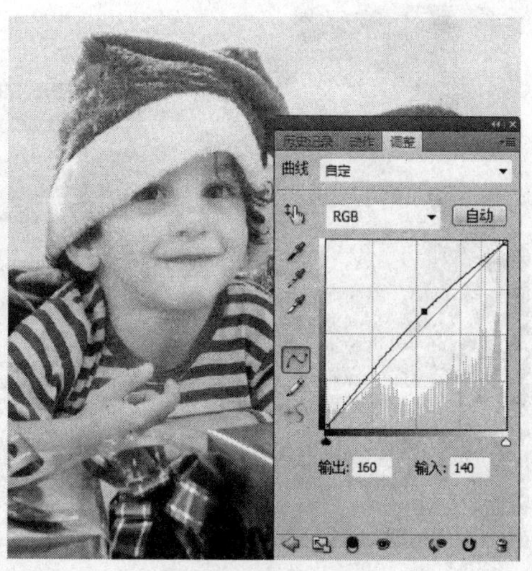

图 10-82　曲线调整

按“Ctrl+Shift+Alt+E”组合键进行盖印图层，得到新“图层 3”，执行“滤镜/锐化/USM 锐化”命令，打开“USM 锐化”对话框，按图 10-83 设置参数，完成后单击“确定”按钮。

在图层面板中选择“创建新的填充或调整图层”按钮，如图 10-84 所示。选择“色彩平衡”选项并进行设置，如图 10-85 所示。

图 10-83　USM 锐化设置

图 10-84　创建新的填充或调整图层

继续在图层面板中添加“色阶”调整图层，并在“调整”面板中设置参数，如图 10-86 所示。

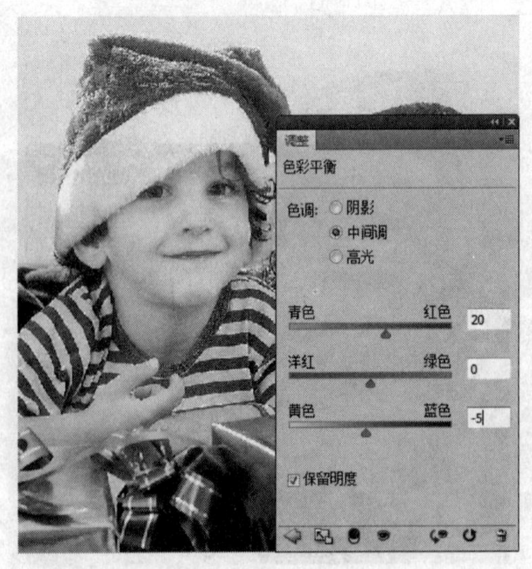

图 10-85　色彩平衡调整

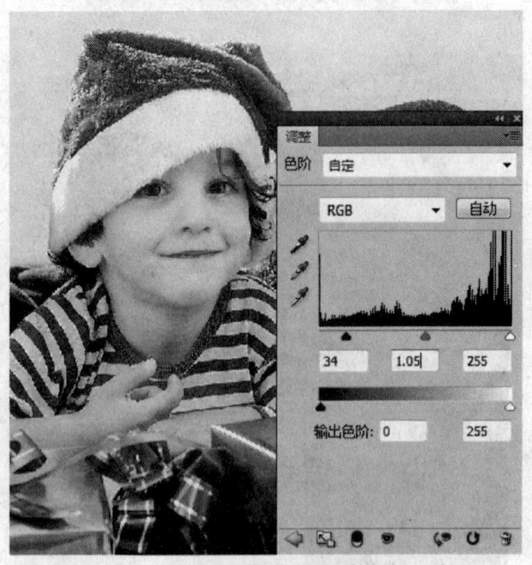

图 10-86　色阶调整

处理完成，最终效果如图 10-87 所示。

图 10-87　最终效果图

案例 4　water man

本案例为制作水感人物的特殊效果，运用“钢笔工具”和“渐变工具”对人物进行绘制，使用“滤镜”、“调整图层”和“通道”面板等绘制人体的液化效果，处理前效果与处理后的效果如图 10-88 和图 10-89 所示。

图 10-88　处理前效果

图 10-89　处理后效果

新建一个名为“water man”的图像，如图 10-90 所示。

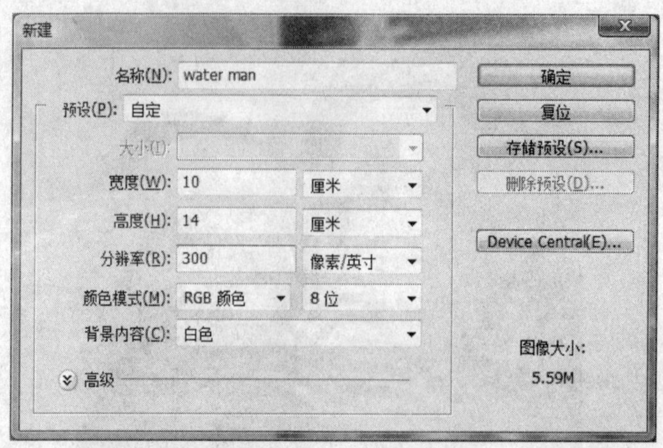

图 10-90　新建图像

打开“素材/water man/跳水.jpg”文件，使用移动工具将打开素材移动到创建的“water man”图像中，执行“图层/智能对象/转换为智能对象”命令，按“Ctrl+T”组合键变换图像大小和位置，如图 10-91 所示。复制“图层 1”，得到“图层 1 副本”，“图层”面板如图 10-92 所示。

图 10-91　移入素材并进行变换

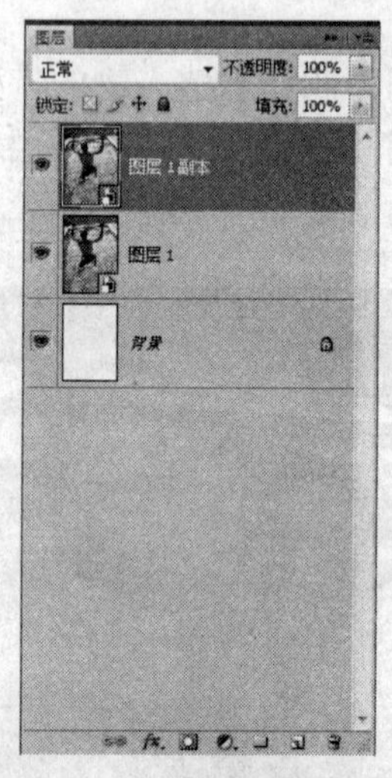

图 10-92　复制图层

选择图层面板底部的“创建新的填充或调整图层”按钮，选择“曲线”选项，按图 10-93 所示设置“曲线”对话框。设置完成后单击“确定”按钮，效果如图 10-94 所示。

默认前景色和背景色，并将前景色切换为白色，选择“工具箱”中的“渐变工具”，单击渐变属性栏的渐变图案打开“渐变编辑器”对话框，选择“预设”中的第一个渐变“前景色到背景色渐变”，如图 10-95 所示，单击“确定”按钮，使用“径向渐变”为调整图层的蒙版填充从上到下的渐变，如图 10-96 所示。

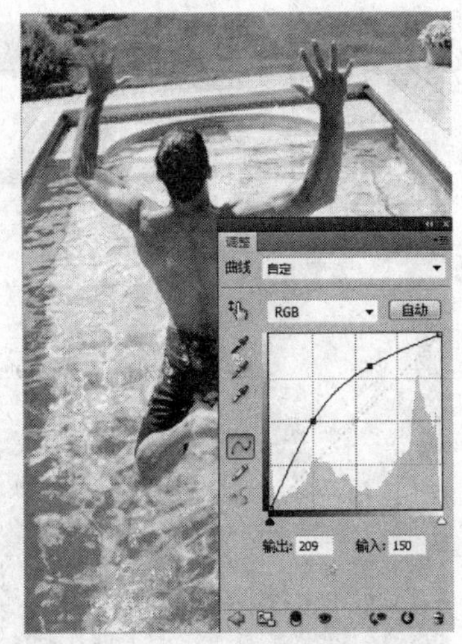

图 10-93　曲线调整

图 10-94　效果图

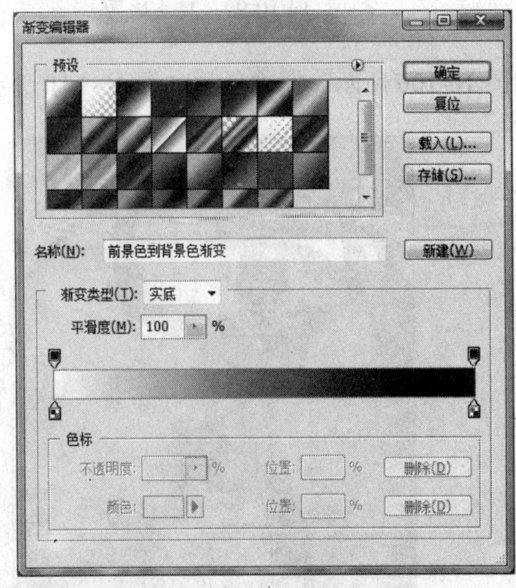

图 10-95　渐变编辑器

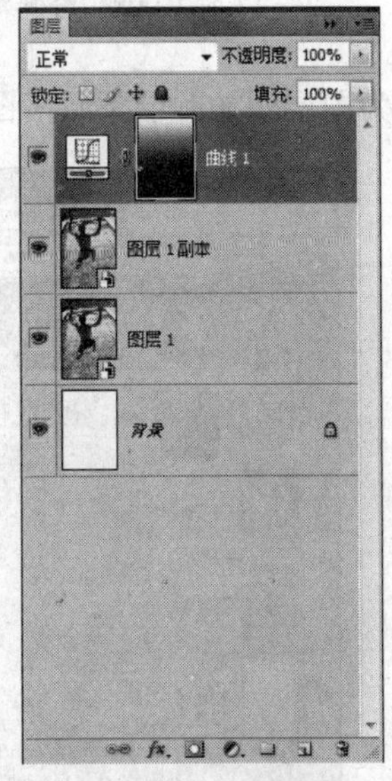

图 10-96　图层面板

复制“图层 1”，将得到的“图层 1 副本 2”置于最上层，选择“工具箱”中的“钢笔工具”，设置钢笔工具属性栏如图 10-97 所示，使用钢笔工具在“图层 1 副本 2”上勾画封闭路径，如图 10-98 所示，单击鼠标右键，在快捷菜单中选择“建立选区”选项，默认弹出的“建立选区”对话框中的设置，单击“确定”按钮，建立如图 10-99 所示的选区。

图 10-97　钢笔工具属性栏

图 10-98　绘制路径

图 10-99　建立选区

为图层添加图层蒙版，图层面板如图 10-100 所示，图像效果如图 10-101 所示。

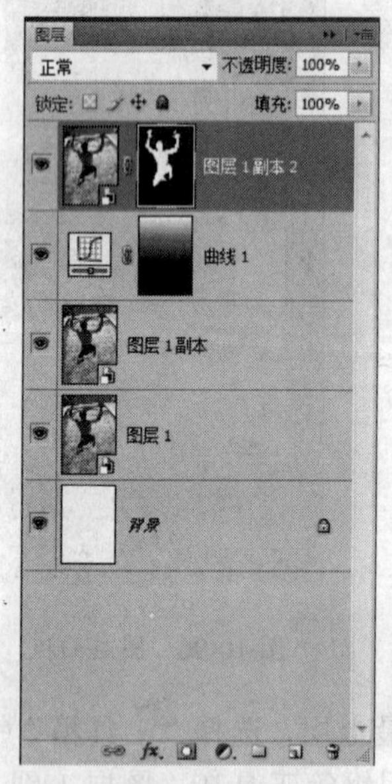

图 10-100　图层面板

图 10-101　图像效果

复制“图层 1 副本 2”，得到“图层 1 副本 3”，选择“图像/调整/去色”命令（如不能去色可采用合并图层方法，然后再去色），如图 10-102 所示。

选择图层面板底部的“创建新的填充或调整图层”按钮，选择“曲线”选项，设置参数如图 10-103 所示，单击“确定”按钮，选择“图层/创建剪贴蒙版”命令，图层面板如图 10-104 所示，图像效果如图 10-105 所示。

图 10-102　去色

图 10-103　曲线调整

按“Ctrl+Shift+Alt+E”组合键盖印图层，得到“图层 2”，单击图层面板底部的创建新图层，新建“图层 3”，并放置在“图层 2”下面，按“Ctrl+Delete”组合键为“图层 3”填充背景色，图层面板如图 10-106 所示。

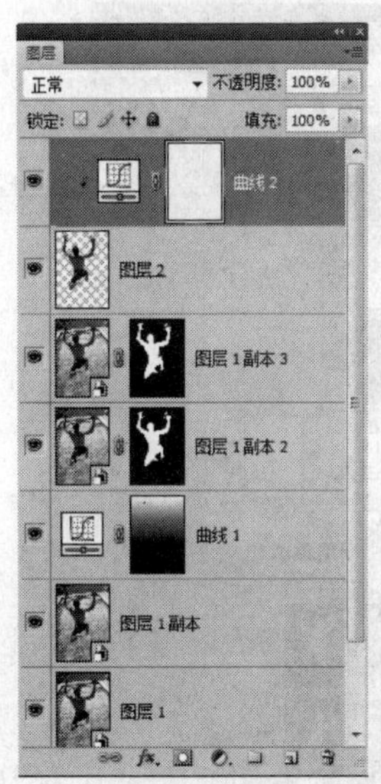

图 10-104　创建剪贴蒙版

图 10-105　效果图

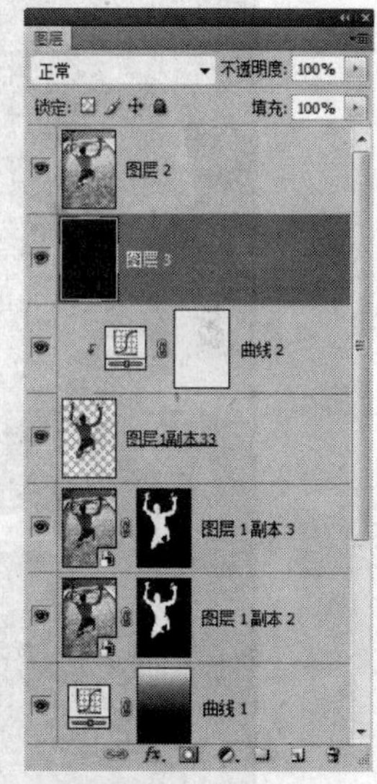

图 10-106　图层面板

选择“工具箱”中的“钢笔工具”，在“图层 2”上勾画封闭路径，单击鼠标右键“建立选区”，如图 10-107 和图 10-108 所示。

在“图层 2”中，选择“选择/反相”命令，或按“Ctrl+Shift+I”组合键反选，删除选区图像，按“Ctrl+D”组合键取消选区，图像效果如图 10-109 所示。

图 10-107　勾画路径

图 10-108　建立选区

在“图层”面板中，按“Ctrl+Shift+Alt+E”组合键盖印图层，得到“图层 4”，效果如图 10-110 所示。

图 10-109　删除选区

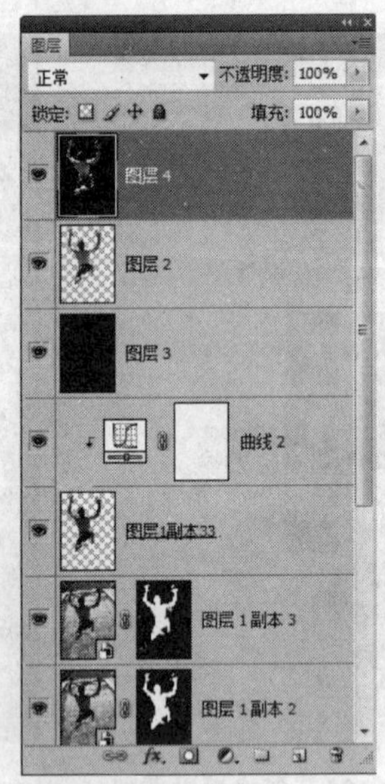

图 10-110　盖印图层

按“Ctrl+A”、“Ctrl+C”、“Ctrl+V”组合键，弹出“新建”对话框，默认参数，单击“确定”按钮，在新建文件中按“Ctrl+V”组合键粘贴复制文件，图像效果如图 10-111 所示。

选择“文件/存储为”，命名为“复制”的 psd 格式文件，如图 10-112 所示。

图 10-111　粘贴文件

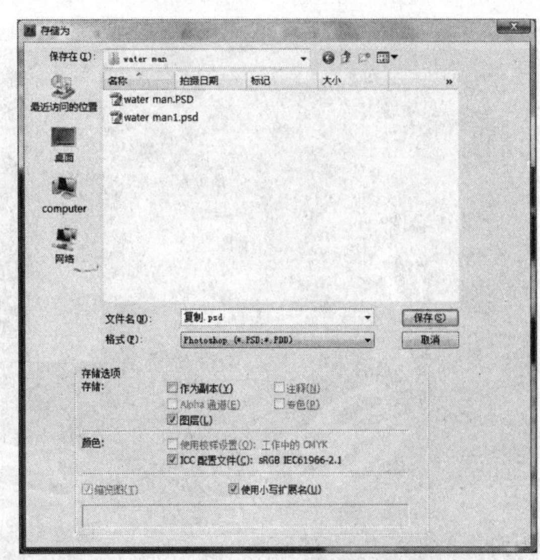

图 10-112　复制文件

选择“滤镜/模糊/高斯模糊”命令，参数按图 10-113 所示设置，设置完成后单击“确定”按钮。

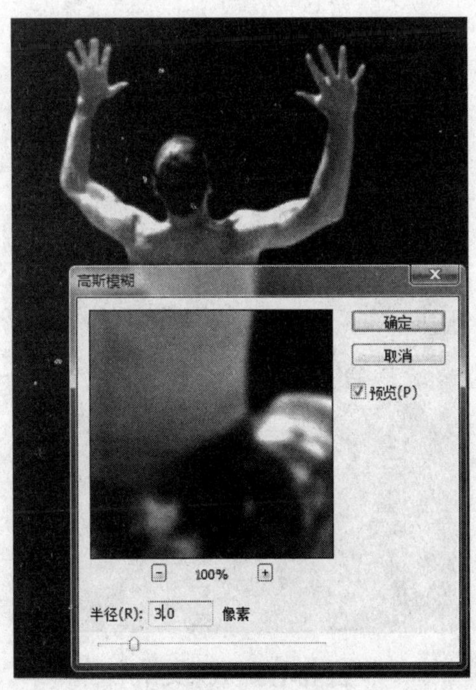

图 10-113　高斯模糊

选择“滤镜/扭曲/玻璃”命令，打开“玻璃”对话框，参数按图 10-114 所示设置，单击“纹理”下拉列表框的三角形按钮，载入刚刚保存过的“复制.psd”格式文件，单击“确定”按钮，如图 10-115 所示。

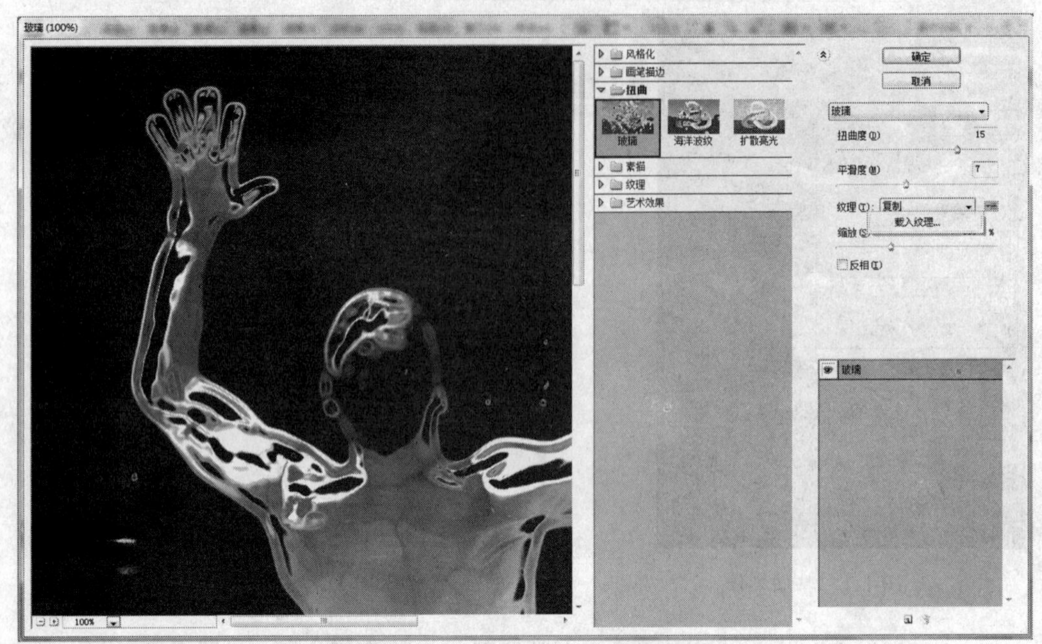

图 10-114　玻璃滤镜

图 10-115　载入文件

选择图层面板底部的“创建新的填充或调整图层”按钮，在弹出的菜单中选择“渐变映射”选项，打开“渐变映射”对话框，色标分别设置为白色和#00a0e9，如图 10-116 和图 10-117 所示。

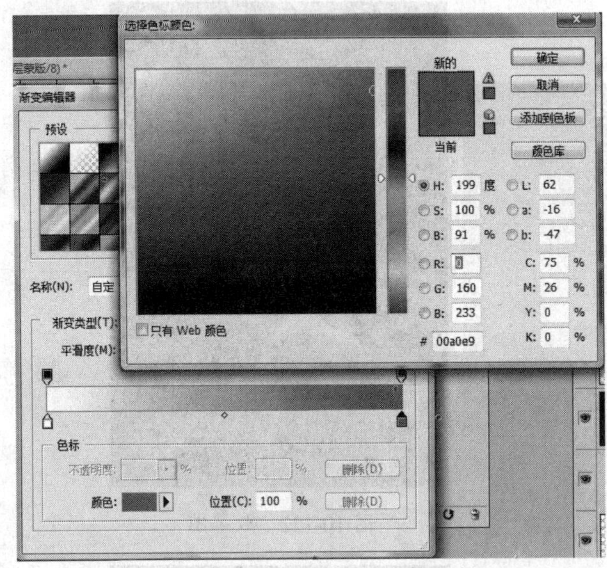

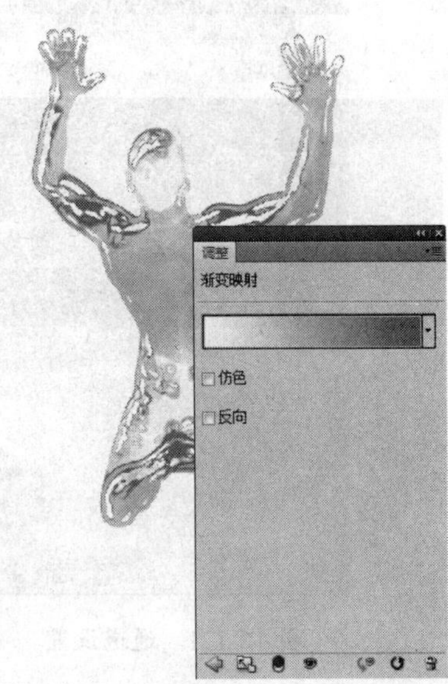

图 10-116 选择色标颜色　　　　图 10-117 渐变映射

按“Ctrl”键单击图层面板“图层 2”缩览图建立选区，如图 10-118 所示，在“图层 4 副本”上单击图层面板底部的“添加图层蒙版”按钮，图层面板如图 10-119 所示。

隐藏“图层 2”、“图层 3”、“图层 4”，按“Ctrl+V”组合键粘贴“图层 4”，得到“图层 5”置于最上层，如图 10-120 所示。

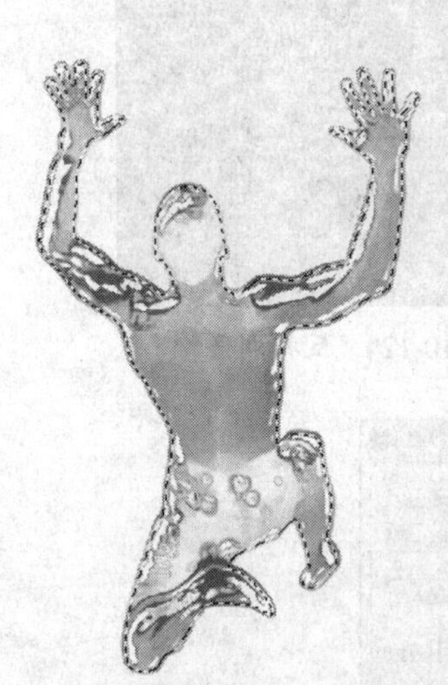

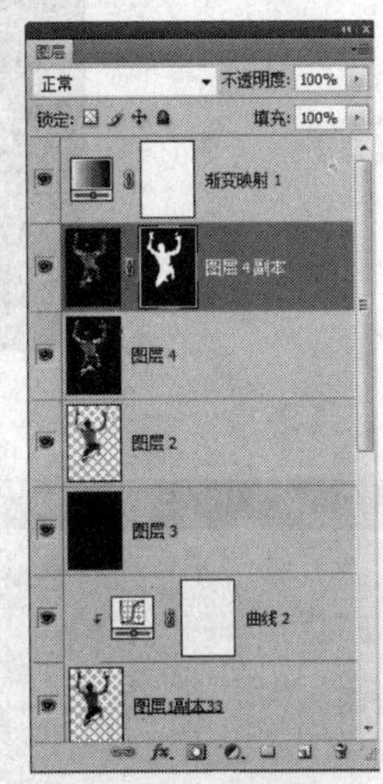

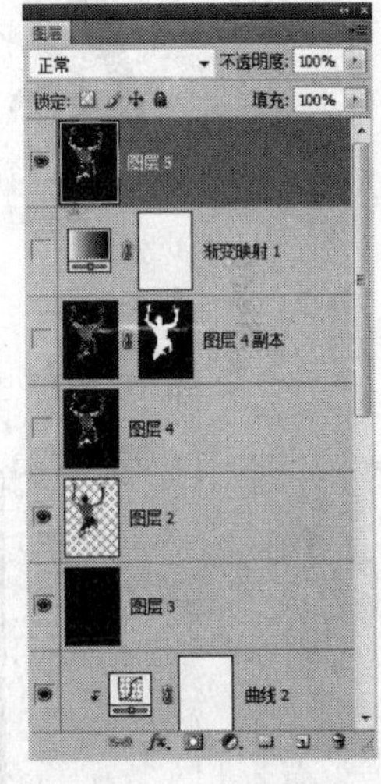

图 10-118 创建选区　　图 10-119 添加图层蒙版　　图 10-120 图层面板

选择通道面板底部的“创建新通道”按钮，新建“Alpha1”通道，按“Ctrl+V”组合键粘贴“图层 4”，通道面板如图 10-121 所示，效果如图 10-122 所示。

选择“滤镜/风格化/查找边缘”命令，效果如图 10-123 所示。

选择“图像/调整/反相”命令，图像效果如图 10-124 所示。

选择“图像/调整/色阶”命令，参数设置如图 10-125 所示，效果如图 10-126 所示。

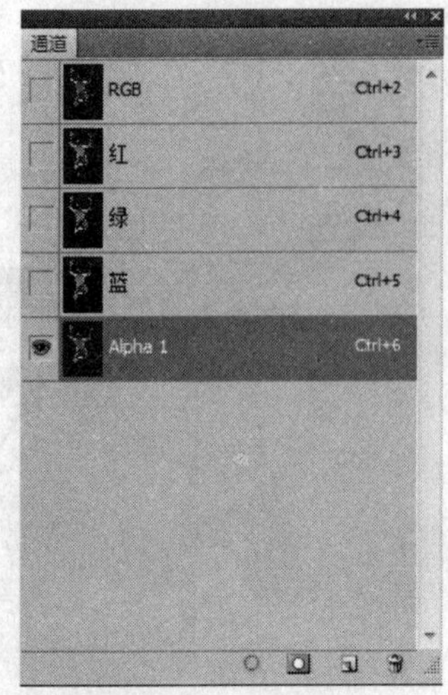

图 10-121　通道设置

图 10-122　效果图

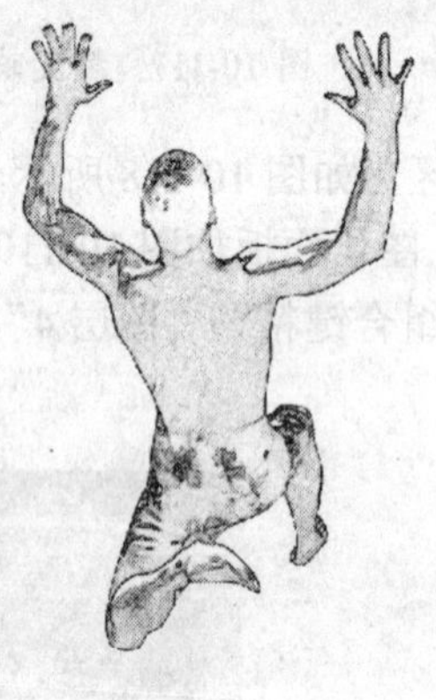

图 10-123　查找边缘

图 10-124　反相调整

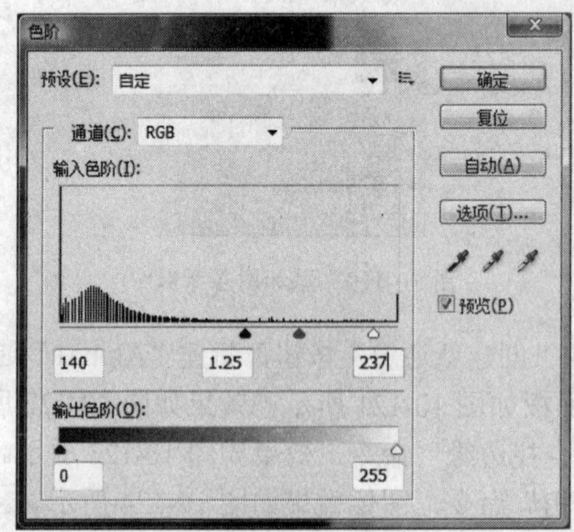

图 10-125　色阶调整

按“Ctrl”键单击“通道”面板中“Alpha1”通道缩览图建立选区，按“Alt+Delete”组合键为选区填充前景色，按“Ctrl+D”组合键取消选区，选择“图层”面板中的“图层 5”，效果如图 10-127 所示。

图 10-126　效果图

图 10-127　效果图

设置“图层 5”的“混合模式”为“柔光”，“图层”面板如图 10-128 所示，图像效果如图 10-129 所示。

在“图层”面板中复制“图层 4”，将得到的“图层 4 副本 2”置于最上层，选择“图像/调整/反相”，如图 10-130 所示。

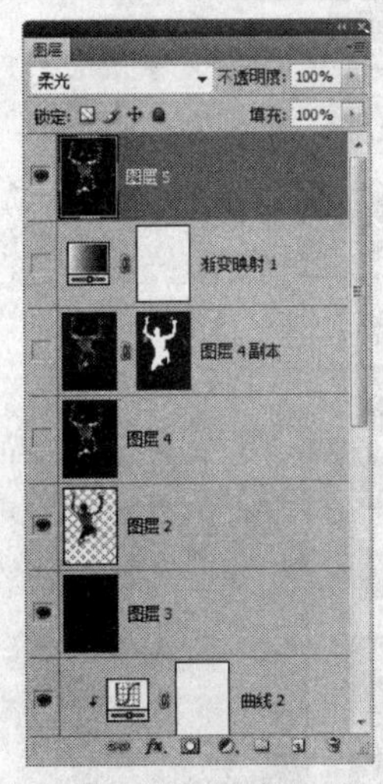

图 10-128　柔光

图 10-129　效果图

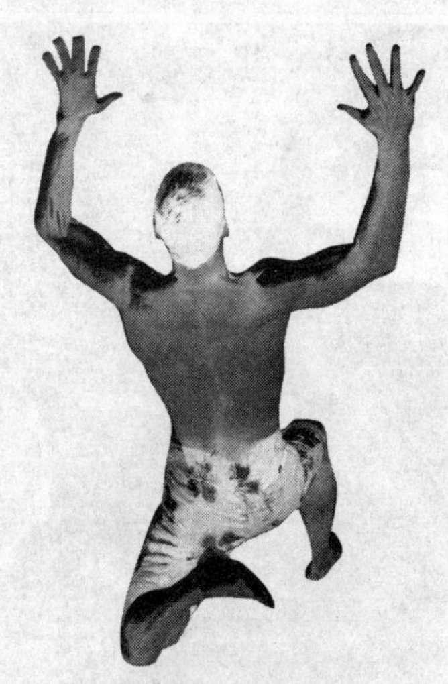
图 10-130　反相效果图

按“Ctrl”键载入“图层 2”的选区，选择“图层”面板底部的“添加图层蒙版”按钮，图像效果如图 10-131 所示。设置“图层 4 副本 2”的“混合模式”为“叠加”，“不透明度”为 75%，“图层”面板如图 10-132 所示。

图 10-131　添加图层蒙版

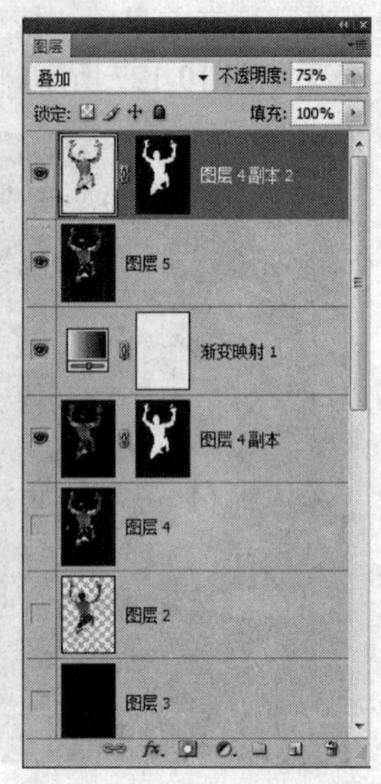

图 10-132　混合模式设置

按“Ctrl+Shift+Alt+E”组合键盖印图层，得到“图层 6”，选择“滤镜/艺术效果/塑料包装”命令，打开“塑料包装”对话框，参数按图 10-133 所示设置，设置完成后单击“确定”按钮，效果如图 10-134 所示。

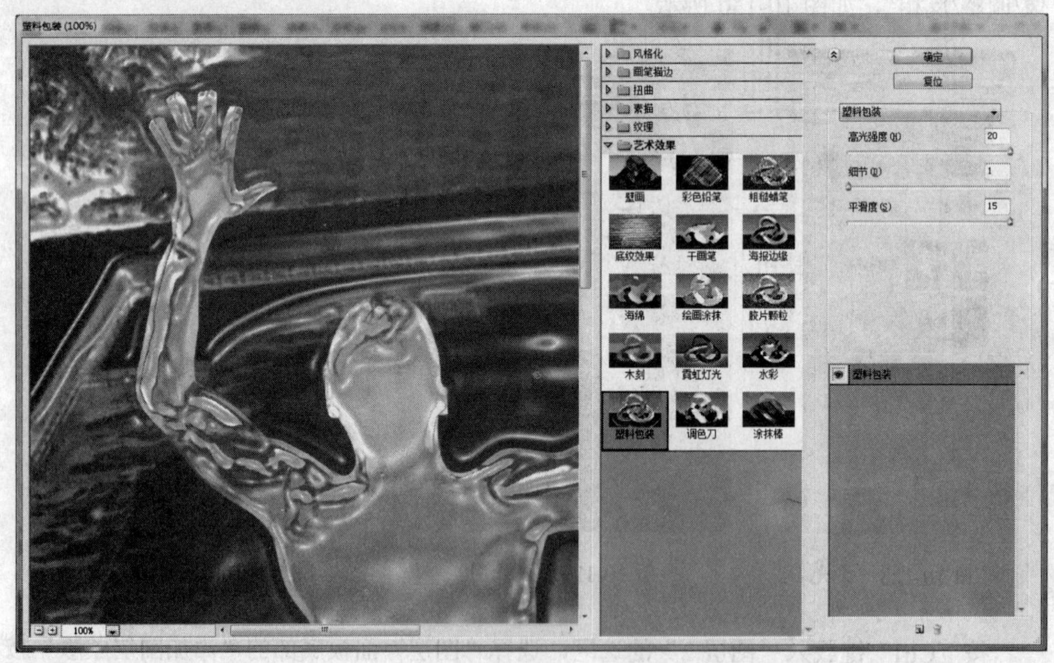

图 10-133　塑料包装滤镜

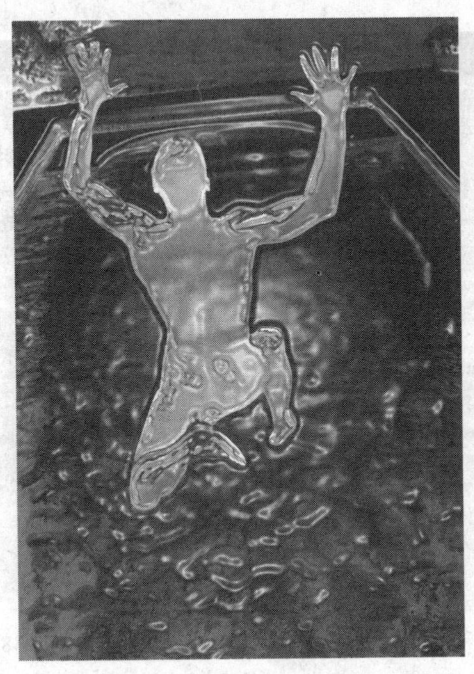

图 10-134　效果图

设置“图层 6”的“混合模式”为“变亮”，“图层”面板如图 10-135 所示，选择“图层/创建剪贴蒙版”命令，图像效果如图 10-136 所示。

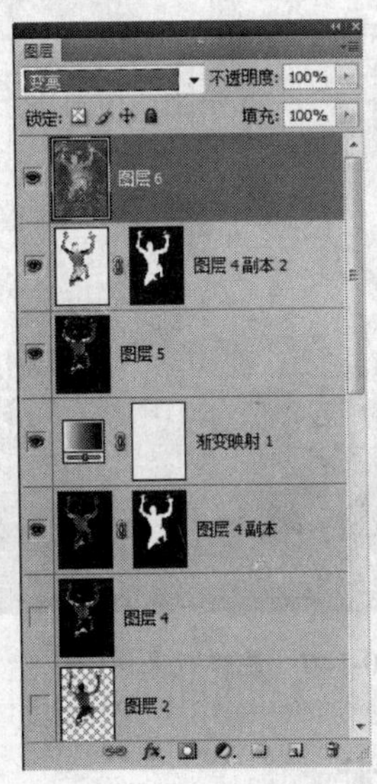

图 10-135　图层面板

图 10-136　创建剪贴蒙版

选择“图层”面板底部的“创建新的填充或调整图层”按钮，选择“色彩平衡”选项，参数设置如图 10-137、图 10-138 和图 10-139 所示，然后选择“图层/创建剪贴蒙版”命令，得到最终效果如图 10-140 所示。

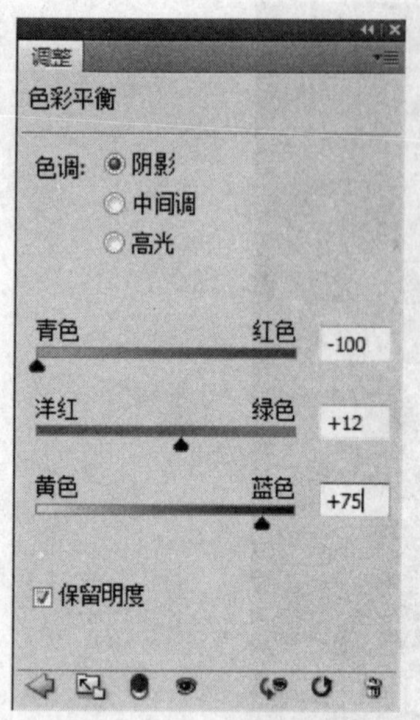

图 10-137　色彩平衡 1

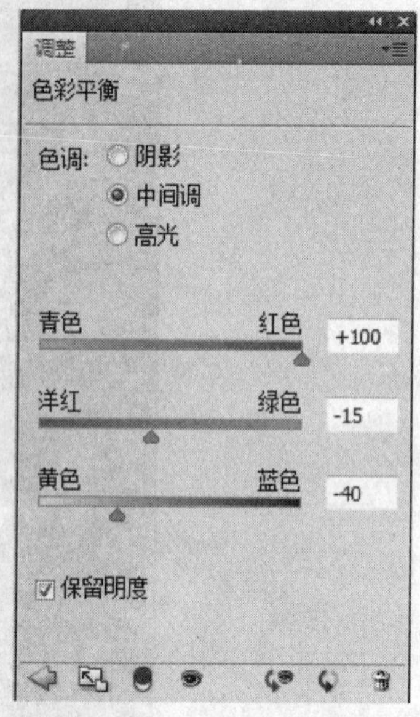

图 10-138　色彩平衡 2

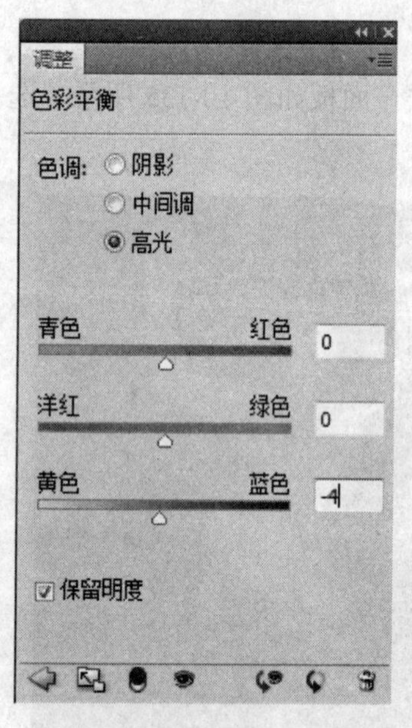

图 10-139　色彩平衡 3

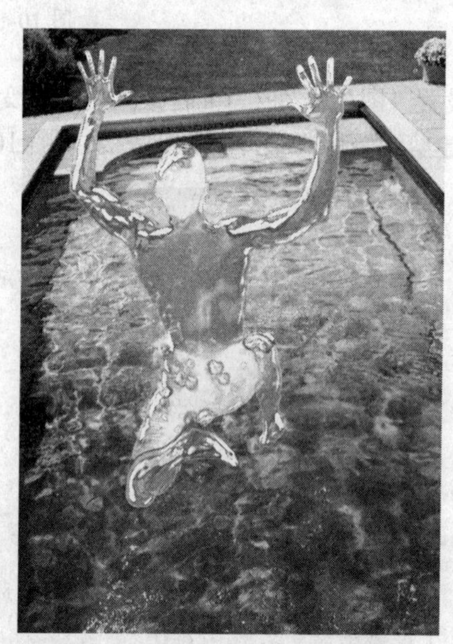

图 10-140　最终效果图

案例 5　中性色彩艺术

本案例对 CMYK 色彩模式下的图像进行中性色调的调整方法，操作过程中首先要将图像转换成 CMYK 模式，再对图层进行设置，最后还要应用图层蒙版功能，尽享中性色的魅力。处理前效果与处理后的效果如图 10-141 和图 10-142 所示。

图 10-141　处理前效果

图 10-142　处理后效果

打开"素材/中性色彩艺术/艺术照.jpg"文件，复制背景图层到"图层 1"，如图 10-143 所示。

执行"图像/模式/CMYK 颜色"命令，在弹出的对话框中设置"不拼合"，将图像设置成 CMYK 模式，如图 10-144 所示。

图 10-143　复制图层

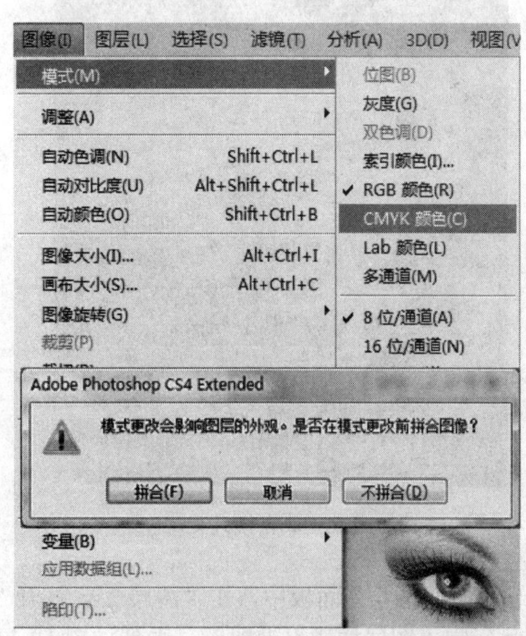

图 10-144　色彩模式转换

新建“图层 2”，在“工具箱”中设置前景色为#402b24，完成后单击“确定”按钮，如图 10-145 所示。

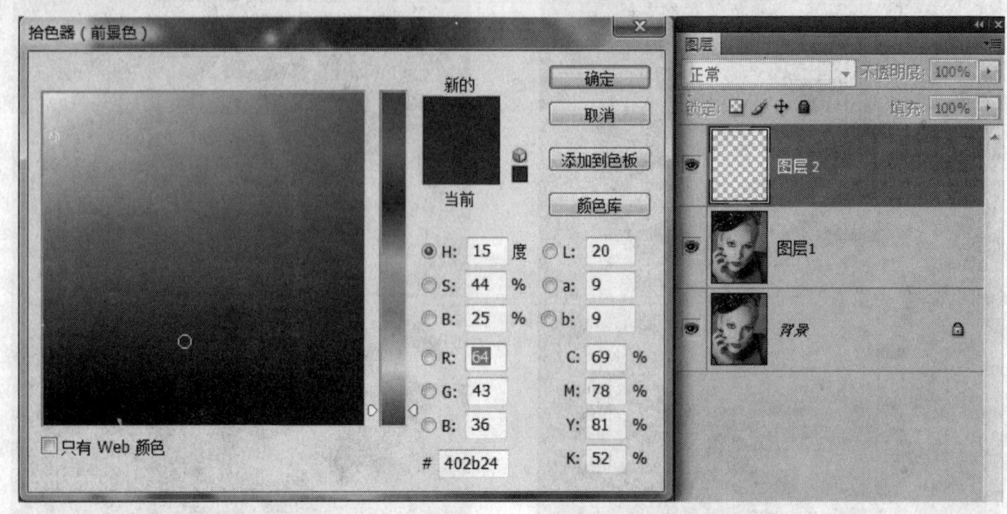

图 10-145　前景色与新图层

更改“图层 2”的混合模式为“饱和度”，如图 10-146 所示。

执行“编辑/填充”命令，打开“填充”对话框，设置参数如图 10-147 所示。

图 10-146　混合模式更改

图 10-147　填充图层

在“图层”面板中双击“图层 2”，打开“图层样式”对话框，设置如图 10-148 所示。执行完“图层样式”设置后，看到如图 10-149 所示的图像效果。

在“图层面板”底部选择“创建新组”按钮，得到新的“组 1”，如图 10-150 所示。

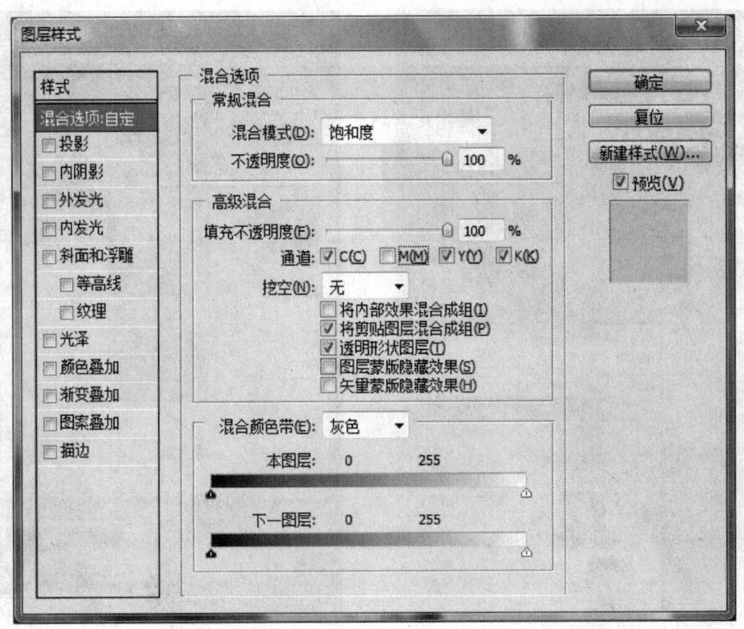

图 10-148　图层样式

图 10-149　效果图

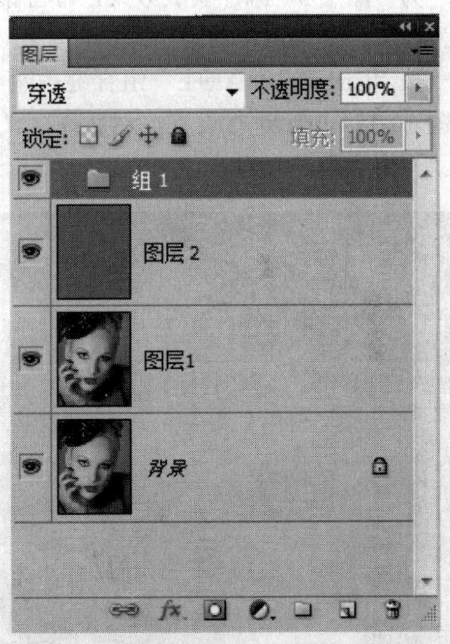

图 10-150　创建新组

按住“Shift”键，选中“图层 1”和“图层 2”，并将两个图层拖动到“组 1”中。设置“组 1”的图层混合模式为“饱和度”，设置后效果如图 10-151 所示。

按“Ctrl+Shift+Alt+E”组合键盖印可见图层，得到“图层 3”，然后执行“滤镜/模糊/高斯模糊”命令，如图 10-152 所示设置。

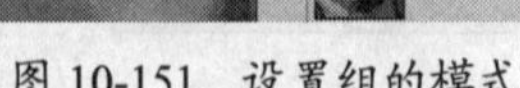
图 10-151 设置组的模式

图 10-152 高斯模糊

为“图层 3”添加蒙版效果，再将蒙版填充黑色，设置前景色为白色，使用“画笔工具”在人物的面部皮肤轻轻涂抹，如图 10-153 所示。

按“Ctrl+Shift+Alt+E”组合键盖印可见图层，执行“图像/调整/USM 锐化”命令，按图 10-154 所示进行设置。然后执行“图像/模式/RGB 颜色”命令，在弹出对话框中选择“不拼合”。

图 10-153 图层蒙版修饰

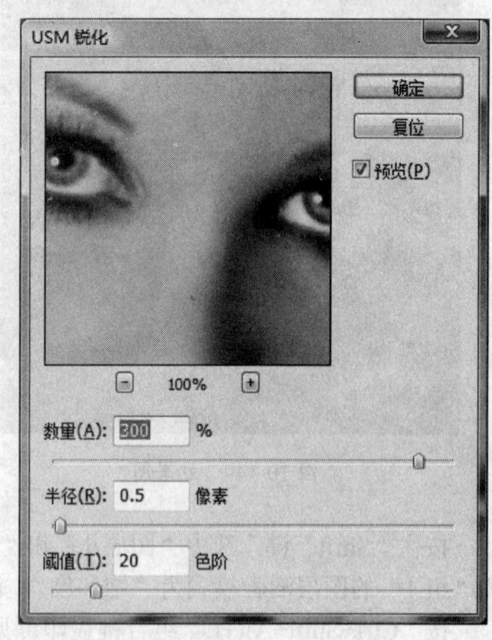

图 10-154 USM 锐化

执行“滤镜/其他/自定”，按图 10-155 所示设置。

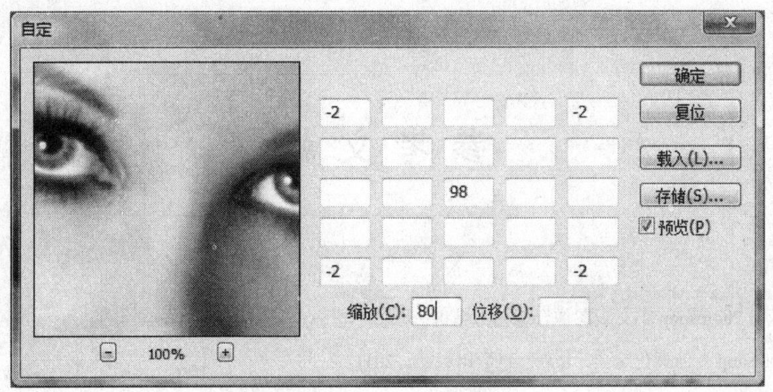

图 10-155　自定滤镜

按“Ctrl+B”组合键调出“色彩平衡”对话框，按图 10-156 所示设置。最终效果如图 10-157 所示。

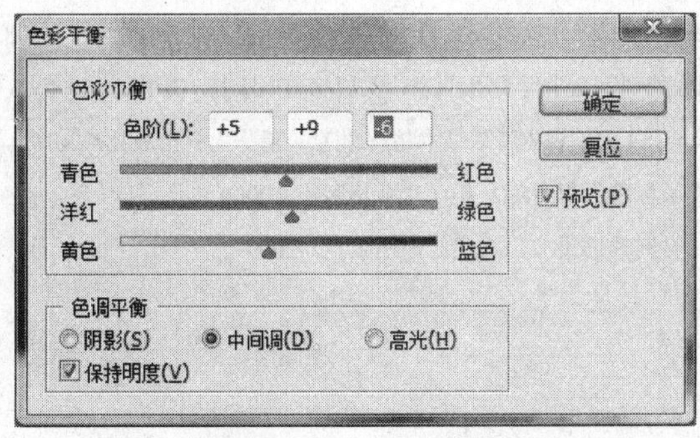

图 10-156　色彩平衡

图 10-157　最终效果

参 考 文 献

[1] 印象工坊.风云II Photoshop 中文版图像合成艺术精讲. 北京：电子工业出版社，2009.

[2] 创锐设计. Photoshop 专业调色宝典. 北京：科学出版社，2011.

[3] 印象工坊.风云II Photoshop 选区、图层、通道、蒙版应用精粹. 北京：电子工业出版社，2009.

[4] 印象工坊.风云II Photoshop CS4 中文版核心技术精粹. 北京：电子工业出版社，2009.

[5] 李金荣.Photoshop 滤镜艺术深度剖析.北京：清华大学出版社，2011.

[6] 崔建成.深度 Photoshop CS5 平面设计与经典案例大揭秘.北京：科学出版社，2010.

[7] 励志联合，李锐，李哲.Photoshop CS3 中文版完全自学教程.北京：机械工业出版社，2008.

[8] 腾龙视觉.Photoshop CS4 图像处理完全学习手册.北京：人民邮电出版社，2010.

[9] 腾龙视觉.缤纷——Photoshop CS4 尖端视觉特效技术精解.北京：清华大学出版社，2010.

[10] 曹天佑.Photoshop CS4 中文版标准教程.北京：电子工业出版社，2009.

[11] 晓青.Photoshop CS3 中文版实例教程.北京：人民邮电出版社，2009.

读者意见反馈表

感谢您选择了国防工业出版社的教材,为了使本教材更加完善,今后提供给您更优秀的教材,请您抽出宝贵的时间来填写下面的意见反馈表,通过邮寄或电子邮件发给我们,我们将依据意见或建议及时改进,为广大高校师生提供精品教材。

您的资料

姓　　名:__________性 别:__________职 业:__________

联系电话:__________电子邮箱:__________

通信地址:__________邮 编:__________

1. 您对本书的整体设计满意度:

封面:____A. 有创意　B. 吸引人　C. 一般　D. 很差

排版:____A. 适合阅读　B. 有创意　C. 一般　D. 不舒服

印刷:____A. 很好　B. 一般　C. 较差　D. 纸张较差

定价:____A. 太高　B. 比较高　C. 适中

2. 您对本书的内容满意度:

□很满意　□满意　□一般　□不满意

3. 与同类书比较,您认为本书的不足之处:__________

4. 您认为本书的特色:__________

5. 您认为本书还应该增加的内容:__________

6. 您是否还有其他意见和建议:__________

7. 您最近是否有写书的计划:__________

我们热切企盼来自您的反馈!

邮寄地址:北京市海淀区紫竹院南路23号

国防工业出版社高职高专教育图书事业部　张永生(收)

邮编:100048

电子邮箱:zhangyongsheng100@163.com